光盘内容包括150多个素材文件、140个效果文件和130多分钟的视频教学文件以及超值赠送的900个PPT模板文件

电脑启航必备宝典

PPT制作新手指南针

（第二版）

U0301313

许 妍 编著

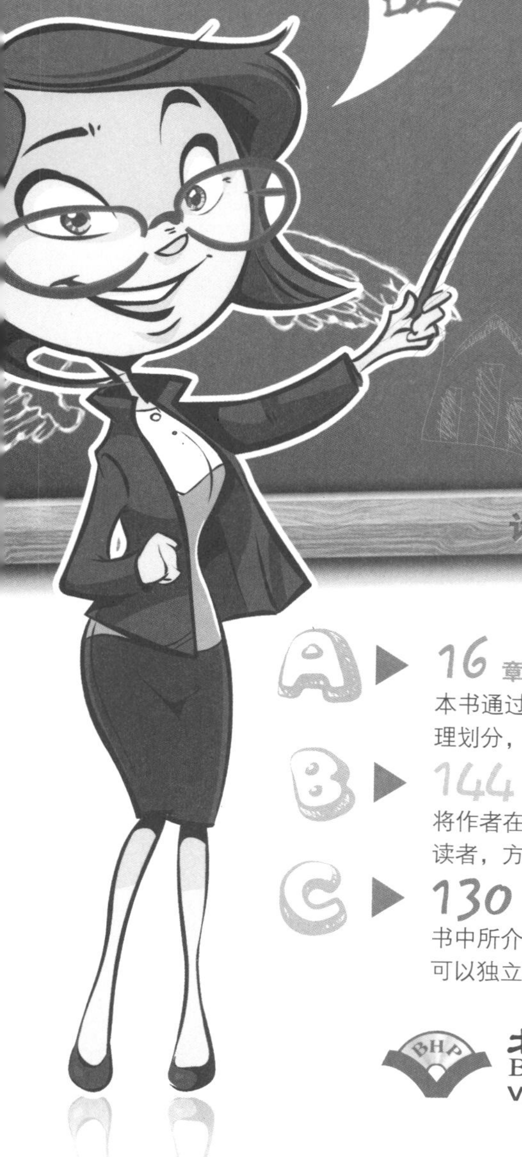

16 章专题技术，内容全面，讲解细致

本书通过16章内容对PowerPoint精美幻灯片的制作方法和基本应用技巧进行合理划分，让读者循序渐进地学习软件应用。

144 个实战技巧和 160 个专家提醒，技术实用

将作者在使用软件过程中总结的经验汇总成实战技巧和专家提醒，全部奉献给读者，方便读者在熟悉基础的同时，熟练掌握PPT的制作方法。

130 多分钟视频演示，直观高效

书中所介绍的案例实战的操作，全部录制了带语音讲解的演示视频教学，读者可以独立观看视频演示进行学习。

北京希望电子出版社
Beijing Hope Electronic Press
www.bhp.com.cn

内 容 简 介

本书通过16章专题技术讲解＋144个实战技巧＋160个专家提醒＋130多分钟视频演示＋700多张图片全程图解，帮助读者在最短时间内从新手成为课件制作高手。

全书共16章，包括初识PowerPoint 2013、入门PowerPoint 2013、制作文本幻灯片、制作图片幻灯片、在幻灯片中绘制图形、添加幻灯片动画、幻灯片表格的运用、幻灯片图表的应用、幻灯片母版和设计模板的应用、插入声音和视频、图形的立体效果SmartArt图、演示文稿的放映和打包、创建交互式演示文稿，以及实战演练《儿童相册》、《公司会议报告》、《新品推广》等内容。

本书结构清晰、语言简洁，适合PPT新手读者，也适合办公人员、商务人员、行政人员、财会人员以及教职人员阅读，同时可作为各类计算机培训中心、中职中专、高职高专等院校及相关专业的辅导教材。

本书配套1张DVD光盘，其中包括书中实例的素材、效果和多媒体演示文件。

图书在版编目（CIP）数据

PPT制作新手指南针 / 许妍编著. —2版. —北京：北京希望电子出版社，2014.11

ISBN 978-7-83002-164-1

Ⅰ. ①P… Ⅱ. ①许… Ⅲ. ①图形软件 Ⅳ.TP391.41

中国版本图书馆CIP数据核字（2014）第210361号

出版：北京希望电子出版社
地址：北京市海淀区上地3街9号
金隅嘉华大厦C座611
邮编：100085
网址：www.bhp.com.cn
电话：010-62978181（总机）转发行部
010-82702675（邮购）
传真：010-82702698
经销：各地新华书店

封面：付　巍
编辑：刘秀青
校对：刘　伟
开本：787mm×1092mm　1/16
印张：16
印数：1-3000
字数：362千字
印刷：北京博图彩色印刷有限公司
版次：2014年11月2版1次印刷

定价：39.80元（配1张DVD光盘）

Foreword 前言

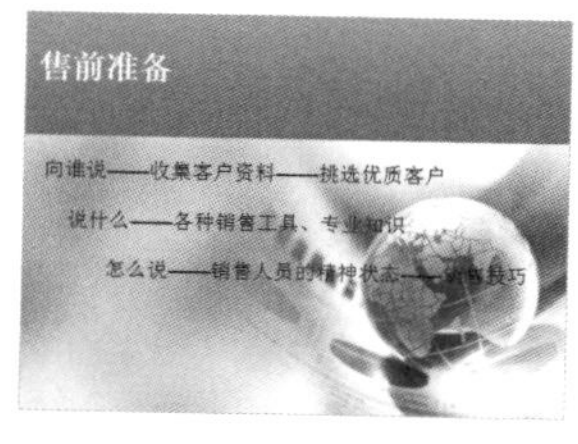

■ 本书简介

PowerPoint具有强大而完善的绘图、设计功能，它提供了高效的图形图像、文本声音、自定义动画、播放幻灯片功能。本书立足于PowerPoint 2013软件在营销、财务、计划等领域的应用，通过大量案例实战介绍其操作方法。

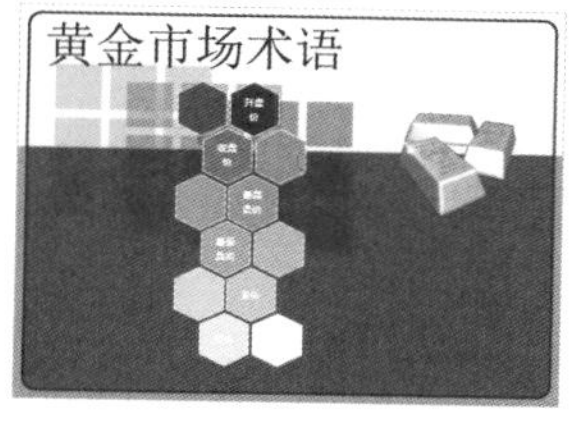

■ 本书特色

本书结构清晰，全书通过软件入门篇、进阶提高篇、高手应用篇，帮助读者快速学习。

- **16章专题技术讲解**

本书用16章对PowerPoint精美幻灯片的制作方法和基本应用技巧进行合理划分，让读者循序渐进地学习软件应用。

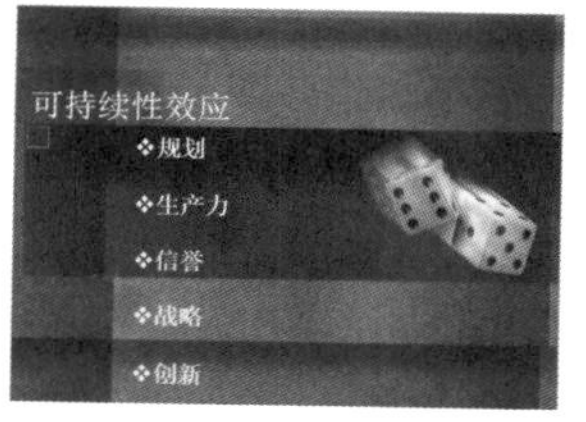

- **144个实战技巧放送**

本书是一本全操作性的技能实例手册，共计144个实例。读者在熟悉基础的同时，可熟练掌握精美幻灯片的制作方法。

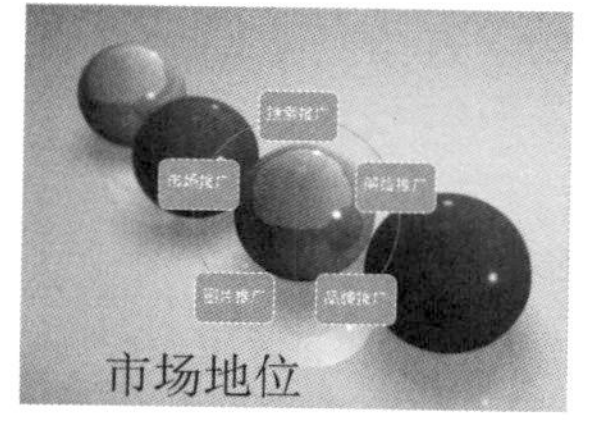

- **130多分钟视频演示**

书中所介绍的案例实战的操作，全部录制成带语音讲解的演示视频，共130多分钟，读者可以独立观看视频演示进行学习。

- **160个专家提醒放送**

书中给出作者在使用软件过程中总结的经验技巧，共计160个，全部奉献给读者，方便读者提升PPT实战技巧与经验。

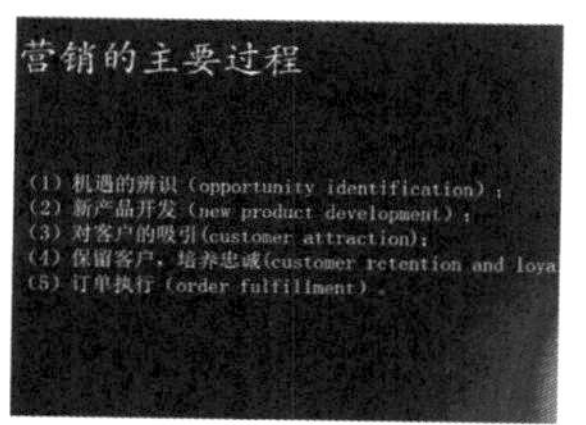

- **700多张图片全程图解**

书中避免了冗繁的文字叙述，通过700多张操作截图来展示软件具体的操作方法，做到图文对照、简单易学。

■ 本书编者

本书由许妍编著，参与编写的人员还有柏松、谭贤、许馨妍、罗林、刘嫔、苏高、曾杰、罗权、罗磊、杨闰艳、周旭阳、袁淑敏、谭俊杰、徐茜、杨端阳、谭中阳、黄英、田潘、王力建、张国文、李四华、吴金蓉、陈国嘉、蒋珍珍、蒋丽虹等。由于水平有限，书中难免存在疏漏与不妥之处，欢迎广大读者咨询指正，邮箱：itsir@qq.com，bhpbangzhu@163.com。

编著者

Contents 目录

第1章 初识PowerPoint 2013

第2章 入门PowerPoint 2013

第3章 制作文本幻灯片

第4章 制作图片幻灯片

第5章 在幻灯片中绘制图形

第6章 添加幻灯片动画

第7章 幻灯片表格的运用

第8章 幻灯片图表的应用

第9章 幻灯片母版和设计模板的应用

第10章 插入声音和视频

第11章 图形的立体效果SmartArt图

第12章 演示文稿的放映和打包

第13章 创建交互式演示文稿

第14章 实战演练——制作相册《精彩童年》

第15章 实战演练——制作幻灯片《公司会议报告》

第16章 实战演练——制作宣传案例《新品推广》

第1章 初识PowerPoint 2013

学习提示

PowerPoint 2013是Office 2013的重要组成部分之一，是一款专门用来制作演示文稿的软件，使用PowerPoint 2013，可以制作出集文字、图形、图像、声音以及视频的多媒体演示文稿。本章主要介绍PowerPoint 2013的基本知识和工作界面等内容。

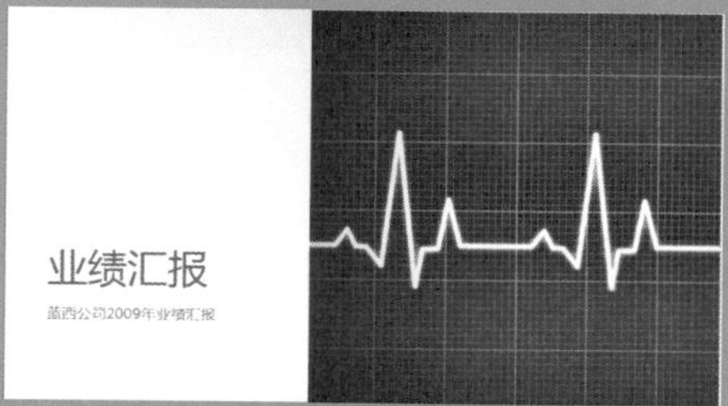

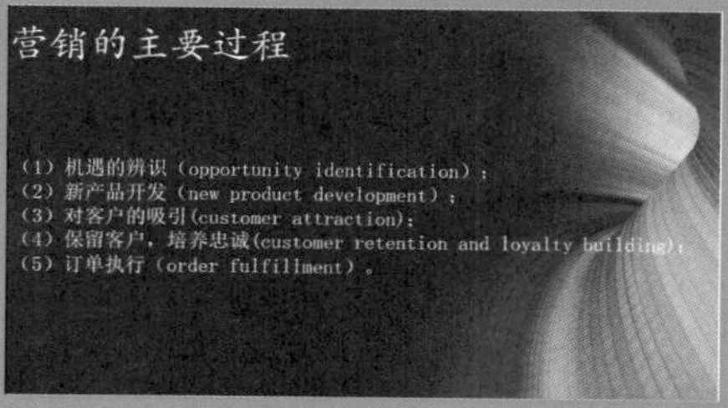

1.1 PowerPoint简介

Microsoft Office 2013是美国微软公司发布的新版本，其中Microsoft PowerPoint 2013是Microsoft Office 2013办公套装软件中的一个重要组成部分。它用来设计和制作信息展示领域的各种电子演示文稿，使演示文稿的编制更加容易和直观，也是人们在日常生活、工作、学习中使用最多、最广泛的幻灯演示软件，如图1-1和图1-2所示。本节主要向读者介绍PowerPoint的基本概念以及用途。

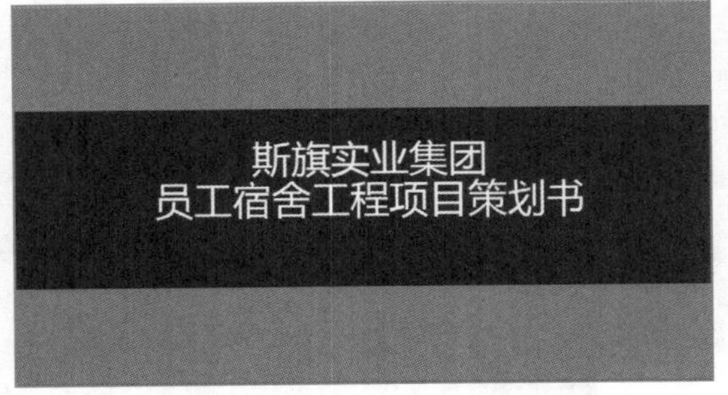

图1-1　工程项目策划书演示文稿

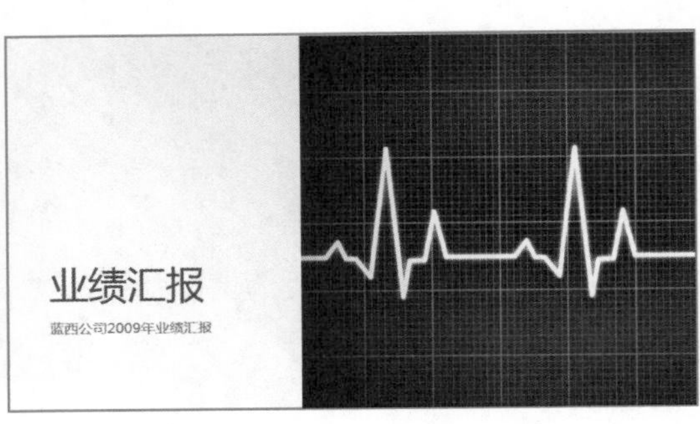

图1-2　业绩汇报演示文稿

1.1.1 什么是PowerPoint

PowerPoint 2013是一款专门用来制作和播放幻灯片的软件，使用它可以轻松制作出形象生动、声形并茂的幻灯片。

PowerPoint 2013简单易学，并提供了方便的帮助系统，还可通过Internet协作和共享演示文稿。它能将死板的文档、表格等结合图片、图表、声音、影片、动画等多种元素生动地展示给观众，并能通过电脑、投影仪等设备放映出来，表达自己的想法或战略、传播知识、促进交流以及宣传文化等。PowerPoint 2013不仅继承了先前版本的强大功能，更以全新的界面和便捷的操作模式引导用户快速地制作出图文并茂、声形兼具的多媒体演示文稿。

1.1.2 PowerPoint的用途

PowerPoint用于设计制作专家报告、教师授课、产品演示、广告宣传的电子版幻灯片，制作的演示文稿可以通过计算机屏幕或投影机播放。

PowerPoint 是制作和演示幻灯片的软件，能够制作出集文字、图形、图像、声音以及视频剪辑等多媒体元素于一体的演示文稿，如把自己所要表达的信息组织在一组图文并茂的画面中，用于介绍公司的产品、展示自己的学术成果。用户不仅可以在投影仪或者计算机上进行演示，也可以将演示文稿打印出来，制作成胶片，以便应用到更广泛的领域中。利用PowerPoint ，不仅可以创建演示文稿，还可以在互联网上召开面对面会议、远程会议或在网上给观众展示演示文稿。

视野扩展

Microsoft PowerPoint 在学校教师讲课、公司介绍产品、项目招标中都运用得非常广泛。使用PowerPoint制作演示文稿，能让原本枯燥乏味的文字变得生动形象，一目了然。

1.2 PowerPoint 2013的启动和退出

要顺利使用PowerPoint 2013制作出精彩纷呈的演示文稿，首先要启动PowerPoint 2013，才能对演示文稿进行各种对象的添加和设置操作。

1.2.1 PowerPoint 2013的启动

启动PowerPoint 2013，常用以下3种方法。

- 图标：双击桌面上的PowerPoint 2013快捷方式图标，即可启动PowerPoint 2013。
- 命令：选择“开始”|“所有程序”| Microsoft Office | Microsoft PowerPoint 2013命令。
- 快捷菜单：在桌面的空白区域单击鼠标右键，在弹出的快捷菜单中选择“新建”|“Microsoft PowerPoint演示文稿”命令。

1.2.2 PowerPoint 2013的退出

退出PowerPoint 2013，常用以下3种方法。

- 按钮：单击标题栏右侧的“关闭”按钮。
- 命令：选择“文件”|“退出”命令。
- 快捷键：按【Alt＋F4】组合键，可直接退出PowerPoint应用程序。

专家指点

关闭演示文稿和退出PowerPoint 2013并不是同一个操作。关闭演示文稿是文稿的关闭，退出PowerPoint 2013是退出整个软件的使用。

1.3 认识PowerPoint 2013工作界面

PowerPoint 2013的工作界面和以往的PowerPoint工作界面有很大差别，主要包括快速访问工具栏、标题栏、菜单栏、功能区、幻灯片编辑区、大纲与幻灯片窗格、备注栏、状态栏等部分，如图1-3所示。下面介绍这些组成部分。

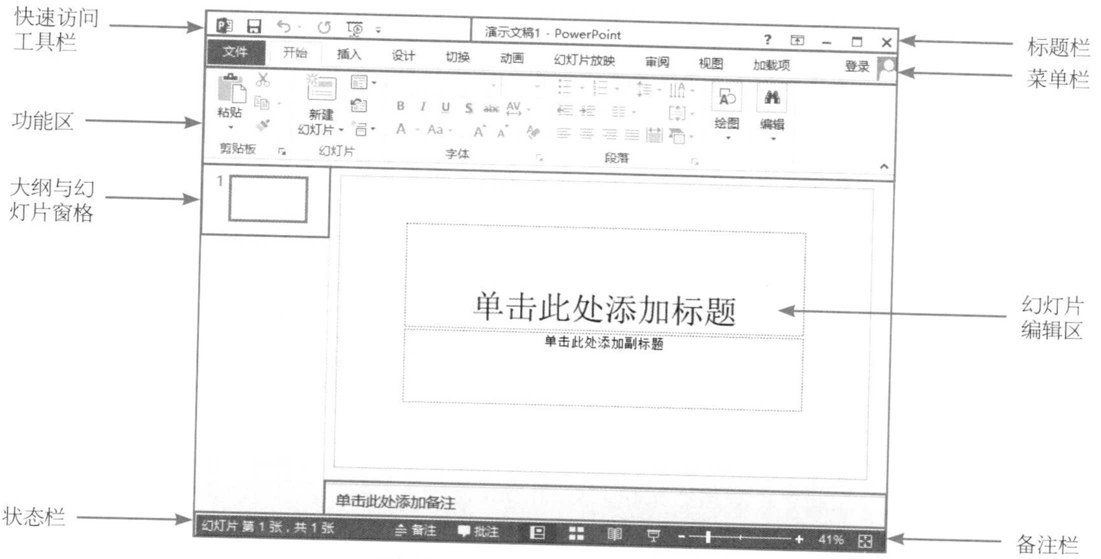

图1-3 PowerPoint 2013的工作界面

1.3.1 快速访问工具栏

默认情况下，快速访问工具栏位于PowerPoint 2013窗口的顶部。用户可以自行设置软件操作窗口中快速访问工具栏中的按钮，可将需要的常用按钮显示其中，也可以将不需要的按钮删除，利用该工具栏可以对最常用的工具进行快速访问，如图1-4所示。

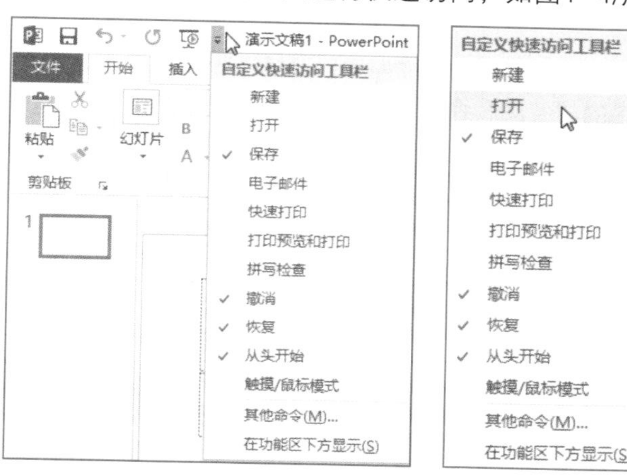

图1-4 自定义快速访问工具栏及其命令

视野扩展

在默认的情况下，快速访问工具栏中的按钮包括“保存”、“撤销”、“重复”和“从头开始”。

1.3.2 标题栏

标题栏位于PowerPoint工作界面的顶端，用于显示演示文稿的标题。标题栏最右端有3个按钮，分别用来实现窗口的最大化（还原）、最小化和关闭，如图1–5所示。

图1–5 标题栏

PowerPoint 2013窗口标题栏右端的按钮，从右至左分别为“关闭”按钮、“最大化”/“还原”按钮、“最小化”按钮、“功能区显示选项”按钮和“帮助”按钮。

- “最小化”按钮━：单击该按钮，可将PowerPoint 2013窗口收缩为任务栏中的一个图标，单击该图标又可将其放大为窗口。
- “最大化”按钮□：单击该按钮，可将PowerPoint 2013窗口放大到整个屏幕，此时“最大化”按钮变成“还原”按钮。
- “还原”按钮⧉：“还原”按钮形状如两个重叠的小正方形，单击该按钮，可将PowerPoint 2013最大化的窗口恢复为原来大小。
- “关闭”按钮✕：单击该按钮，将退出PowerPoint 2013，其功能与菜单栏中的“关闭”命令相同。
- “功能区显示选项”按钮⊡：单击该按钮，出现“功能区显示选项”窗格，如图1–6所示。
- “帮助”按钮?：单击该按钮，出现“帮助”窗格，如图1–7所示。

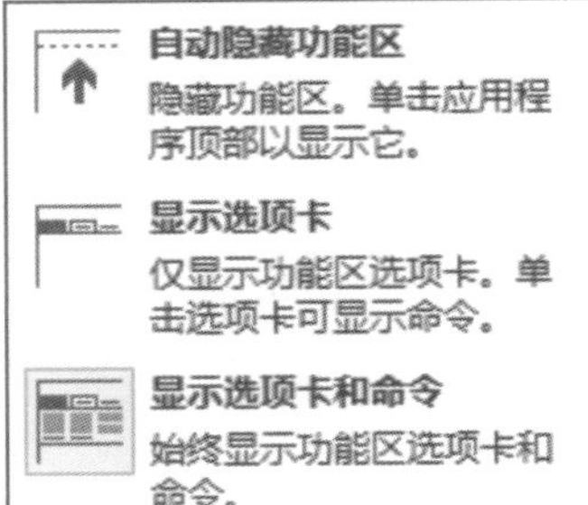

图1–6 “功能区显示选项”窗格

图1–7 “帮助”窗格

视野扩展

使用PowerPoint遇到难题时，可以单击“帮助”按钮，“帮助”窗格中默认显示出常见的问题，用户可以根据自己的需要选择浏览。

1.3.3 功能区

功能区由面板、选项板和按钮3部分组成，如图1–8所示，下面分别介绍这3个部分。

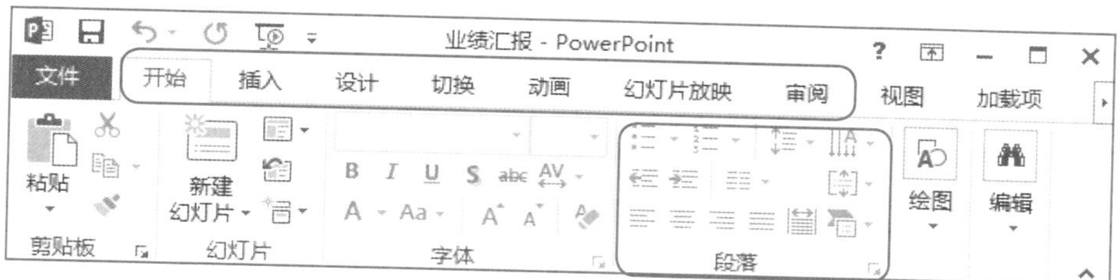

图1-8 功能区

1. 面板

面板位于功能区顶部，各个面板都围绕特定方案或对象进行组织，如“开始”面板中包含了若干常用的控件。

2. 选项板

选项板位于面板中，用于将某个任务细分为多个子任务控件，并以按钮、库和对话框的形式出现，如“开始”面板中的“幻灯片”选项板、“字体”选项板等。

3. 按钮

选项板中的按钮用于执行某个特定的操作，如在“开始”面板“段落”选项板中有“文本左对齐”、“文本右对齐”和“居中”等按钮。

1.3.4 幻灯片编辑区

PowerPoint 2013主界面中间最大的区域即为幻灯片编辑区，用于编辑幻灯片的各项内容。当幻灯片应用了主题和版式后，编辑区将出现相应的提示信息，提示用户输入相关内容，如图1-9所示为幻灯片编辑区。

图1-9 幻灯片编辑区

1.3.5 大纲与幻灯片窗格

在“视图”面板左上方有“幻灯片”窗格和“大纲”窗格，在“大纲”窗格中显示的是幻灯片文本，此区域是开始撰写幻灯片文字内容的主要区域。当切换至“幻灯片”窗格时，“幻灯片”窗格以缩略图的形式显示演示文稿内容，使用缩略图能更方便地通过演示文稿导航并观看更改的效果。如图1-10所示为“幻灯片”窗格，如图1-11所示为“大纲”窗格。

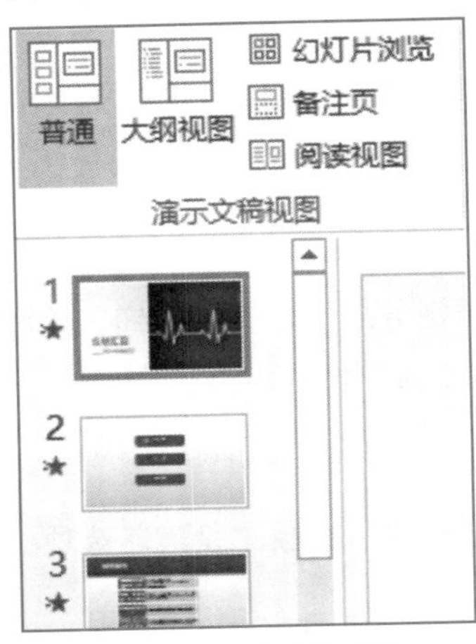

图1-10 “幻灯片”窗格

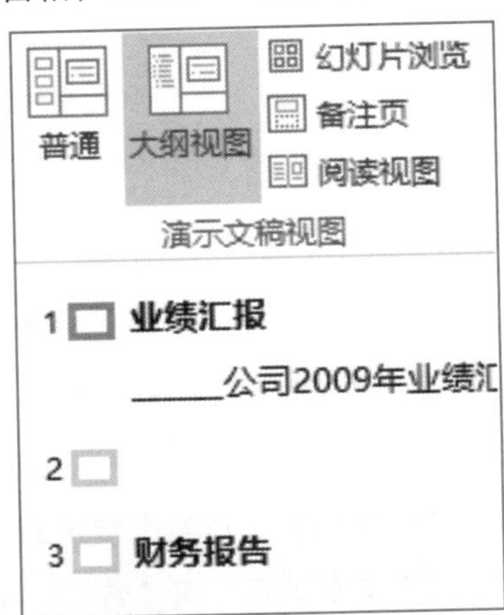

图1-11 “大纲”窗格

1.3.6 备注栏

备注栏位于幻灯片编辑窗口的下方，用于显示幻灯片备注信息，方便演讲者使用，用户还可以打印备注，将其分发给观众，也可以将备注包含在发送给观众或在网页上发布的演示文稿中。如图1-12所示为备注栏。

单击此处添加备注

图1-12 备注栏

视野扩展

对于在研究性学习中取得的研究成果，学生们往往通过演示文稿的形式进行汇报，从演示文稿的特点来说，其中的文字不宜过多，列出的只是演讲的提纲。但是，一个演讲不可能没有详细的演讲内容，而演讲内容并非都是即兴发言，因此需要事先准备讲稿，而备注栏便是最好的编辑讲稿的区域。

1.3.7 状态栏

状态栏位于PowerPoint工作界面底部，用于显示当前状态，如页数、字数及语言等信息，状态栏的右侧为“视图切换按钮和显示比例滑竿”区域，通过视图切换按钮可以快速切换幻灯片的视图模式，显示比例滑竿可以控制幻灯片在整个编辑区的显示比例，达到理想效果。如图1-13所示为状态栏。

图1-13 状态栏

状态栏上的各个按钮含义如下。

- 普通视图：具有同时编辑文稿大纲、幻灯片和备注页的功能，可以较全面地掌握整个文稿的情况。
- 幻灯片浏览视图：在幻灯片浏览视图中，按编号由小到大的顺序显示文稿中全部幻灯片的缩像。在该视图中可以清楚地看到文稿连续变化的过程，比如模板的变化情况（模板提供各幻灯片的背景设计和配色方案）。幻灯片浏览视图不能改变幻灯片的内容，但可以删除、复制幻灯片，调整各幻灯片的次序或向其他文稿传送幻灯片，在该视图中，可设置幻灯片的演示特征（如定时、切换效果、动画效果）。
- 幻灯片放映视图：幻灯片放映视图不显示单个静止的画面，而是像播放真实的35mm幻灯片那样，一幅一幅动态地显示文稿的幻灯片，而且在播放文稿时，可在一幅幻灯片放完后，使下一张幻灯片按特别的切换方式进入视图。

1.4 了解各种视图方式

在PowerPoint 2013中，有7种视图方式：普通视图、幻灯片浏览视图、幻灯片放映视图、备注页视图、幻灯片母版视图、讲义母版视图和备注母版视图，下面分别介绍各种视图方式。

1.4.1 普通视图

普通视图是PowerPoint 2013的默认视图，也是使用最多的视图。普通视图可以同时观察到演示文稿中某张幻灯片的显示效果、大纲级别和备注内容，主要用于编辑幻灯片总体结构，也可以单独编辑单张幻灯片或大纲，如图1–14和图1–15所示。

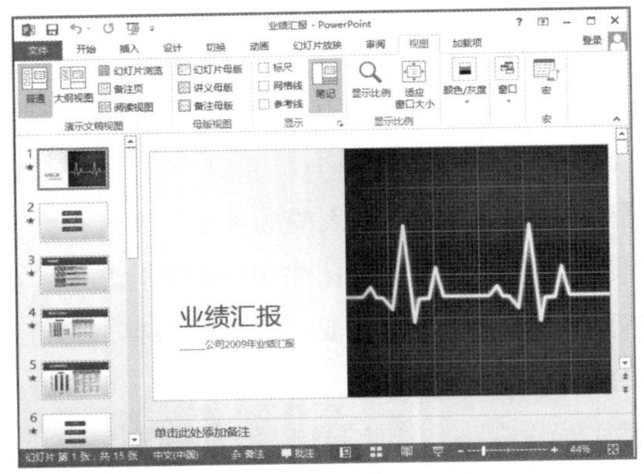

图1–14 “幻灯片”形式的普通视图

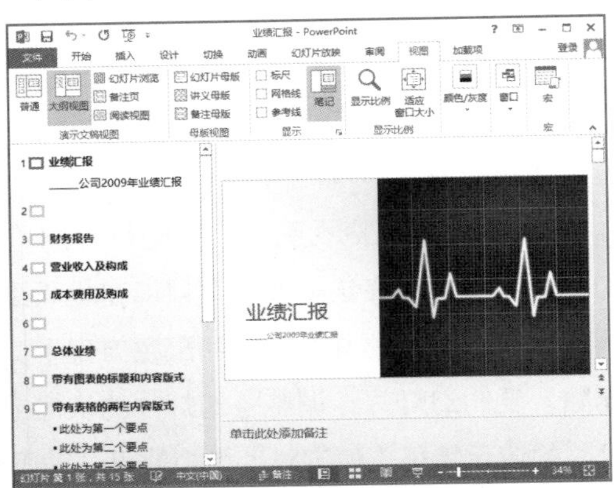

图1–15 “大纲”形式的普通视图

视野扩展

普通视图模式下，复制其他PPT下的各张幻灯片并粘贴到一张PPT中，就可以将其他幻灯片插入到已有幻灯片中。注意是复制打开PPT的左侧视图中的各张幻灯片。

1.4.2 备注页视图

备注页视图用于为演示文稿中的幻灯片提供备注，单击“视图”面板中的“备注页”按钮，可以切换到备注页视图，如图1–16所示。在该视图模式下，可以通过文字、图片、图表和表格等对象来修饰备注，如图1–17所示。

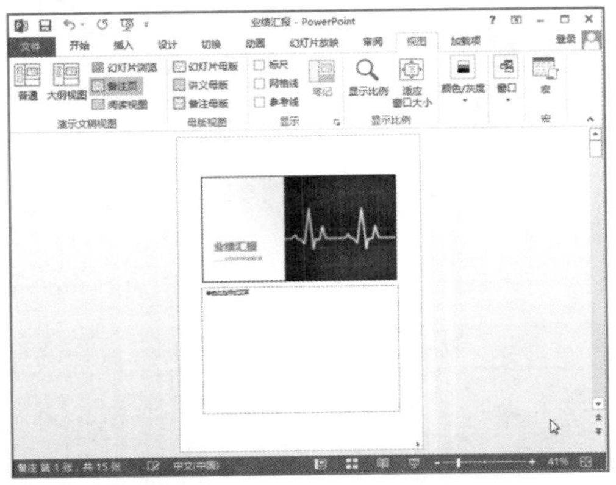

图1–16 备注页视图

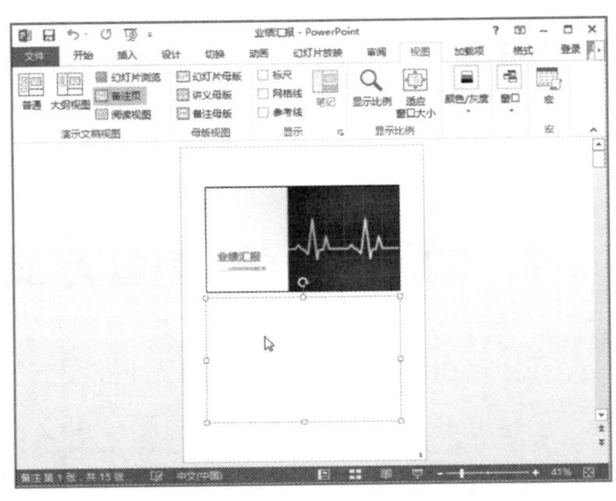

图1–17 通过文字修饰备注

1.4.3 幻灯片浏览视图

在幻灯片浏览视图中，演示文稿中的所有幻灯片以缩略图方式整齐地显示在同一窗口中。在该视图中，可以查看幻灯片的背景设计、配色方案，检查幻灯片之间是否协调、图标的位置是否合适等问题，同时还可以快速地在幻灯片之间添加、删除和移动幻灯片的前后顺序，以及对幻灯片之间的动画进行切换。

单击状态栏右边的“幻灯片浏览”按钮，可将视图模式切换到幻灯片浏览视图模式。另外用户还可以切换至“视图”面板，在“演示文稿视图”选项板中单击“幻灯片浏览”按钮，同样可以切换到幻灯片浏览视图模式，如图1-18所示为幻灯片浏览视图。

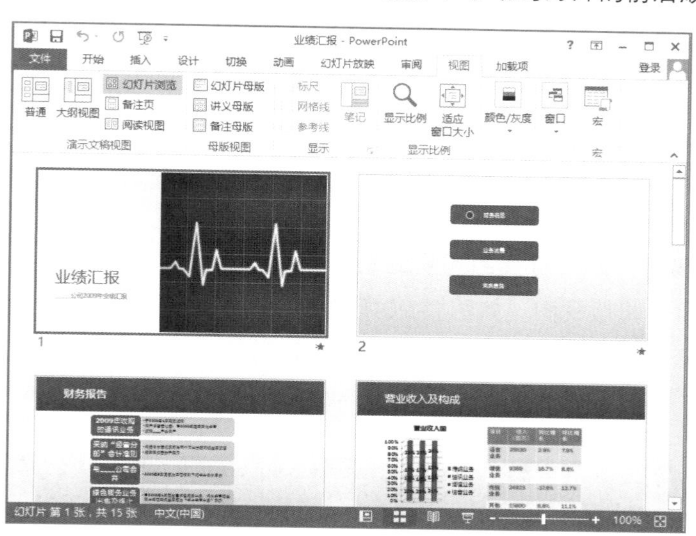

图1-18 幻灯片浏览视图

专家指点

在幻灯片浏览视图中，如果要对当前幻灯片的内容进行编辑，则可以在该幻灯片中单击鼠标右键，在弹出的快捷菜单中选择需要编辑的选项，或者双击该幻灯片切换到普通视图。

1.4.4 幻灯片放映视图

幻灯片放映试视图是在电脑屏幕上完整播放演示文稿的专用视图，在该视图模式下，可以观看演示文稿的实际播放效果，还能体验到动画、声音和视频等多媒体效果。单击状态栏上的“幻灯片放映”按钮，即可进入幻灯片放映视图，如图1-19所示为幻灯片放映视图。

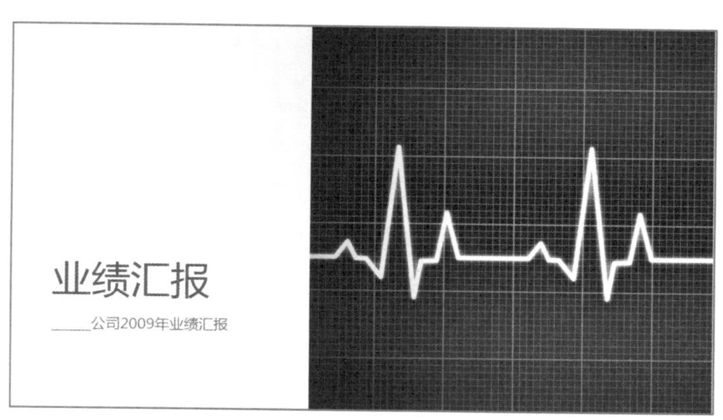

图1-19 幻灯片放映视图

1.4.5 幻灯片母版视图

幻灯片母版是制作幻灯片的模板，同时也可以为幻灯片定义不同的版式，幻灯片母版视图就是显示并编辑这些母版的视图。打开演示文稿，切换至“视图”面板，在“演示文稿视图”选项板中单击“幻灯片母版”按钮，即可将视图切换到幻灯片母版视图。如图1-20所示为幻灯片母版视图。

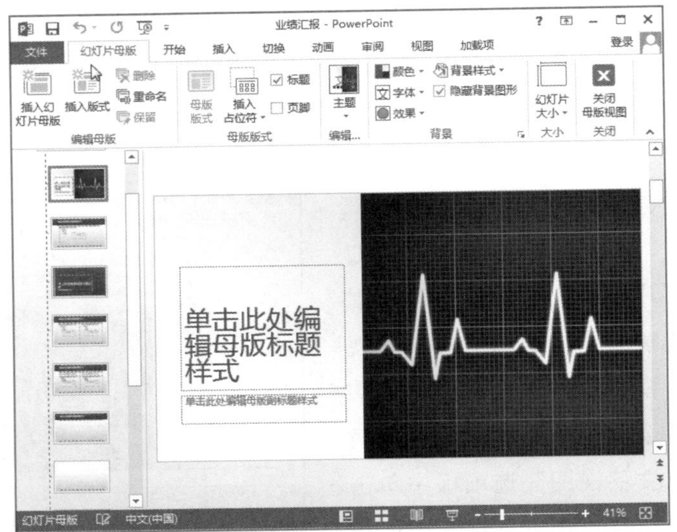

图1-20　幻灯片母版视图

视野扩展

在幻灯片母版中设置各版式的效果之后，新建幻灯片选用相应版式，则能运用该效果。采用已经编辑好的模板大大节约了编辑演示文稿的时间。

1.4.6 讲义母版视图

讲义母版是在将幻灯片制作为讲义稿时使用的模板。在该视图中，可以浏览到当幻灯片制作为讲义稿打印装订时的样式，并可以设置讲义母版在纸张中显示幻灯片的张数、页眉和页脚的位置，以及设置幻灯片放置的方向等，如图1-21所示为讲义母版视图。

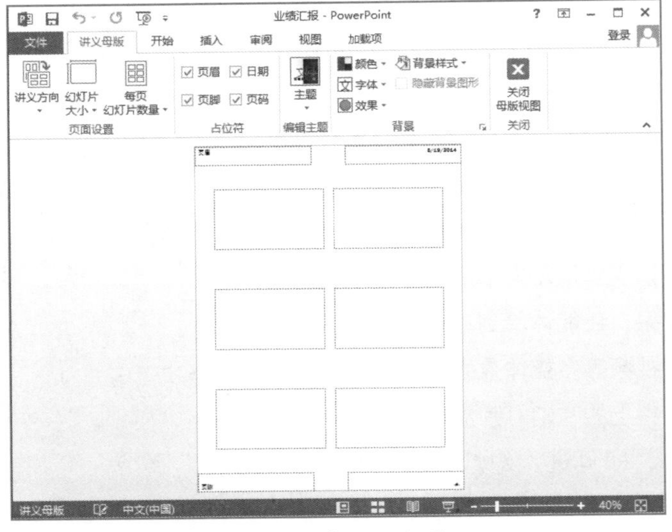

图1-21　讲义母版视图

1.4.7 备注母版视图

备注母版是在编辑幻灯片中备注时使用的模板，在备注母版视图中可以设置备注页和幻灯片的方向，以及页眉和页脚样式等。

打开演示文稿，在“视图”面板“演示文稿视图”选项板中单击“备注母版”按钮，即可切换到备注母版视图，如图1-22所示为备注母版视图。

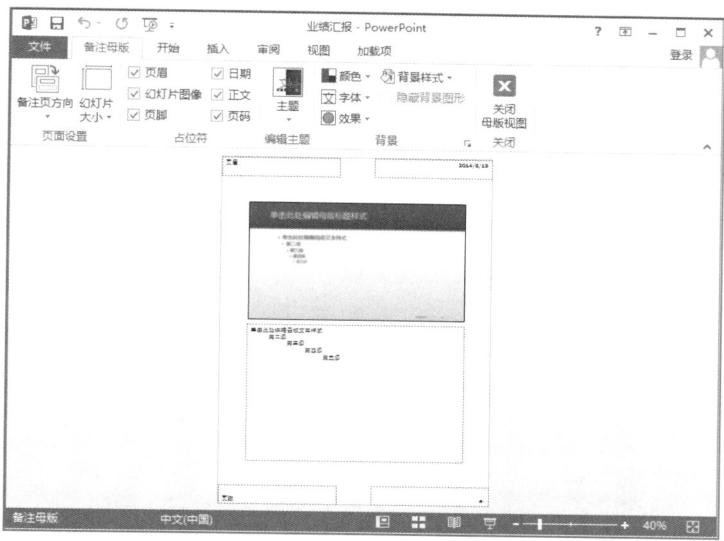

图1-22 备注母版视图

1.5 本章小结

本章主要介绍了什么是PowerPoint 2013，PowerPoint 2013的启动和退出；认识了PowerPoint 2013的工作界面，包括快速访问工具栏、标题栏、幻灯片编辑区、大纲与幻灯片窗格、备忘栏和状态栏等。了解了PowerPoint 2013的7种视图方式，分别是普通视图、备注页视图、幻灯片浏览视图、幻灯片放映视图、幻灯片母版视图、讲义母版视图和备注母版视图。通过本章的介绍，用户应当熟悉PowerPoint 2013的操作界面和所包含的功能。

1.6 趁热打铁

PowerPoint 2013 提供的视图模式有几种？各个视图分别有什么特点？

第2章 入门PowerPoint 2013

学习提示

演示文稿是用于介绍和说明某个问题与事件的一组多媒体材料，也是PowerPoint生成的文件形式。学习PowerPoint 2013之前，应从演示文稿的基本操作开始，演示文稿的基本操作包括创建文稿、打开文稿和保存文稿等。

本章案例导航

- 新手实战01——菜单法创建空白演示文稿
- 新手实战02——使用已安装的模板创建演示文稿
- 新手实战03——使用现有演示文稿创建演示文稿
- 新手实战04——另存为演示文稿
- 新手实战05——保存为PowerPoint 97-2003格式
- 新手实战06——自动保存演示文稿
- 新手实战07——加密保存演示文稿
- 新手实战08——打开演示文稿

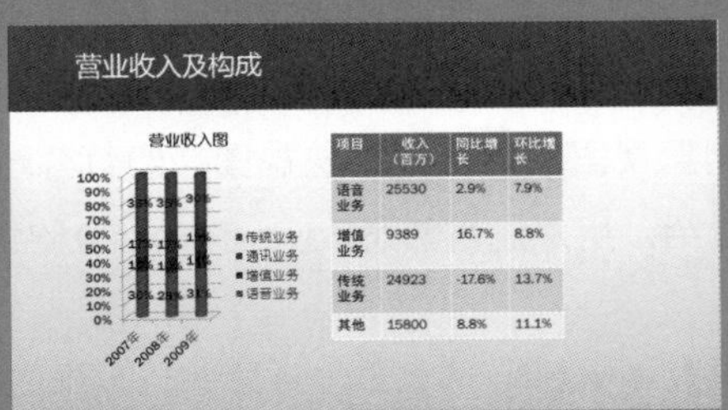

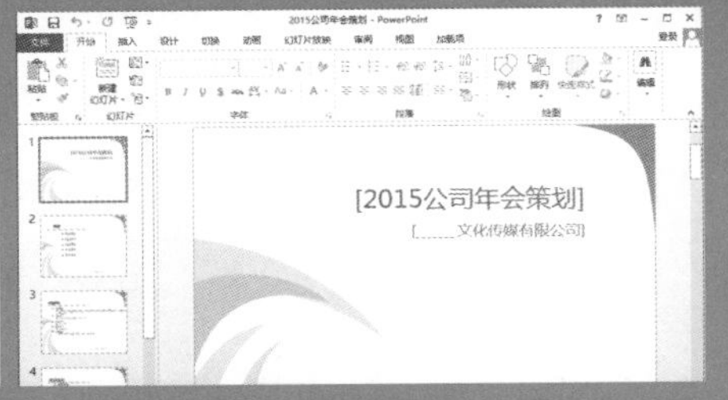

2.1 创建演示文稿

创建演示文稿的方法包括创建空白演示文稿、根据现有演示文稿创建演示文稿和通过已安装模板创建演示文稿等，用户可以在空白的幻灯片上设计出具有鲜明个性的背景色彩、配色方案、文本格式和图片等内容。本节主要向读者介绍创建演示文稿的操作方法。

2.1.1 创建空白演示文稿

在PowerPoint 2013中，创建空白演示文稿主要有以下两种方法。

1. 方法一：选项法

启动PowerPoint 2013程序后，系统将进入一个新的界面，在右侧区域中，选择“空白演示文稿”选项，如图2-1所示，即可创建空白演示。

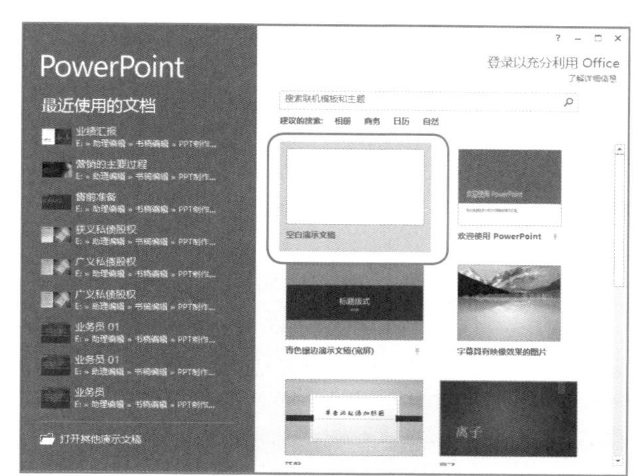

图2-1 选择“空白演示文稿”选项

2. 方法二：菜单法

新手实战01——菜单法创建空白演示文稿

步骤 01 启动PowerPoint 2013应用程序，选择“文件”|“新建”命令，如图2-2所示。

步骤 02 切换至“新建”选项卡，选择“空白演示文稿”选项，如图2-3所示。

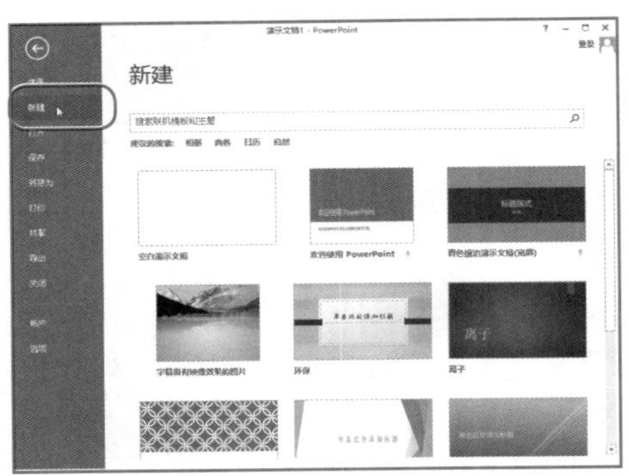
图2-2 选择“新建”命令

图2-3 新建空白演示文稿

步骤03 执行上述操作后，即可创建演示文稿，其名称为“演示文稿2”，如图2-4所示。

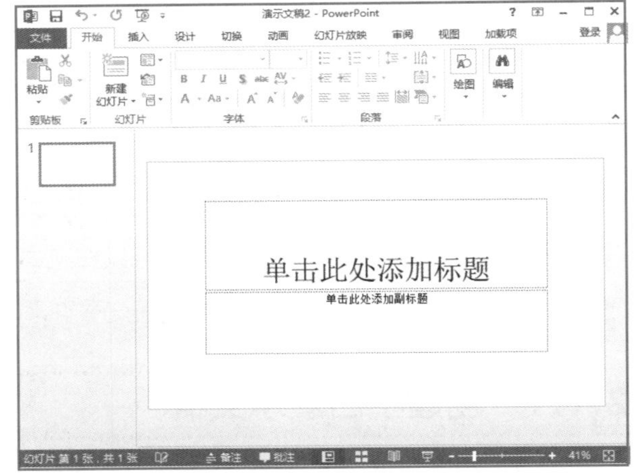

图2-4 新建演示文稿

专家指点

在PowerPoint 2013中，用户可根据已安装的主题新建演示文稿。主题是PowerPoint 2013预先为用户设置好的应用版式，且每种主题提供了4种内置的主题颜色，用户可以根据自己的需要选择不同的颜色来设计演示文稿。

2.1.2 使用已安装的模板创建演示文稿

PowerPoint除了创建最简单的演示文稿外，还可以根据已安装的模板创建演示文稿。模板是一种以特殊格式保存的演示文稿，一旦应用了一种模板以后，幻灯片的背景图形、配色方案等都已经确定，所以套用模板可以提高创建演示文稿的效率。

新手实战02——使用已安装的模板创建演示文稿

步骤01 启动PowerPoint 2013，选择“文件”|“新建”命令，弹出“新建演示文稿”界面，界面中包含已安装的主题。如图2-5所示。

步骤 02 单击已安装的主题模板，出现模板参数对话框，包括模板名称，配色等，如图2-6所示。

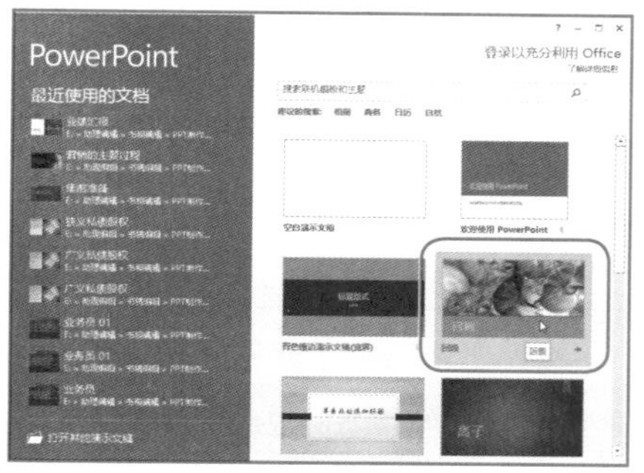

图2-5 已安装模板

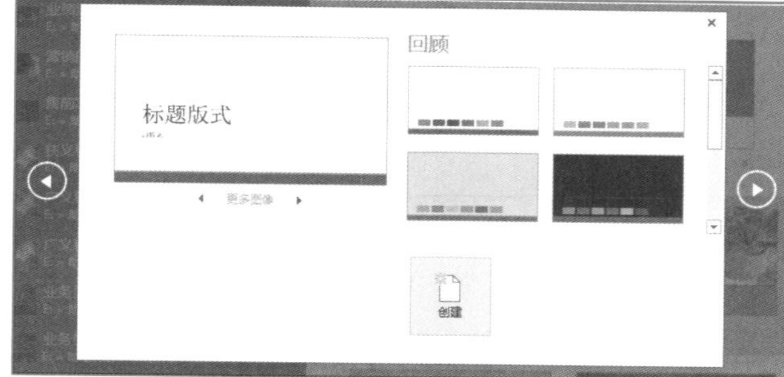

图2-6 已安装模板参数对话框

步骤 03 单击“创建”按钮，如图2-7所示，即可使用已安装的主题创建演示文稿，效果如图2-8所示。

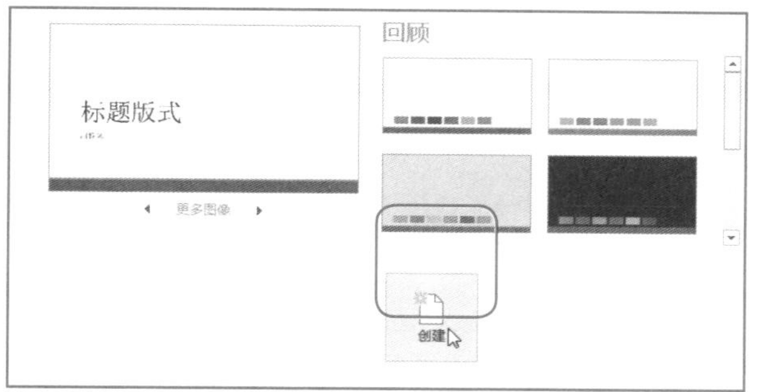

图2-7 单击“创建”按钮

图2-8 运用已安装的主题创建演示文稿

视野扩展

在“新建演示文稿”界面中，包括“回顾”、“环保”、“离子”、“积分”、“平面”、“扇面”、“丝状”和“离子（会议室）”等19种主题模板。使用顶部的搜索框可以查找到更多的模板和主题。

2.1.3 使用现有演示文稿创建演示文稿

现有演示文稿是已经书写和设计过的演示文稿，利用现有演示文稿新建演示文稿可以创建现有演示文稿的副本，以便在原有基础上对演示文稿进行设计或更改。

新手实战03——使用现有演示文稿创建演示文稿

步骤 01 在打开的PowerPoint 2013编辑窗口中，选择“文件”|“打开”命令，如图2-9所示。

步骤 02 在“打开”选项区中，选择“计算机”选项，在“计算机”选项区中，单击“浏览”按钮，如图2-10所示。

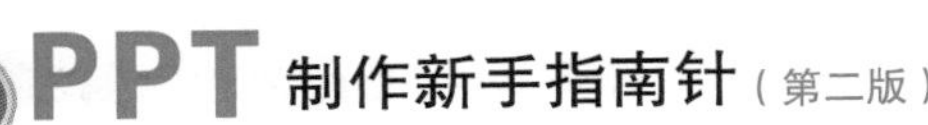
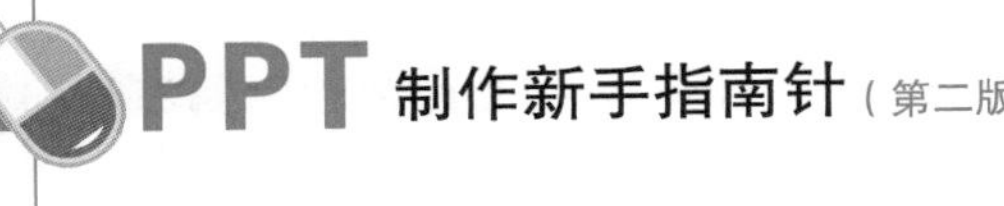

图2-9　选择“打开”命令

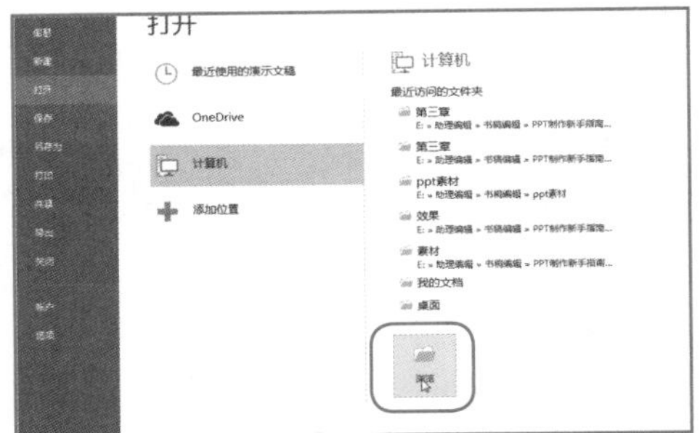
图2-10　单击“浏览”按钮

步骤03 弹出“打开”对话框，在计算机中的合适位置，选择相应文件，如图2-11所示。

步骤04 单击“打开”按钮，即可运用现有演示文稿创建，如图2-12所示。

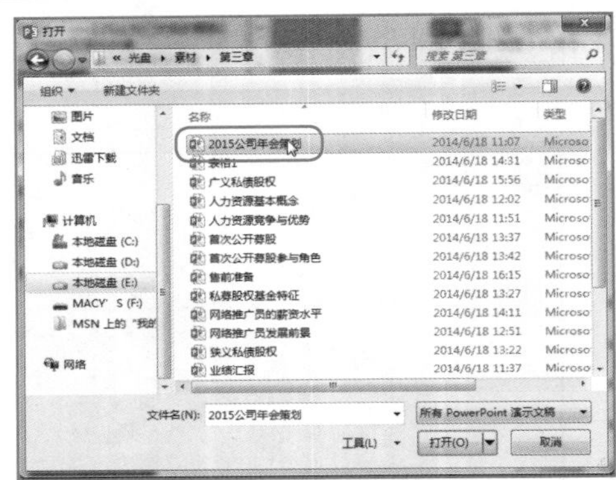
图2-11　选择相应文件

图2-12　使用现有演示文稿创建

2.2 保存演示文稿

PowerPoint 2013提供了多种保存演示文稿的方法和格式，用户可以根据演示文稿的用途来进行选择。

2.2.1 保存演示文稿

在实际工作中，一定要养成经常保存的习惯。在制作演示文稿的过程中，保存的次数越多，因意外事故造成的损失就越小。

在PowerPoint 2013中，保存文稿的方法主要有以下7种。

- 按钮：单击快速访问工具栏中的“保存”按钮即可。
- 命令：选择“文件”|“保存”命令。
- 快捷键1：按【Ctrl+S】组合键。
- 快捷键2：按【Shift+F12】键。
- 快捷键3：按【F12】键。
- 快捷键4：依次按【Alt】、【F】和【S】键。
- 快捷键5：依次按【Alt】、【F】和【A】键。

2.2.2 另存为演示文稿

在PowerPoint 2013中进行文件的常规保存时，可以在快速访问工具栏中单击“另存为”按钮，将制作好的演示文稿进行另存。

新手实战04——另存为演示文稿

步骤 01 在制作好的演示文稿中，选择“文件”命令，如图2-13所示。

步骤 02 选择“另存为”选项，如图2-14所示。

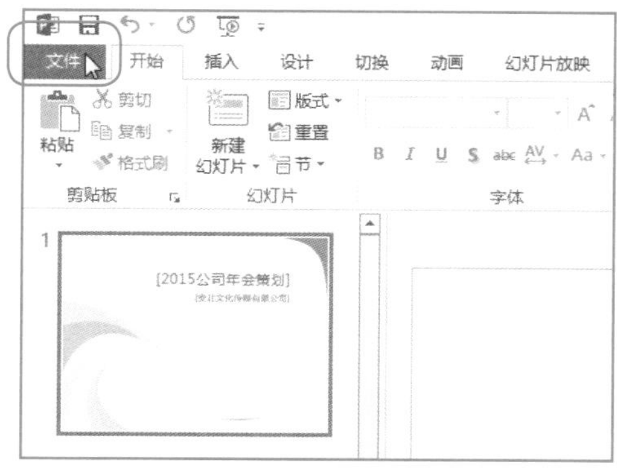

图2-13 选择“文件”命令

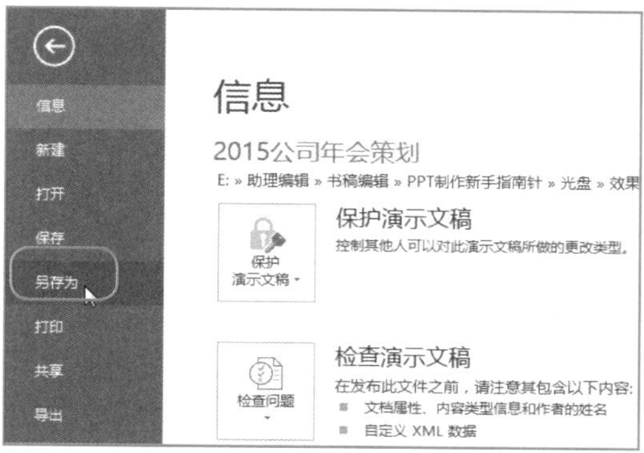

图2-14 选择“另存为”选项

步骤 03 执行操作后，切换至“另存为”选项卡，在“另存为”选项区中，选择“计算机”选项，在右侧的“计算机”选项区中，单击“浏览”按钮，如图2-15所示。

步骤 04 弹出“另存为”对话框，选择文件的保存位置，在“文件名”文本框中输入相应标题内容，单击“保存”按钮，如图2-16所示。

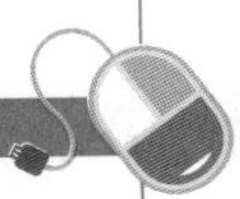

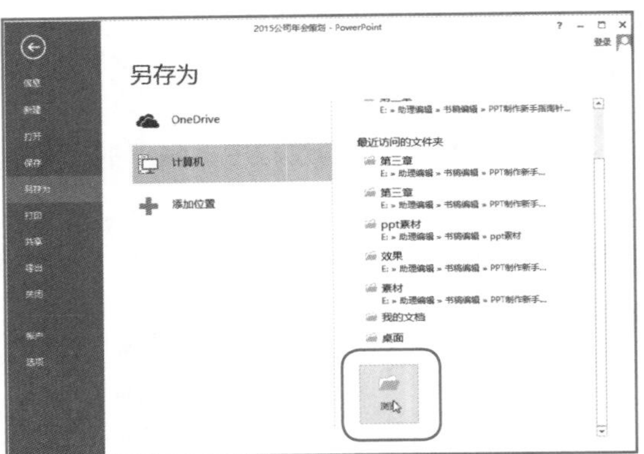

图2-15　单击“浏览”按钮

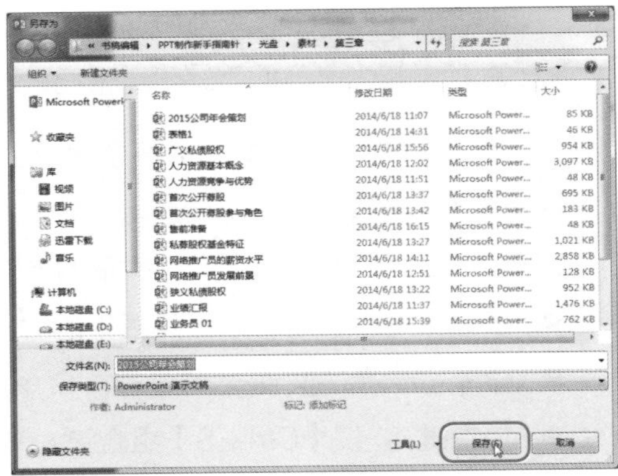

图2-16　单击“保存”按钮

步骤05　执行操作后，即可另存为演示文稿。

2.2.3　保存为PowerPoint 97-2003格式

当要把PowerPoint的早期版本通过PowerPoint 2013的格式打开时，需要安装适合PowerPoint 2013的Office兼容包才能完全打开。用户可以将演示文稿保存为兼容格式，从而能直接使用早期版本的PowerPoint来打开文档。

新手实战05——保存为PowerPoint 97-2003格式

步骤01　在制作好的演示文稿中，调出“另存为”对话框，如图2-17所示。

步骤02　单击“保存类型”右侧的下拉按钮，在弹出的下拉列表框中选择“PowerPoint 97-2003演示文稿”选项，如图2-18所示。

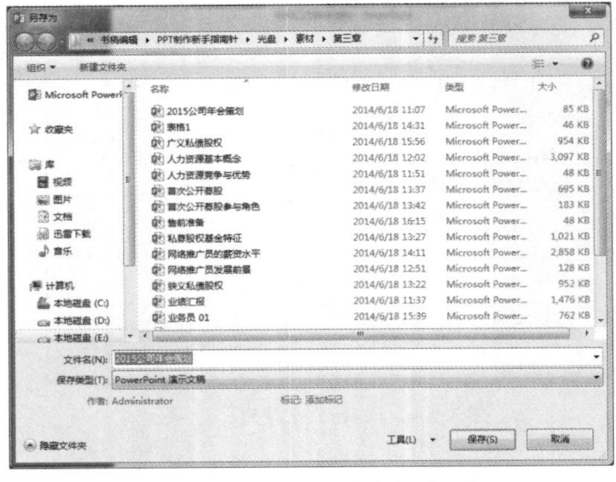

图2-17　调出“另存为”对话框

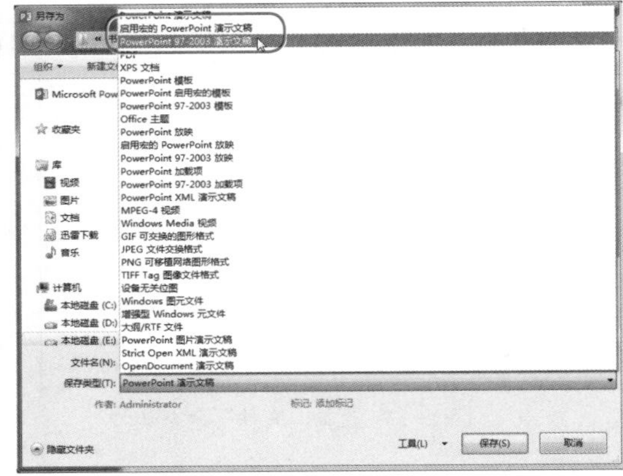

图2-18　选择“PowerPoint 97-2003演示文稿”选项

步骤03　执行操作后，单击“保存”按钮，如图2-19所示。

步骤04　返回到演示文稿工作界面，在标题栏中将显示“兼容模式”，如图2-20所示。

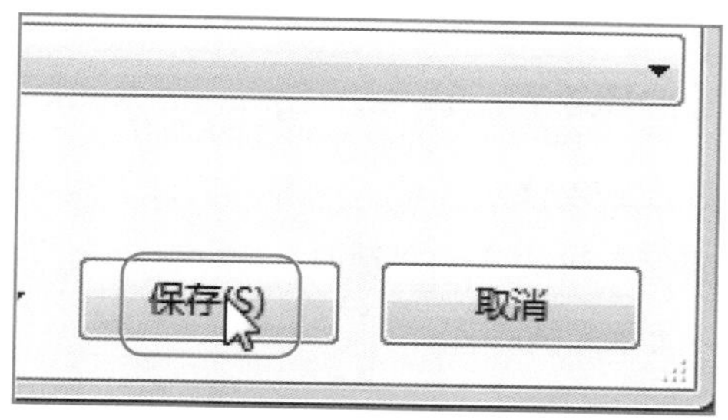

图2-19 单击“浏览”按钮

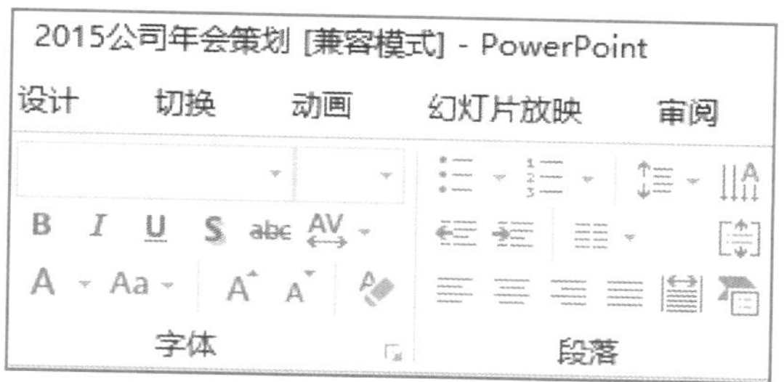

图2-20 显示“兼容模式”

专家指点

PowerPoint 2013制作的演示文稿不向下兼容。如果需要在以前版本中打开PowerPoint 2013制作的演示文稿，就要将该文件的“保存类型”设置为“PowerPoint 97-2003演示文稿”，PowerPoint 2013演示文稿的扩展名是.PPTX。

2.2.4 自动保存演示文稿

设置自动保存可以每隔一段时间自动保存一次，即使出现断电或死机的情况，当再次启动时，保存过的文件内容也依然存在，而且避免了手动保存的麻烦。

新手实战06——自动保存演示文稿

步骤 01 在打开的PowerPoint 2013中，选择“文件”|“选项”命令，如图2-21所示。

步骤 02 弹出“PowerPoint选项”对话框，切换至“保存”选项卡，在“保存演示文稿”选项组中，选中“保存自动恢复信息时间间隔”复选框，并在右边的文本框中设置时间间隔为5分钟，如图2-22所示，单击“确定”按钮，即可设置自动保存演示文稿。

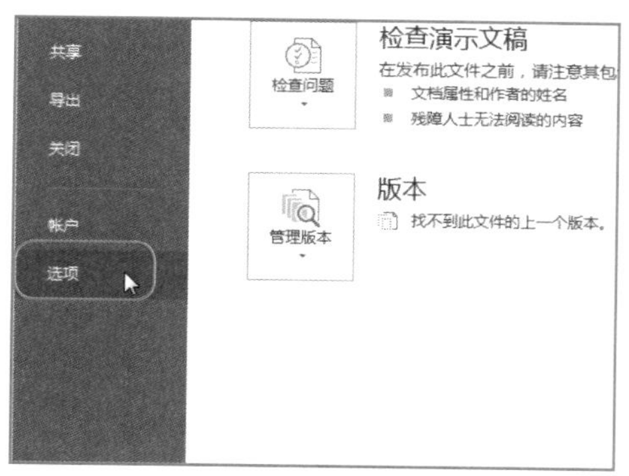

图2-21 选择“选项”选项

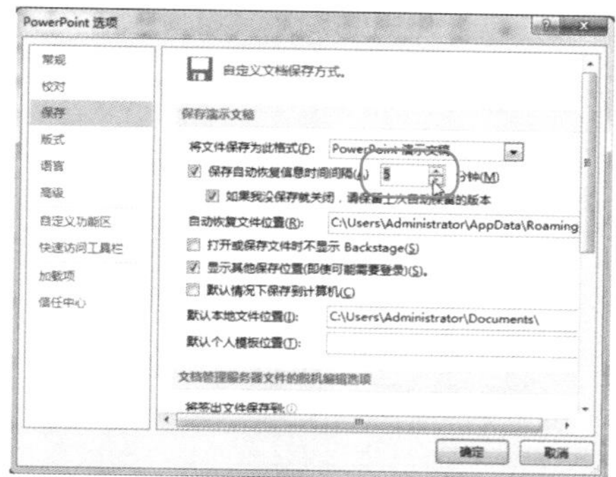

图2-22 设置时间间隔

专家指点

在“另存为”对话框中单击“工具”按钮右侧的下拉按钮，在弹出的列表框中选择“保存选项”选项，也可以弹出“PowerPoint选项”对话框。

2.2.5 加密保存演示文稿

加密保存演示文稿，可以防止其他用户随意打开或修改演示文稿，一般的方法就是在保存演示文稿的时候设置权限密码。当用户要打开加密保存过的演示文稿时，PowerPoint将弹出“密码”对话框，只有输入正确的密码才能打开该演示文稿。

新手实战07——加密保存演示文稿

步骤 01 在制作好的演示文稿中，选择“文件”命令，如图2-23所示。

步骤 02 在左侧区域选择“另存为”选项，在“另存为”选项区中，选择“计算机”选项，在右侧“计算机”选项区中，单击“浏览”按钮，弹出“另存为”对话框，单击下方的“工具”右侧的下拉按钮，如图2-24所示。

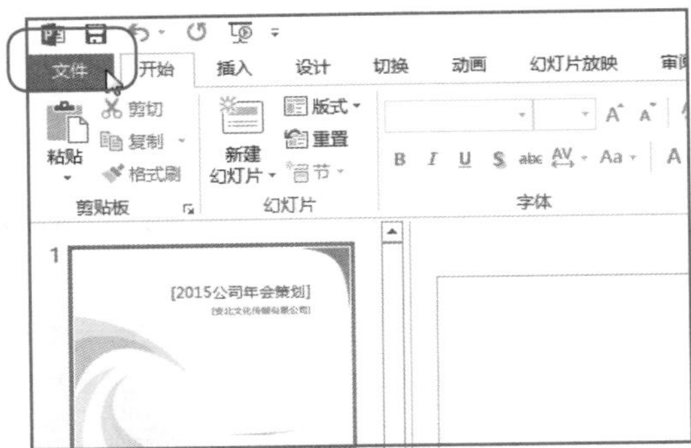

图2-23 选择“文件”命令

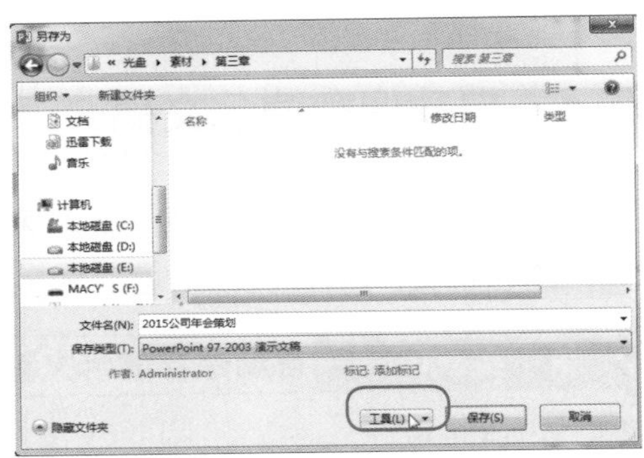

图2-24 单击“工具”右侧的下拉按钮

步骤 03 弹出列表框，选择“常规选项”选项，如图2-25所示。

步骤 04 弹出“常规选项”对话框，在“打开权限密码”文本框和“修改权限密码”文本框中输入密码（123456789），如图2-26所示。

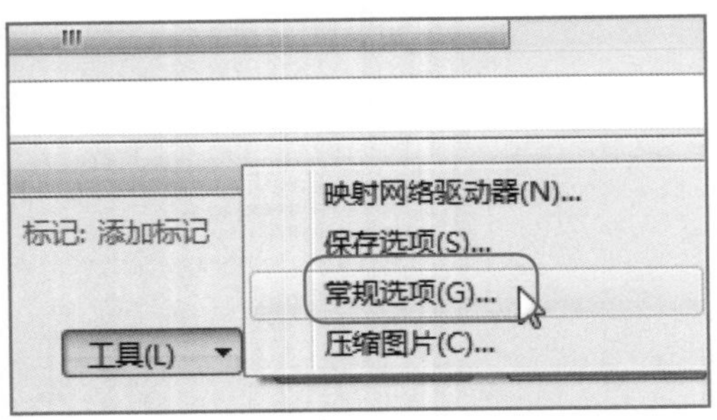

图2-25 选择“常规选项”选项

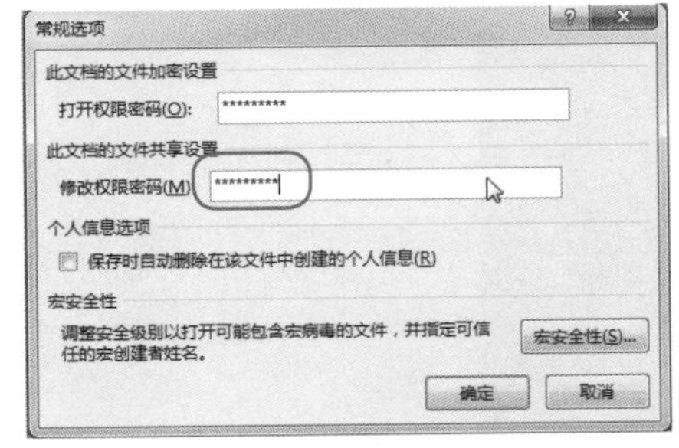

图2-26 输入密码

专家指点

“打开权限密码”和“修改权限密码”可以设置为相同的密码，也可以设置为不同的密码，它们将分别作用于打开权限和修改权限。

步骤05 单击“确定”按钮，弹出“确认密码”对话框，如图2-27所示。

步骤06 重新输入打开权限密码，单击“确定”按钮，再次弹出“确认密码”对话框，再次输入密码，如图2-28所示。

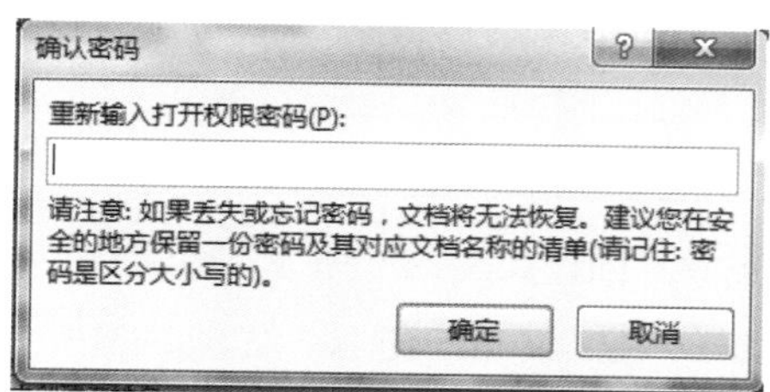

图2-27 弹出“确认密码”对话框

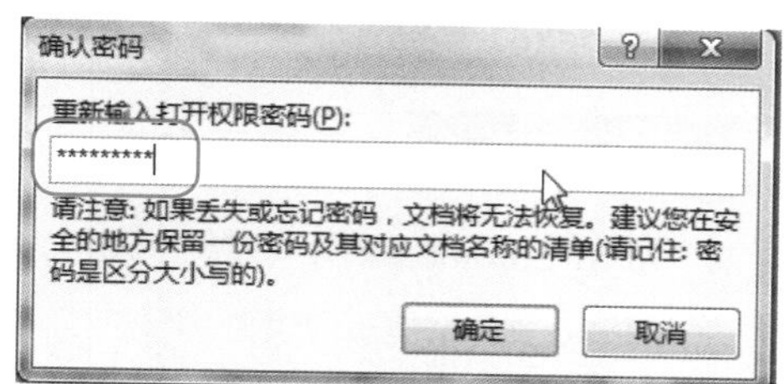

图2-28 再次输入密码

步骤07 单击“确定”按钮，返回到“另存为”对话框，单击“保存”按钮，如图2-29所示，即可加密保存文件。

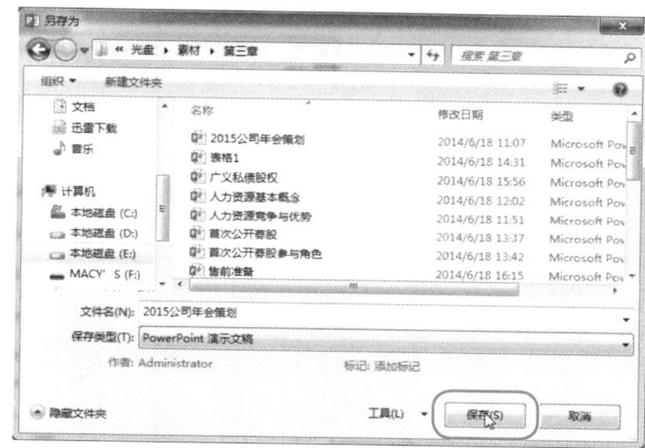

图2-29 单击“保存”按钮

2.3 打开和关闭演示文稿

演示文稿的操作就是对文件的基本操作，通常有打开和关闭等。

2.3.1 打开演示文稿

在PowerPoint 2013中，用户可以通过最近使用过的演示文稿记录实现打开操作。下面介绍打开最近使用的演示文稿的操作方法。

新手实战08——打开演示文稿

步骤 01 启动PowerPoint 2013，稍等片刻后，进入相应界面，如图2-30所示。

步骤 02 在“PowerPoint最近使用的文档”下方，选择“业绩汇报”选项，如图2-31所示。

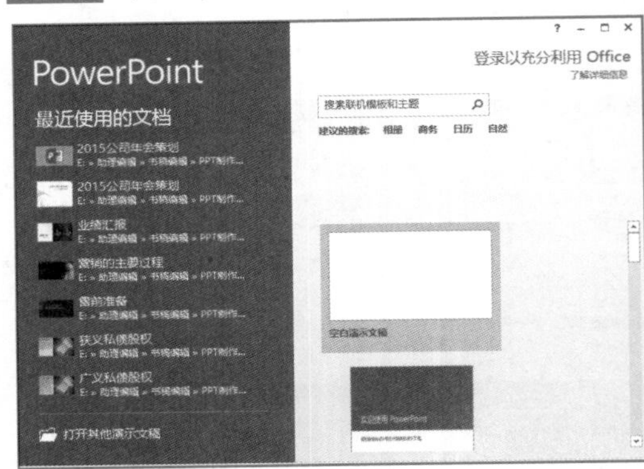

图2-30 进入相应界面

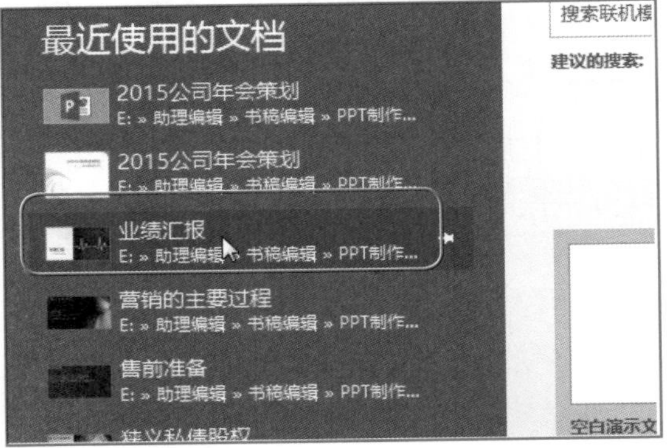

图2-31 选择“业绩汇报”选项

步骤 03 执行操作后，即可打开最近使用的文档。

视野扩展

除了上述方法可以打开最近使用的演示文稿以外，用户还可以在打开的演示文稿中，选择“菜单”|“打开”命令，切换至“打开”选项卡，在“打开”选项区中，选择“最近使用的演示文稿”选项，然后在右边的“最近使用的演示文稿”选项区中，显示了最近打开或编辑过的演示文稿，用户可以在其中选择任意演示文稿，即可打开。

2.3.2 关闭演示文稿

在编辑完演示文稿并保存后，关闭文档可以减小系统内存的占用空间。关闭演示文稿的方法有以下几种。

- 选择“文件”|“关闭”命令，即可关闭演示文稿。
- 按【Ctrl＋W】组合键，可快速关闭演示文稿。
- 按【Alt＋F4】组合键，可直接退出PowerPoint应用程序。
- 单击标题栏右侧的“关闭”按钮✕，也可关闭演示文稿。

专家指点

如果在关闭演示文稿前未对编辑的文稿进行保存，系统将弹出信息提示框询问用户是否保存文稿，单击“保存”按钮将保存文稿，单击“不保存”按钮将不保存文稿，单击“取消”按钮将不关闭文稿。

2.4 本章小结

本章主要介绍了用PowerPoint 2013创建演示文稿的基本操作。学习了3种创建演示文稿的方法，分别是创建空白演示文稿、运用已安装的模板创建演示文稿和运用现有演示文稿创建演示文稿。了解了保存演示文稿的方法，以及如何打开和关闭演示文稿。

2.5 趁热打铁

现在让我们来做一些练习检验一下自己的学习吧！

1. 保存演示文稿的方法有哪些？其操作步骤分别是什么？
2. 运用现有模板创建一个演示文稿。

第3章 制作文本幻灯片

学习提示

在PowerPoint 2013中，文本是演示文稿最基本的内容，文本处理是制作演示文稿最基础的知识，为了使演示文稿更加美观、实用，还可以在输入文本后编辑文本对象和美化段落格式等。本章主要介绍文本的基本操作、编辑文本对象和为文本添加项目符号等内容。

本章案例导航

- 新手实战09——在占位符中输入文本
- 新手实战10——在文本框中添加文本
- 新手实战11——从外部导入文本
- 新手实战12——设置文本字体
- 新手实战13——设置文本颜色
- 新手实战14——设置文本删除线
- 新手实战15——设置文字阴影
- 新手实战16——设置文字上下标
- 新手实战17——设置文本下划线
- 新手实战18——移动文本
- 新手实战19——复制和粘贴文本
- 新手实战20——替换文本
- 新手实战21——插入页眉和页脚
- 新手实战22——设置段落行距和间距
- 新手实战23——设置段落对齐
- 新手实战24——使用“段落”对话框设置段落对齐
- 新手实战25——设置段落缩进
- 新手实战26——设置文字对齐
- 新手实战27——添加常用项目符号

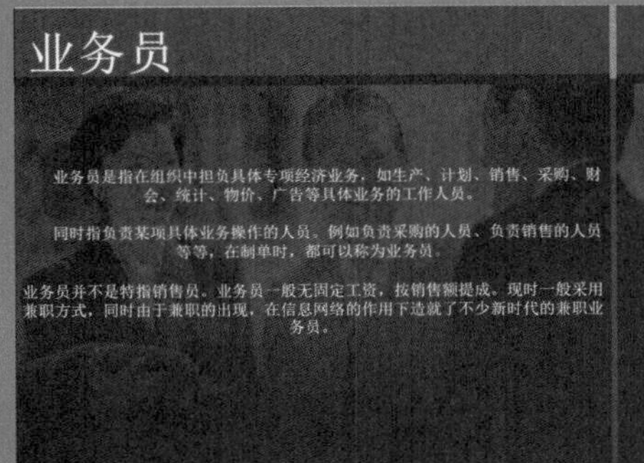

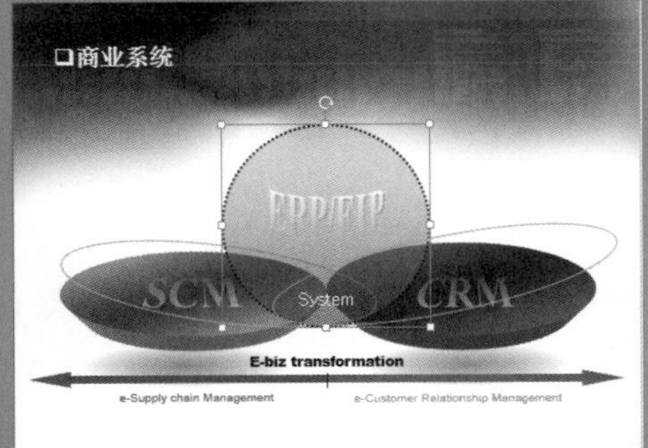

3.1　文本常用操作

文字是演示文稿的重要组成部分，一个直观明了的演示文稿少不了文字说明，无论是新建的空白演示文稿，还是根据模板新建的演示文稿，都需要用户自己输入文字，然后用户可以根据所设计和制作的演示文稿对文本的格式进行设置。

3.1.1　在占位符中输入文本

占位符是一种带有虚线边框的方框，包含文字和图形等内容。大多数占位符中预设了文字的属性和样式，供用户添加标题文字和项目文字等。

新手实战09——在占位符中输入文本

素材文件	素材\第3章\员工宿舍改建工程项目策划书.pptx	效果文件	效果\第3章\员工宿舍改建工程项目策划书.pptx
视频文件	视频\第3章\员工宿舍改建工程项目策划书.mp4		

步骤 01 打开演示文稿，在占位符中的“单击此处添加标题”文本框单击鼠标左键，光标呈指针形状，如图3-1所示。

步骤 02 在占位符中输入相应文本，如图3-2所示。

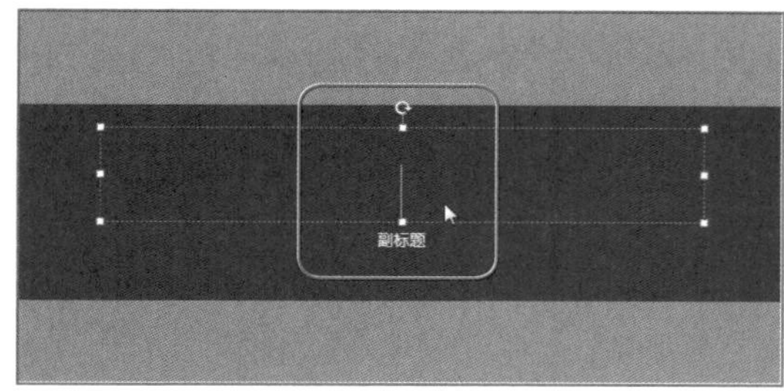

图3-1　光标呈指针形状

图3-2　输入相应文本

步骤03 用同样的方法，在占位符中输入副标题文本，效果如图3-3所示。

专家指点

默认情况下，在占位符中输入文字，PowerPoint会随着输入的文本自动调整文本大小以适应占位符。如果输入的文本超出了占位符的大小，PowerPoint将减小字号和行距直到容下所有文本为止。

图3-3 输入副标题文本

3.1.2 在文本框中添加文本

使用文本框，可以使文字按不同的方向进行排列，从而灵活地将文字放置到幻灯片的任何位置。

新手实战10——在文本框中添加文本

素材文件	素材\第3章\准确定位自己.pptx	效果文件	效果\第3章\准确定位自己.pptx
视频文件	视频\第3章\准确定位自己.mp4		

步骤01 打开演示文稿，切换至"插入"面板，如图3-4所示。

步骤02 在"文本"选项板中单击"文本框"下拉按钮，在弹出的列表中选择"横排文本框"选项，如图3-5所示。

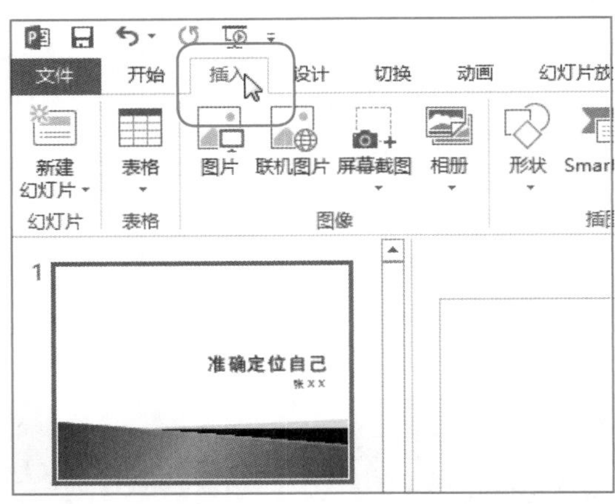

图3-4 切换至"插入"面板

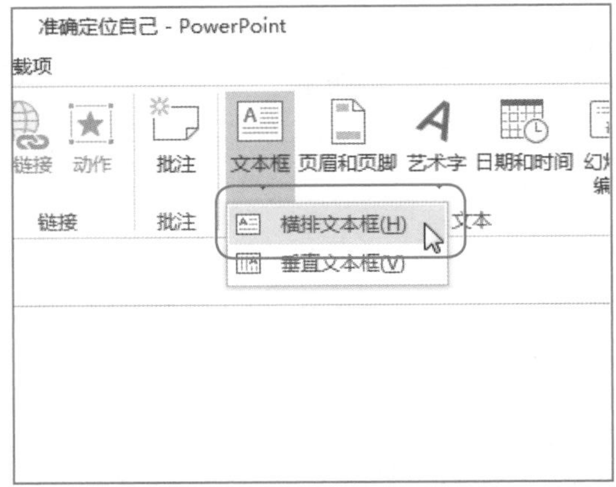

图3-5 选择"横排文本框"选项

步骤03 将光标移至编辑区内，在空白处单击鼠标左键并拖曳，至合适位置后释放鼠标左键，绘制一个横排文本框，如图3-6所示。

步骤04 在文本框中输入"准确定位自己"文本，调整文本大小和位置，效果如图3-7所示。

图3-6 绘制一个横排文本框

图3-7 调整文本大小和位置

3.1.3 从外部导入文本

PowerPoint 2013中除了使用占位符和文本框等输入文本外，还可以从Word、记事本和写字板等文字编辑软件中直接复制文字到PowerPoint中。另外，用户还可以在“插入”面板中单击“对象”按钮，直接将文本文档从外部导入到幻灯片中。

新手实战11——从外部导入文本

素材文件	素材\第3章\员工宿舍管理制度.doc	效果文件	效果\第3章\员工宿舍管理制度.pptx
视频文件	视频\第3章\员工宿舍管理制度.mp4		

步骤 01 启动PowerPoint 2013，切换至“插入”面板，在“文本”选项板中单击“对象”按钮，如图3-8所示。

步骤 02 在弹出的“插入对象”对话框中单击“由文件创建”单选按钮，然后单击“浏览”按钮，如图3-9所示。

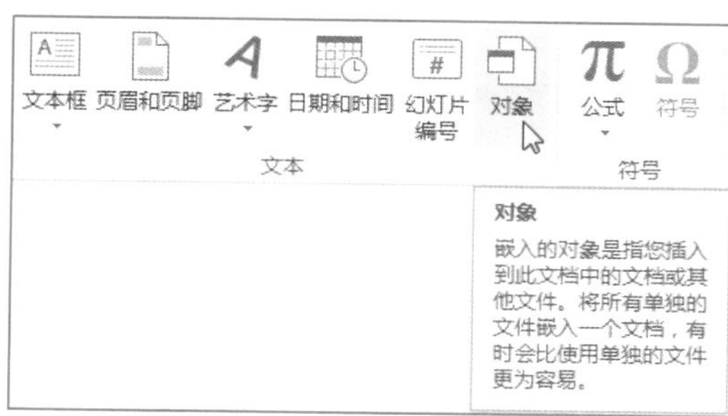

图3-8 单击“对象”按钮

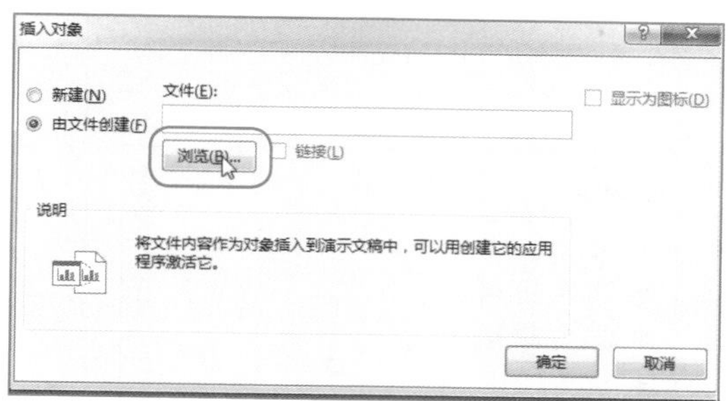

图3-9 单击“浏览”按钮

步骤 03 弹出“浏览”对话框，在相应文件夹中选择需要的文件，如图3-10所示。

步骤 04 依次单击“确定”按钮，即可在幻灯片中显示导入的文本文档，效果如图3-11所示。

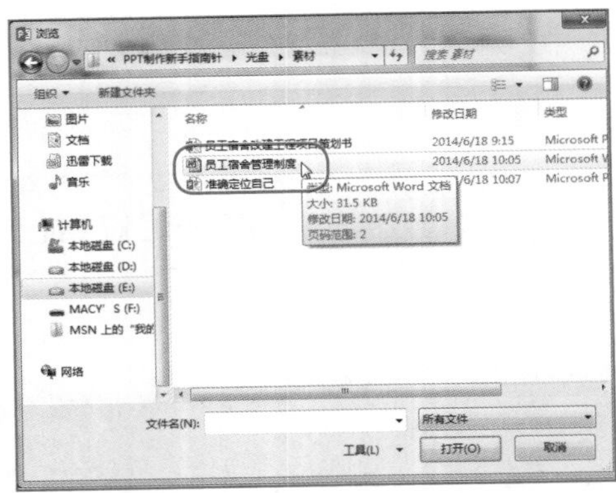

图3-10　选择需要的文件

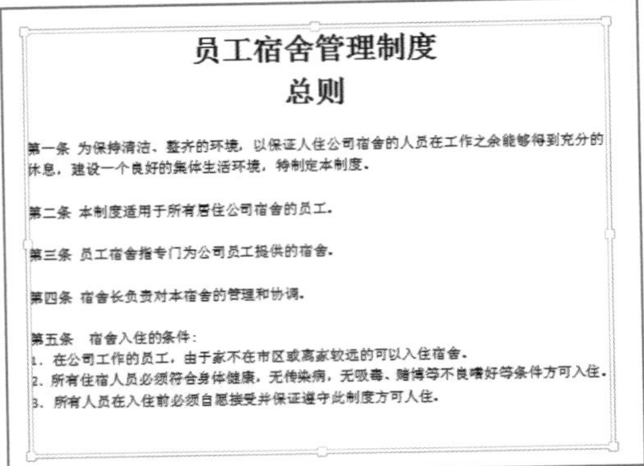

员工宿舍管理制度
总则

第一条 为保持清洁、整齐的环境，以保证入住公司宿舍的人员在工作之余能够得到充分的休息，建设一个良好的集体生活环境，特制定本制度。

第二条 本制度适用于所有居住公司宿舍的员工。

第三条 员工宿舍指专门为公司员工提供的宿舍。

第四条 宿舍长负责对本宿舍的管理和协调。

第五条 宿舍入住的条件：
1. 在公司工作的员工，由于家不在市区或离家较远的可以入住宿舍。
2. 所有住宿人员必须符合身体健康，无传染病，无吸毒、赌博等不良嗜好等条件方可入住。
3. 所有人员在入住前必须自愿接受并保证遵守此制度方可入住。

图3-11　显示导入的文本文档

3.1.4　设置文本字体

在PowerPoint 2013中，设置演示文稿文本的字体是最基本的操作。

新手实战12——设置文本字体

素材文件	素材\第3章\2015公司年会策划.pptx	效果文件	效果\第3章\2015公司年会策划.pptx
视频文件	视频\第3章\2015公司年会策划.mp4		

步骤 01 打开演示文稿，选择需要设置字体的文本，如图3-12所示。

步骤 02 在“开始”面板的“字体”选项板中，单击“字体”右侧的下拉按钮，在弹出的下拉列表中选择“华文琥珀”选项，如图3-13所示。

步骤 03 执行操作后，即可设置文本字体，效果如图3-14所示。

图3-12　选择需要设置字体的文本

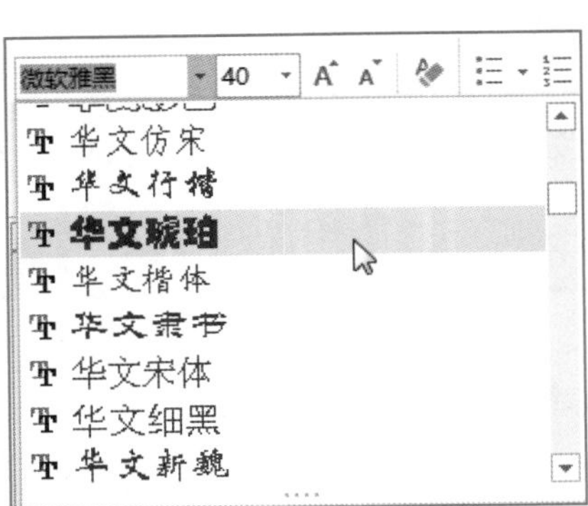

图3-13　选择“华文琥珀”选项

图3-14　设置文本字体

专家指点

选择需要更改字体的文本对象，在弹出的浮动面板中单击“字体”下拉按钮，在弹出的下拉列表中也可设置文本的字体。

视野扩展

在PowerPoint 2013字体库中，包括“宋体”、“仿宋”、“黑体”、“幼圆”、“楷体”、“隶书”、“华文隶书”和“华文新宋”、“华文琥珀”、“华文楷体”等主题字体。使用“字体”按钮可以找到更多主题字体。

3.1.5 设置文本颜色

在PowerPoint 2013中，默认的字体颜色为黑色，用户也可以根据需要设置字体的颜色。

新手实战13——设置文本颜色

素材文件	素材\第3章\2015公司年会策划.pptx	效果文件	效果\第3章\2015公司年会策划.pptx
视频文件	视频\第3章\2015公司年会策划02.mp4		

步骤 01 打开演示文稿，切换至第2张幻灯片，在编辑区选择需要设置颜色的文本，如图3-15所示。

步骤 02 在“开始”面板的“字体”选项板中，单击“字体颜色”下拉按钮，在弹出的面板“主题颜色”选项区中选择“黑色，文字1，淡色15%”选项，如图3-16所示。

步骤 03 执行操作后，即可设置文本颜色，效果如图3-17所示。

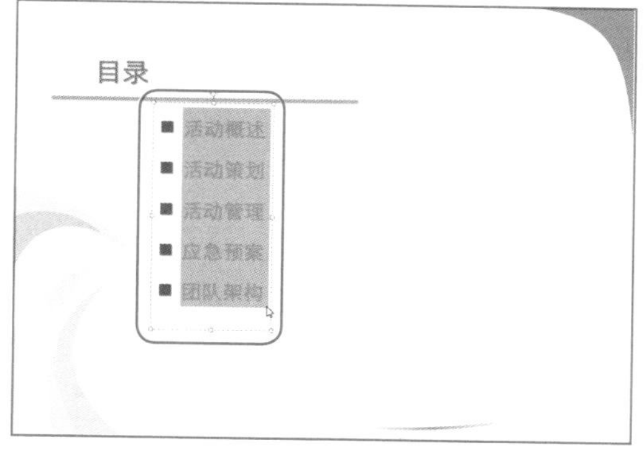

图3-15 选择需要设置颜色的文本

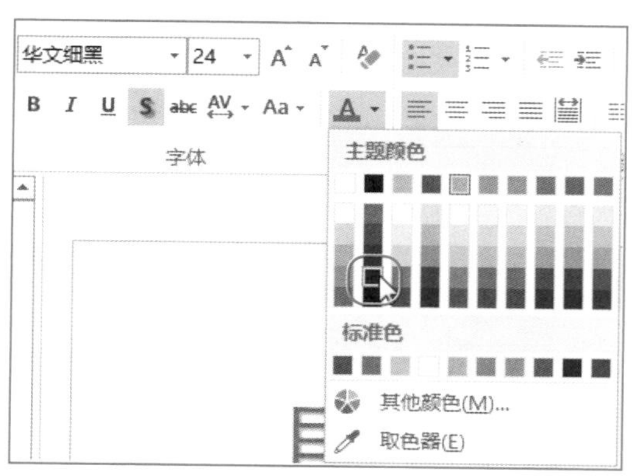

图3-16 选择“黑色，文字1，淡色15%”选项

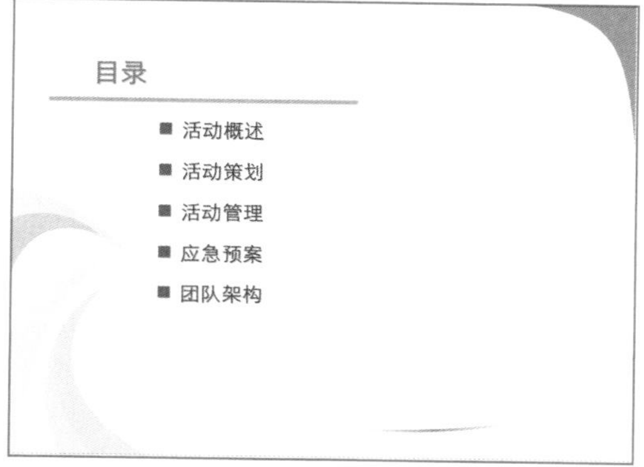

图3-17 设置文本颜色

专家指点

选择需要更改颜色的文本对象，在弹出的浮动面板中单击“字体颜色”按钮，然后在弹出的面板中也可设置文本的颜色。

3.1.6 设置文本删除线

在PowerPoint 2013中，用户可以对不满足却不能删除的文本添加删除线。

新手实战14——设置文本删除线

素材文件	素材\第3章\2015公司年会策划.pptx	效果文件	效果\第3章\2015公司年会策划.pptx
视频文件	视频\第3章\2015公司年会策划03.mp4		

步骤 01 打开演示文稿，切换至第3张幻灯片，选择需要设置删除线的文本，如图3-18所示。

步骤 02 在“开始”面板“字体”选项板中，单击“删除线”按钮，如图3-19所示。

步骤 03 执行操作后，即可设置删除线，效果如图3-20所示。

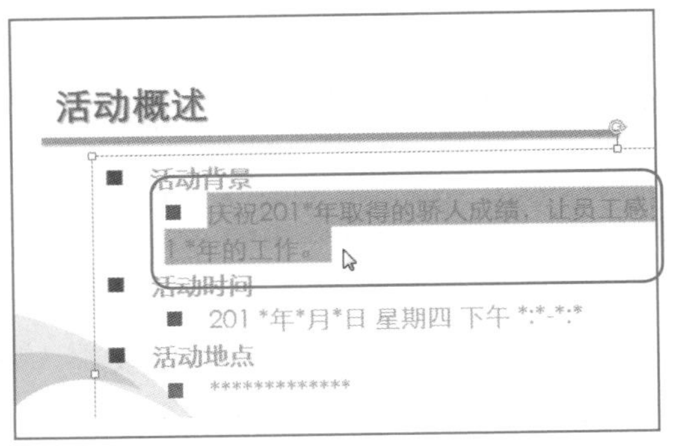

图3-18 选择需要设置删除线的文本

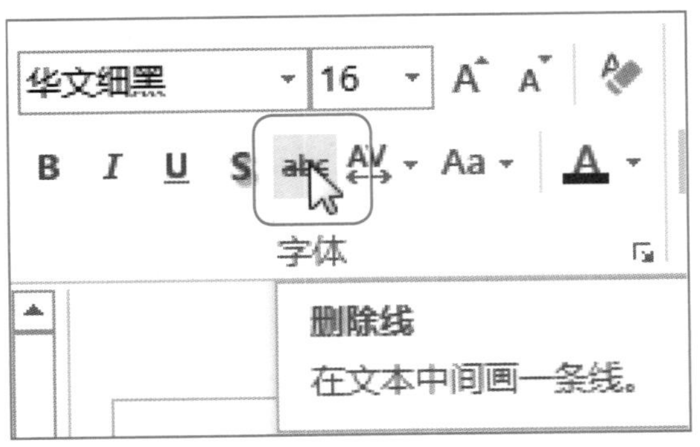

图3-19 单击“删除线”按钮

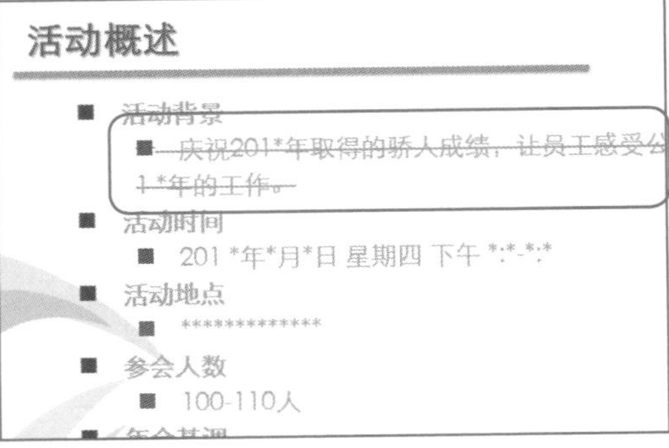

图3-20 设置删除线

专家指点

用户还可以运用“字体”对话框，设置文本删除线：选择需要设置删除线的文本对象，在“开始”面板的“字体”选项板中单击“字体”按钮，在弹出的“字体”对话框中，选中“双删除线”复选框即可。

3.1.7 设置文字阴影

在PowerPoint 2013中，对幻灯片中的文本设置阴影效果，可以使文本更加美观。

新手实战15——设置文字阴影

素材文件	素材\第3章\竞争与优势.pptx	效果文件	效果\第3章\竞争与优势.pptx
视频文件	视频\第3章\竞争与优势.mp4		

步骤 01 打开演示文稿，选择需要设置阴影的文字，如图3-21所示。

步骤 02 在“开始”面板的“字体”选项板中，单击“文字阴影”按钮，如图3-22所示。

步骤 03 执行操作后，即可设置文字阴影，效果如图3-23所示。

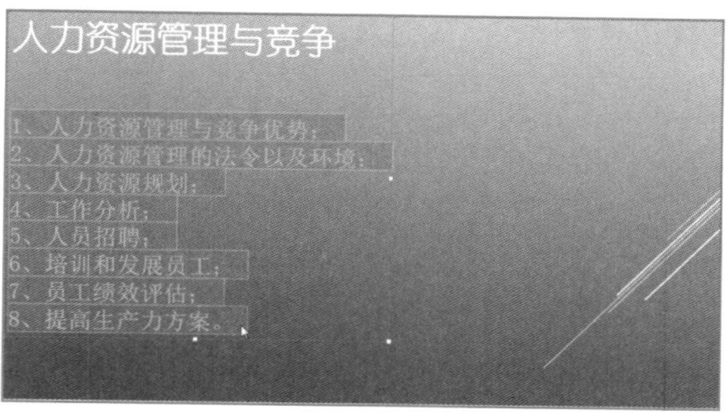

图3-21 选择需要设置阴影的文字

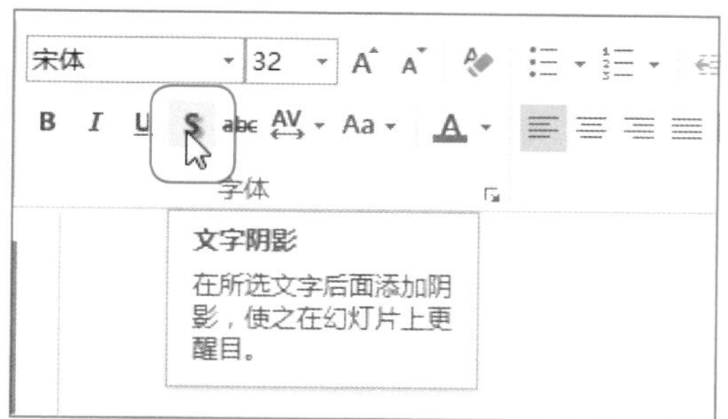

图3-22 单击“文字阴影”按钮

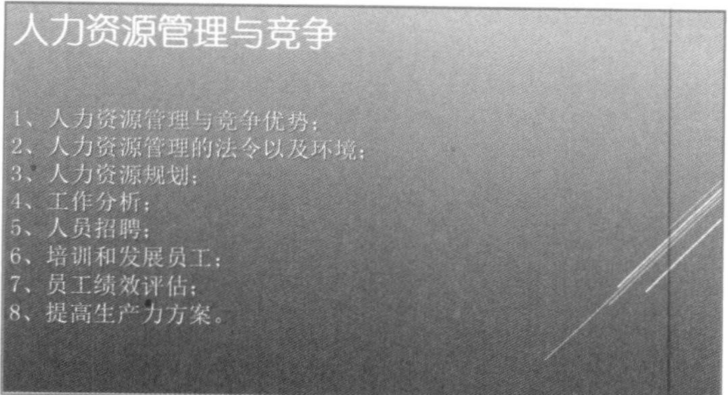

图3-23 设置文字阴影

3.1.8 设置文字上下标

在演示文稿中，用户可以为文本设置上标和下标效果，使制作出来的演示文稿更加绚丽多彩。

新手实战16——设置文字上下标

素材文件	素材\第3章\基本概念.pptx	效果文件	效果\第3章\基本概念.pptx
视频文件	视频\第3章\基本概念.mp4		

步骤 01 打开演示文稿，选择需要设置上标的文本，如图3-24所示。

步骤 02 在“字体”选项板的右下角单击“字体”按钮，弹出“字体”对话框，如图3-25所示。

图3-24　选择需要设置上标的文本

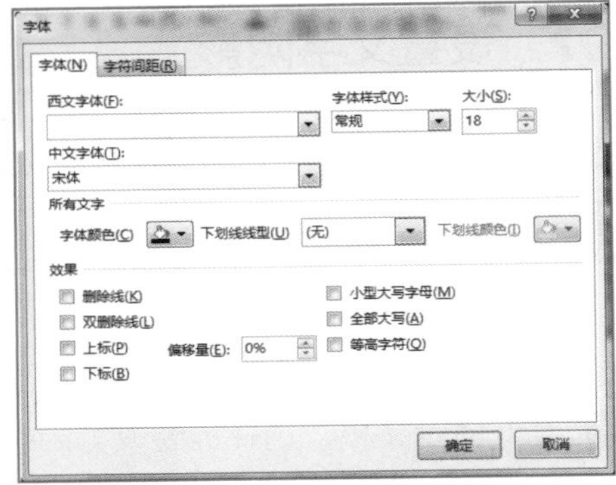

图3-25　弹出“字体”对话框

步骤 03　在“字体”选项卡“效果”选项区中选中“上标”复选框，如图3-26所示。

步骤 04　单击“确定”按钮，即可设置文本为上标，效果如图3-27所示。

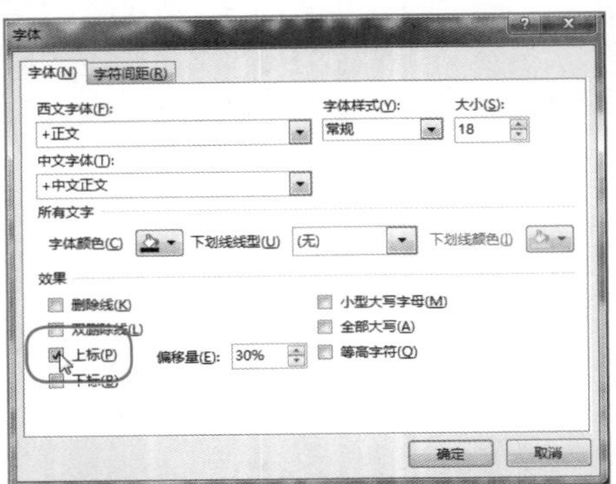

图3-26　选中“上标”复选框

图3-27　设置文本为上标

专家指点

如果用户需要设置文本为下标，只需在“字体”对话框“字体”选项卡中的“效果”选项区中选中“下标”复选框即可。

3.1.9　设置文本下划线

在编辑文本的过程中，用户可以为文本添加下划线，使文本更加突出。

新手实战17——设置文本下划线

素材文件	素材\第3章\发展前景.pptx	效果文件	效果\第3章\发展前景.pptx
视频文件	视频\第3章\发展前景.mp4		

步骤 01　打开演示文稿，选择需要设置下划线的文本，如图3-28所示。

步骤 02　在“字体”选项板的右下角单击“字体”按钮，如图3-29所示，弹出“字体”对话框。

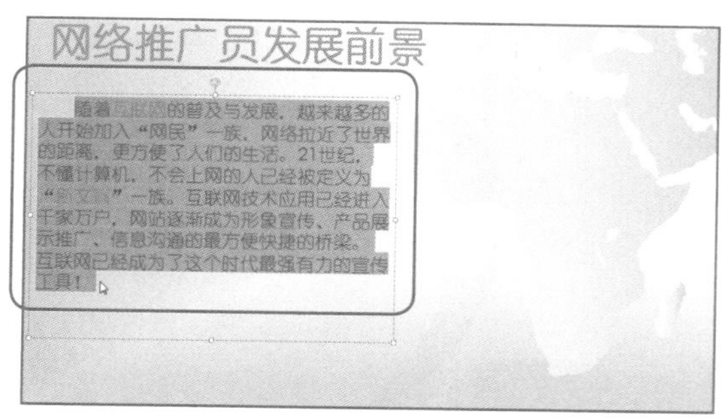

图3-28　选择需要设置下划线的文本

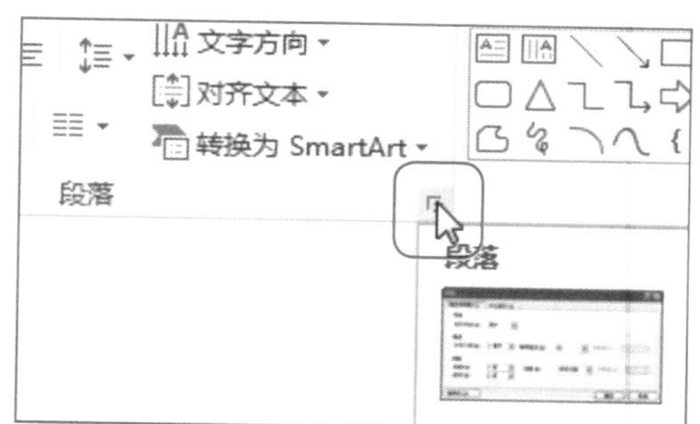

图3-29　单击"字体"按钮

步骤 03 在"字体"选项卡"所有文字"选项区中单击"下划线线型"右侧的下拉按钮，在弹出的下拉列表中选择"单线"选项，如图3-30所示。

步骤 04 在"所有文字"选项区中单击"下划线颜色"右侧的下拉按钮，在弹出的面板"主题颜色"选项区中选择"黑色，文字2"选项，如图3-31所示。

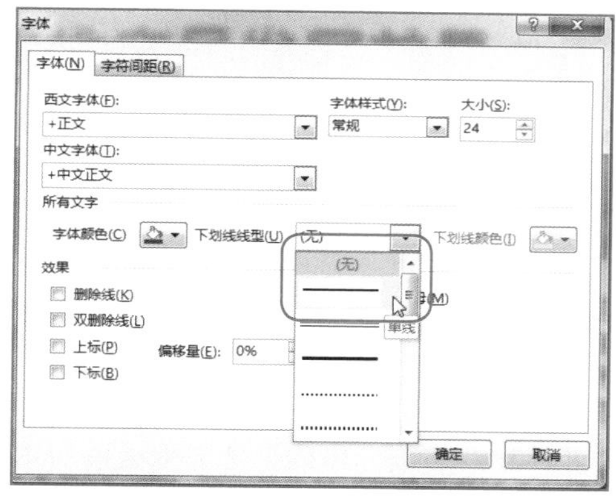

图3-30　选择"单线"选项

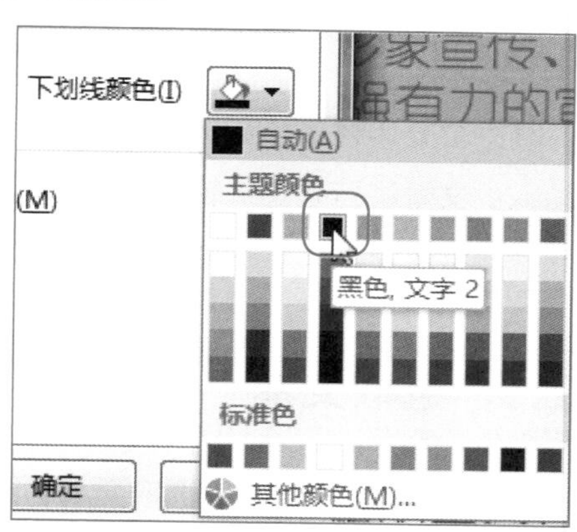

图3-31　选择"黑色，文字2"选项

步骤 05 单击"确定"按钮，即可为文本设置下划线，效果如图3-32所示。

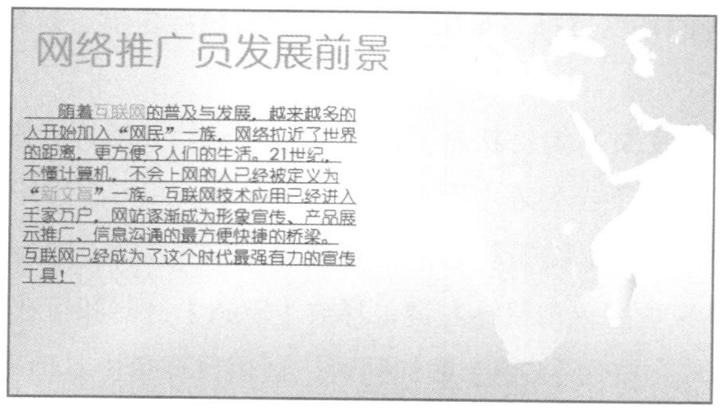

图3-32　设置下划线

专家指点

用户还可以在"开始"面板中的"字体"选项板中单击"下划线"按钮 **U**，设置文本下划线。

3.2 编辑文本对象

在幻灯片中简单的输入文本后，要使幻灯片的文字更具有吸引力，更加美观，还必须对输入的文本进行各种编辑操作，以制作出符合用户需要的演示文稿。对文本的基本编辑操作包括选取、移动、恢复、复制粘贴、查找和替换等内容。

3.2.1 选取文本

在编辑文本之前，先要选取文本，之后才能进行其他的相关操作。选取文本有以下6种方法。

- 选择任意数量的文本：当鼠标指针在文本处变为编辑状态时，在要选择的文本位置，按住鼠标左键的同时拖曳鼠标，至文本结束后释放鼠标左键，选择后的文本将以高亮度显示。
- 选择所有文本：在文本编辑状态下，切换至“开始”面板，在“编辑”选项板中单击“选择”按钮，在弹出的下拉列表中选择“全选”选项，即可选择所有文本。
- 选择连续文本：在文本编辑状态下，将鼠标定位在文本的起始位置，按住【Shift】键，然后选择文本的结束位置单击鼠标左键，释放【Shift】键，即可选择连续的文本。
- 选择不连续文本：按住【Ctrl】键的同时，运用鼠标单击其他不相连的文本，即可选择不连续的文本。
- 运用快捷键选择：按【Ctrl＋A】组合键或按两次【F2】键，即可全选文本。
- 选择占位符或文本框中的文本：当要选择占位符或文本框中的文本时，只需单击占位符或文本框中的边框即可。

3.2.2 移动文本

在演示文稿中，移动的内容可以是文本，也可以是图片和声音等其他对象。使用移动操作，可以帮助用户将一段内容移动到另外一个位置。

新手实战18——移动文本

素材文件	素材\第3章\薪资水平.pptx	效果文件	效果\第3章\薪资水平.pptx
视频文件	视频\第3章\薪资水平.mp4		

步骤 01 打开演示文稿，选择需要移动的文本，如图3-33所示。

步骤 02 将鼠标放置在选择的文本框上，鼠标指针呈十字形显示时，在文本框上按住鼠标左键并拖曳，如图3-34所示。

步骤 03 至合适位置后释放鼠标左键，即可移动文本，效果如图3-35所示。

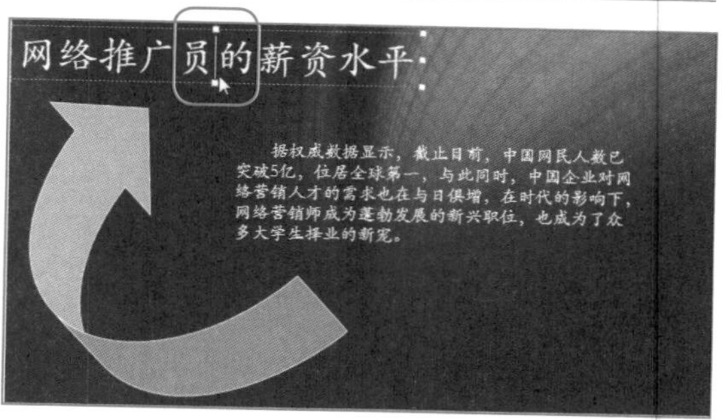

图3-33 选择需要移动的文本

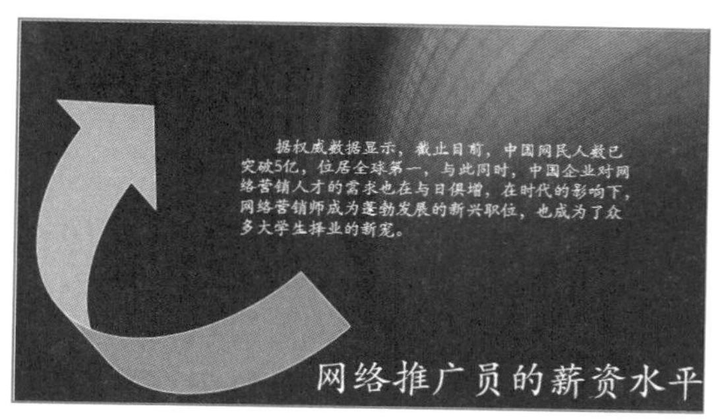

图3-34 单击鼠标左键并拖曳

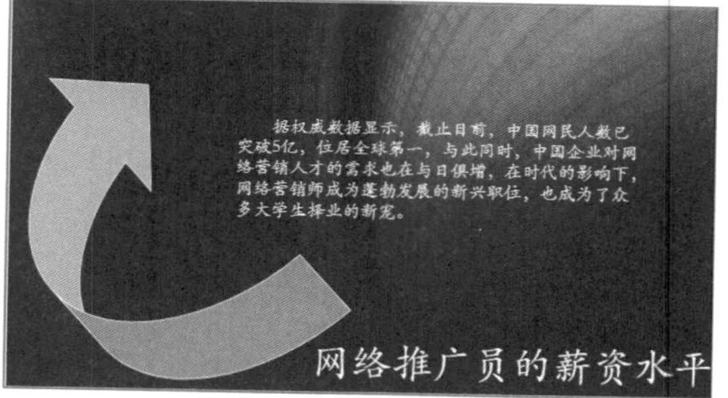

图3-35 移动文本

视野扩展

用户还可以通过以下方法移动文本。

- 选中需要移动的文本，切换至“开始”面板，在“剪贴板”选项板中单击“剪切”按钮，将光标定位到目标位置后，单击“粘贴”按钮，即可移动文本。
- 选中文本后，单击鼠标右键，然后在弹出的快捷菜单中选择“剪切”选项，将光标定位在目标位置，再次单击鼠标右键选择“粘贴”选项，即可移动文本。
- 选中文本后，直接运用【Ctrl+X】组合键和【Ctrl+V】组合键实现文本的移动。

3.2.3 删除文本

在PowerPoint 2013中，删除文本指的是删除占位符中的文字和文本框中的文字。用户可以直接选择文本框或占位符，执行删除操作。

在PowerPoint 2013中，可以通过以下两种方法删除文本。

- 按钮：选择需要删除的文本，在“开始”面板的“剪贴板”选项板中，单击“剪切”按钮，即可删除文本。
- 快捷键：选择需要删除的文本，按【Delete】键即可将其删除。

专家指点

单击“剪切”按钮删除的文本，再按【Ctrl+V】组合键即可将其恢复。

3.2.4 恢复文本

用户在进行编辑时，对文本进行了不必要的操作，这时执行某个命令或按钮，即可恢复文本，有以下两种方法。

- 单击快速访问工具栏中的“撤销键入”按钮和“重复键入”按钮，可以执行撤销和恢复操作。
- 按【Ctrl+Z】组合键，即可恢复上一步的操作。

专家指点

在默认情况下，PowerPoint 2013可以最多撤销20步操作，用户也可以根据需要在“PowerPoint 2013选项”对话框中设置撤销的次数。但是，如果将可撤销的数值设置过大，将会占用软件较大的系统内存，从而影响PowerPoint的运行速度。

3.2.5 复制和粘贴文本

在演示文稿的文本编辑过程中，在同一个演示文稿中有一些文本内容需要重复使用或者改变所在位置，重新输入会降低制作演示文稿的效率。利用复制功能，并将复制的内容粘贴至合适位置，可以提高工作效率，并减少错误，尤其是复制和粘贴大段的文本，更体现其方便性。

复制和粘贴文本有以下3种方法。

- 选中要复制的文本，切换至“开始”面板，在“剪贴板”选项板中单击“复制”按钮，将光标定位到目标位置后，单击“粘贴”按钮。
- 选中文本后，单击鼠标右键，在弹出的快捷菜单中选择“复制”选项，将光标定位在目标位置，再单击鼠标右键，在弹出的快捷菜单中选择“粘贴选项”|“保留源格式”选项，即可粘贴文本至目标位置。

● 选中图片后，如图3-36所示，直接利用【Ctrl+C】组合键和【Ctrl+V】组合键，即可实现文本的复制与粘贴，效果如图3-37所示。

新手实战19——复制和粘贴文本

素材文件	素材\第3章\商业系统.pptx	效果文件	效果\第3章\商业系统.pptx
视频文件	视频\第3章\商业系统.mp4		

步骤 01 打开演示文稿，选择幻灯片中需要复制的图片，如图3-36所示。

步骤 02 先按【Ctrl+C】组合键进行复制，再按【Ctrl+V】组合键进行粘贴，调整图片位置，如图3-37所示。

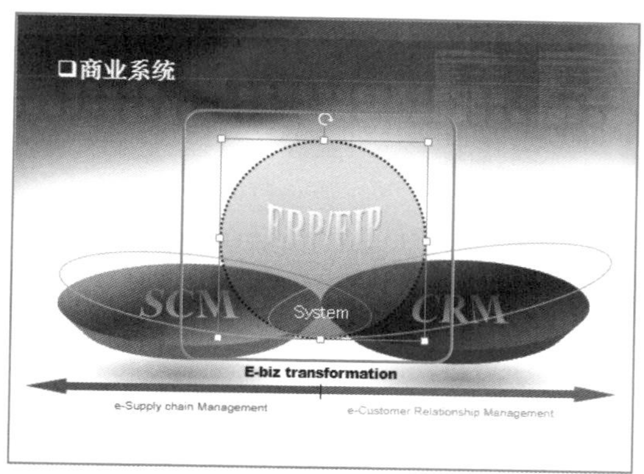

图3-36 选中图片

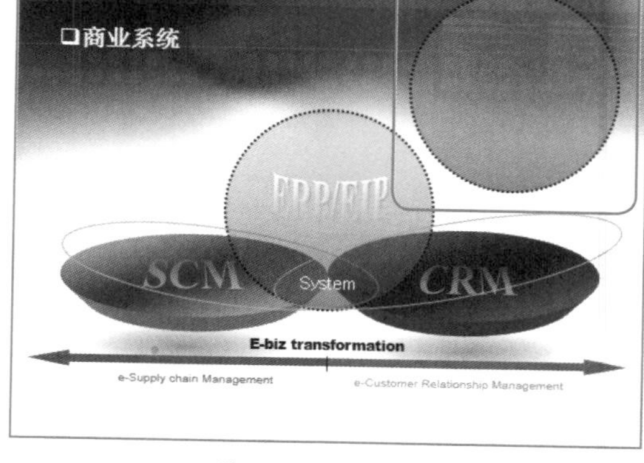

图3-37 粘贴图片

专家指点

剪切或复制的文本都被保存至剪贴板中。因此，用户可以使用“剪贴板”任务窗格进行类似的复制和移动操作。

3.2.6 查找和替换文本

当需要在比较长的演示文稿里查找某个特定的内容，或要将查找的内容替换为其他内容时，可以使用“查找”和“替换”功能。

1. 查找文本

当需要在较长的演示文稿中查找某一特定的内容时，用户可以通过“查找”命令来找出某些特定的内容。

启动PowerPoint 2013应用程序，在“开始”面板“编辑”选项板中单击“查找”按钮，如图3-38所示。

弹出“查找”对话框，如图3-39所示，在“查找内容”文本框中输入要查找的内容，单击“查找下一个”按钮，就可以依次查找出文本中要查找的文字。

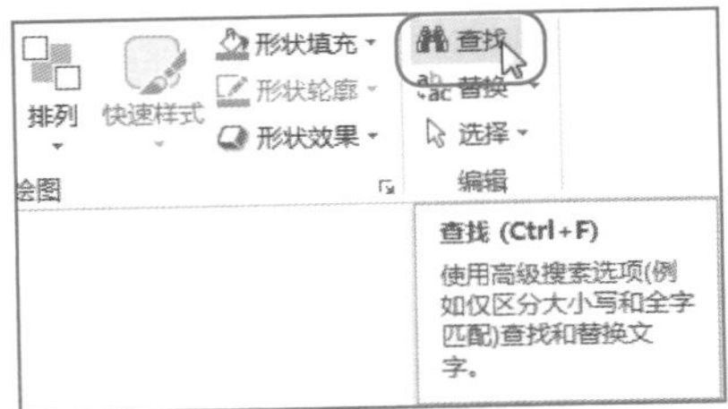

图3-38　单击“查找”按钮

图3-39　弹出“查找”对话框

视野扩展

“查找”对话框中各复选框的含义如下。

- 区分大小写：选中该复选框，在查找时需要完全匹配由大小写字母组合成的单词。
- 全字匹配：选中该复选框，只查找用户输入的完整单词和字母。
- 区分全/半角：选中该复选框，在查找时区分全角字符和半角字符。

2. 替换文本

在文本中输入大量的文字后，如果出现相同错误的文字很多，可以使用“替换”按钮对文字进行批量更改，以提高工作效率。

新手实战20——替换文本

素材文件	素材\第3章\营销的主要过程.pptx	效果文件	效果\第3章\营销的主要过程.pptx
视频文件	视频\第3章\营销的主要过程.mp4		

步骤 01　打开演示文稿，选择幻灯片中的对象，如图3-40所示。

步骤 02　在“开始”面板“编辑”选项板中单击“替换”下拉按钮，在弹出的下拉列表中选择“替换”选项，如图3-41所示。

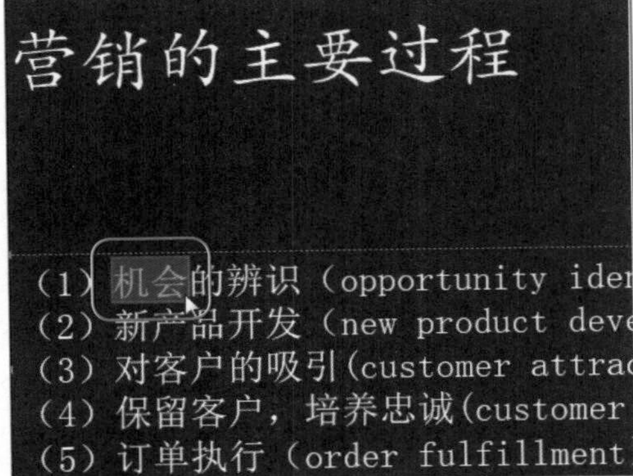

图3-40　选择幻灯片中的对象

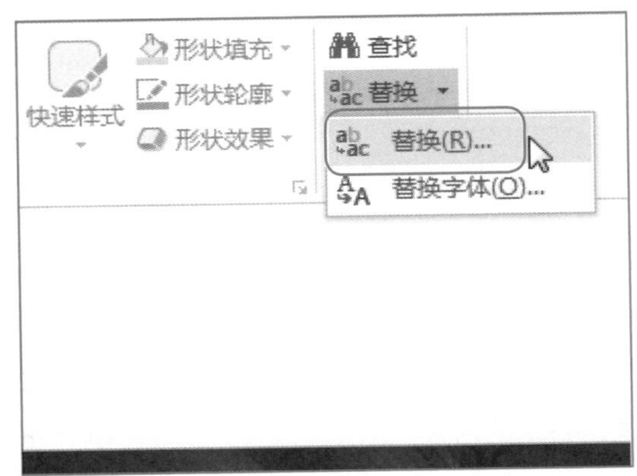

图3-41　选择“替换”选项

步骤 03　弹出“替换”对话框，在“查找内容”文本框中输入“机会”文本，在“替换为”文本框中输入“机遇”文本，然后单击“全部替换”按钮，如图3-42所示。

步骤 04 执行操作后，弹出信息提示框，单击“确定”按钮，返回到“替换”对话框，单击“关闭”按钮，即可替换文本，效果如图3-43所示。

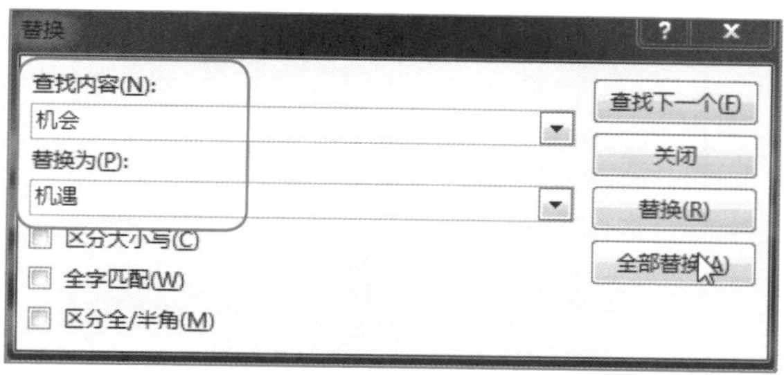

图3-42 单击“全部替换”按钮

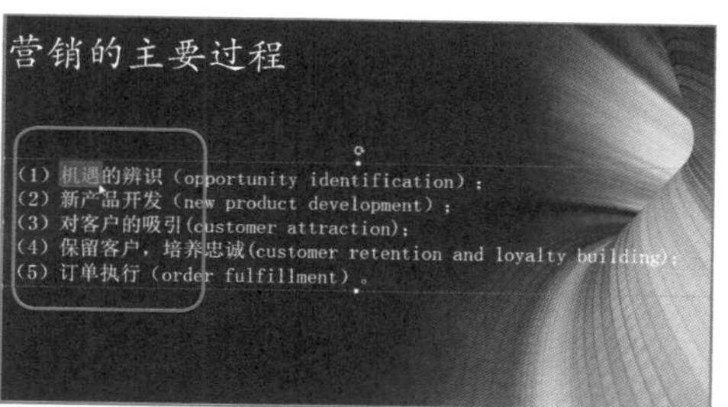

图3-43 替换文本

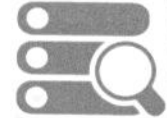

专家指点

在PowerPoint 2013中，用户可以根据需要替换文本的字体，单击“替换”按钮右侧的下拉按钮，在弹出的列表框中选择“替换字体”选项，弹出“替换字体”对话框，在相应文本框中输入需要替换的字体，依次单击“替换”按钮和“关闭”按钮，即可替换文本字体。

3.2.7 插入页眉和页脚

对备注和讲义来说，当用户插入页眉和页脚时，会应用于所有备注和讲义，为讲义创建的页眉页脚也可以应用于打印的大纲。默认情况下，备注和讲义包含页码，但可将其隐藏。

新手实战21——插入页眉和页脚

视频文件 视频\第3章\插入页眉和页脚.mp4

步骤 01 启动PowerPoint 2013，切换至“插入”面板，如图3-44所示。

图3-44 切换至“插入”面板

步骤 02 在“文本”选项板中单击“页眉和页脚”按钮，弹出“页眉和页脚”对话框，如图3-45所示。

步骤 03 在“幻灯片”选项卡的“幻灯片包含内容”选项区中选中“日期和时间”复选框，然后选中“页脚”复选框，在下方的文本框中输入“尼姆欧科技”，如图3-46所示。

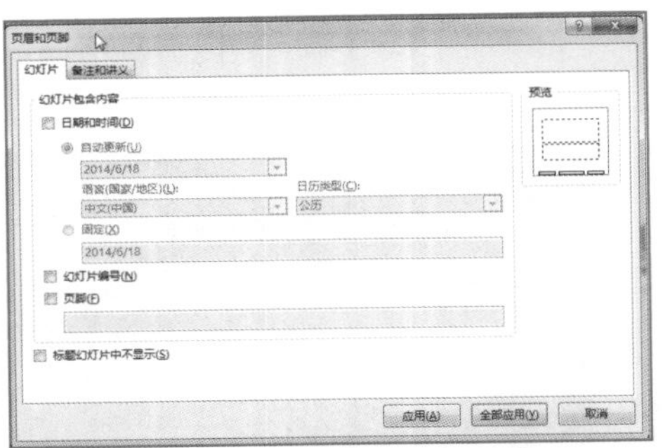
图3-45　弹出“页眉和页脚”对话框

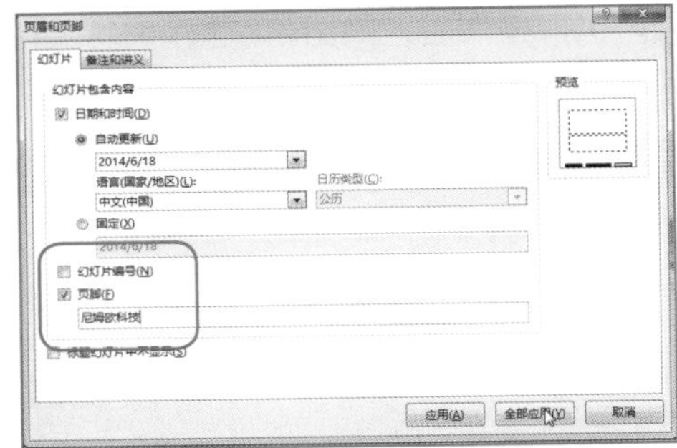
图3-46　输入“尼姆欧科技”

视野扩展

在“页眉和页脚”对话框中各复选框的含义如下。

- 日期和时间：选中该复选框，可以显示日期和时间，如果需要使日期和幻灯片放映的日期一致，则应选中“自动更新”单选按钮；如果需要显示演示文稿的完成日期，则应选中“固定”单选按钮，并在其下方的文本框中输入日期。
- 幻灯片编号：选中该复选框，可以对幻灯片进行编号，当删除或增加幻灯片时，编号会自动更新。
- 页脚：选中该复选框，可以添加在一张幻灯片的页眉中显示的文本信息。
- 标题幻灯片中不显示：选中该复选框，标题页中将不显示页眉和页脚。

专家指点

在“页眉和页脚”对话框中，单击“应用”按钮，则将设置应用到当前幻灯片。

3.3　美化段落文本

在编辑幻灯片的过程中，为了使文本排版更加美观，可以设置、段落行距和间距、文本段落对齐方式、段落缩进格式等。

3.3.1 设置段落行距和间距

在PowerPoint 2013中，用户可以设置行距及段落之间的间距大小。设置行距可以改变PowerPoint默认的行距，能使演示文稿的内容条理更为清晰；设置段落间距，可以使文本以用户规划的格式分行。

新手实战22——设置段落行距和间距

素材文件	素材\第3章\营销策划.pptx	效果文件	效果\第3章\营销策划.pptx
视频文件	视频\第3章\营销策划.mp4		

步骤 01 打开演示文稿，选择幻灯片中的文本，如图3-47所示。

步骤 02 在“开始”面板中单击“段落”选项板右下角的“段落”按钮，如图3-48所示。

图3-47 选择幻灯片中的文本

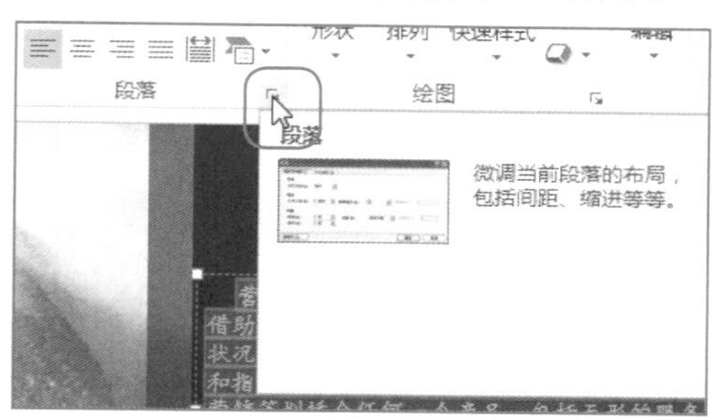

图3-48 单击“段落”按钮

步骤 03 弹出“段落”对话框，在“缩进和间距”选项卡的“间距”选项区中设置“段前”和“段后”都为“2磅”、“行距”为“1.5倍行距”，如图3-49所示。

步骤 04 单击“确定”按钮，即可设置段落行距和间距，效果如图3-50所示。

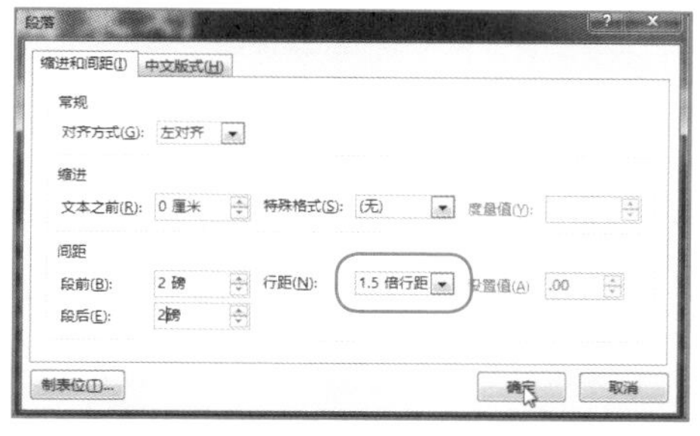

图3-49 设置各选项

图3-50 设置段落行距和间距

视野扩展

在“间距”选项区中各选项的含义如下。

- 段前：用于设置当前段落与前一段之间的距离。
- 段后：用于设置当前段落与下一段之间的距离。
- 行距：用于设置段落中行与行之间的距离，默认的行距是“单倍行距”，用户可以根据需要选择其他行距，并可以通过“设置值”对行距进行设置。

专家指点

在“开始”面板的“段落”选项板中，单击“行距”按钮，可直接设置行距。

3.3.2 设置换行格式

选择需要设置换行格式的文本，在弹出的“段落”对话框中，切换至“中文版式”选项卡，如图3-51所示，在“常规”选项区中，用户可以选择需要的换行格式。

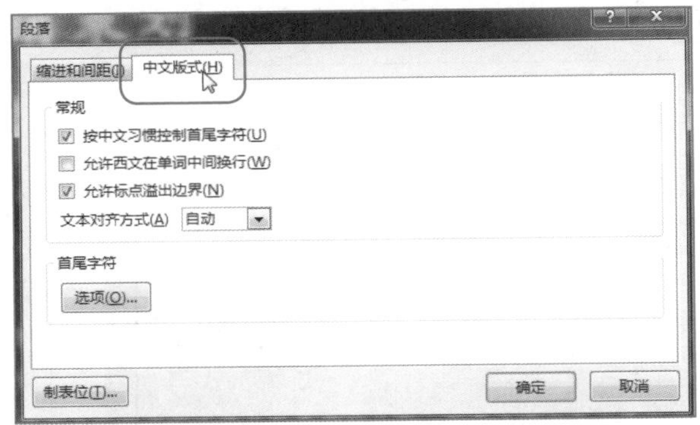

图3-51 切换至“中文版式”选项卡

视野扩展

“常规”选项区中3个复选框的含义如下。

- 按中文习惯控制首尾字符：使段落中的首尾字符按中文习惯显示。
- 允许西文在单词中间换行：使行尾的单词有可能被分为两部分显示。
- 允许标点溢出边界：使行尾的标点位置超过文本框边界而不会被换到下一行。

3.3.3 设置段落对齐

设置段落的对齐方式有两种方式：一是用“段落”选项板来设置；二是用“段落”对话框对选中的段落进行设置。

1. 使用“段落”选项板设置对齐方式

用户在使用“段落”选项板设置对齐方式时，需要选中段落文本。

新手实战23——设置段落对齐

素材文件	素材\第3章\业务员.pptx	效果文件	效果\第3章\业务员.pptx
视频文件	视频\第3章\业务员.mp4		

步骤 01 打开演示文稿，选择需要设置对齐方式的段落，如图3-52所示。

步骤 02 在“开始”面板的“段落”选项板中单击“居中”按钮，如图3-53所示。

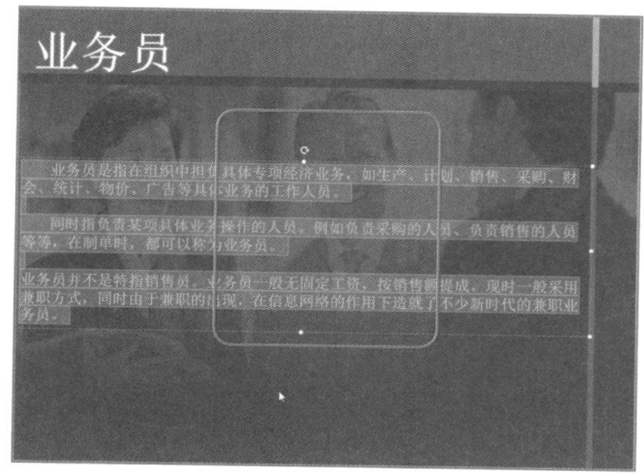

图3-52　选择需要的段落

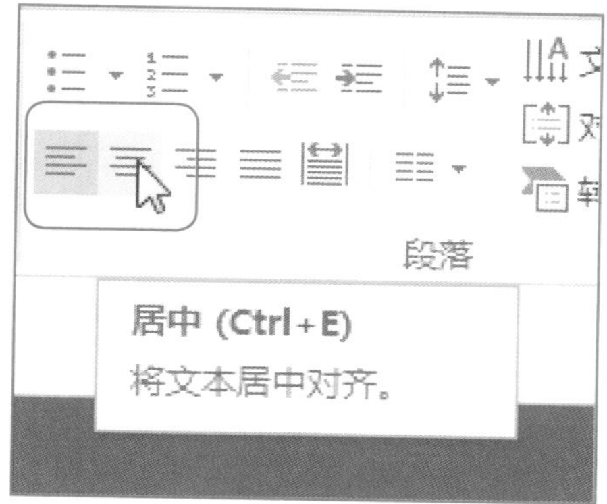

图3-53　单击“居中”按钮

步骤 03 执行操作后，即可设置段落居中对齐，效果如图3-54所示。

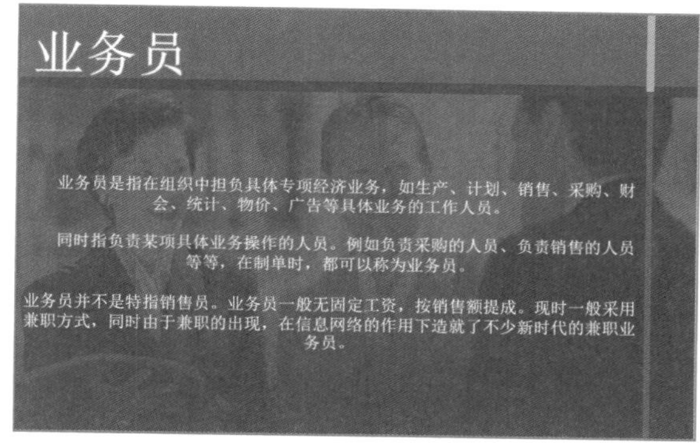

图3-54　设置段落居中对齐

2. 使用“段落”对话框设置文本对齐方式

在PowerPoint 2013中，用户不但可以使用“段落”选项板设置对齐方式，还可以使用“段落”对话框设置文本对齐方式。

新手实战24——使用“段落”对话框设置段落对齐

素材文件	素材\第3章\业务员01.pptx	效果文件	效果\第3章\业务员01.pptx
视频文件	视频\第3章\业务员01.mp4		

步骤 01 打开演示文稿，选择需要设置对齐方式的段落，如图3-55所示。

步骤 02 单击“段落”选项板右下角的“段落”按钮，弹出“段落”对话框，如图3-56所示。

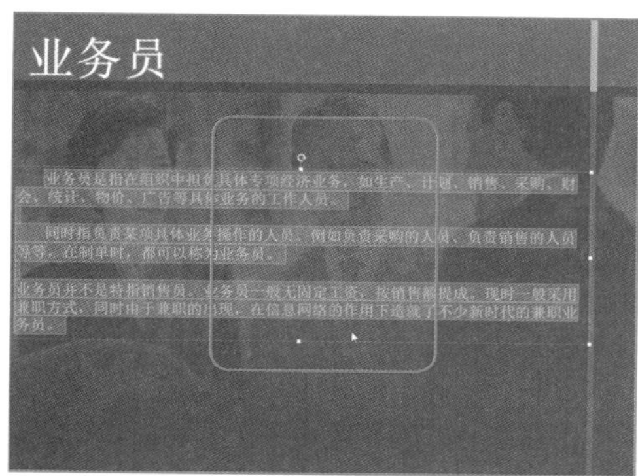

图3-55　选择需要的段落

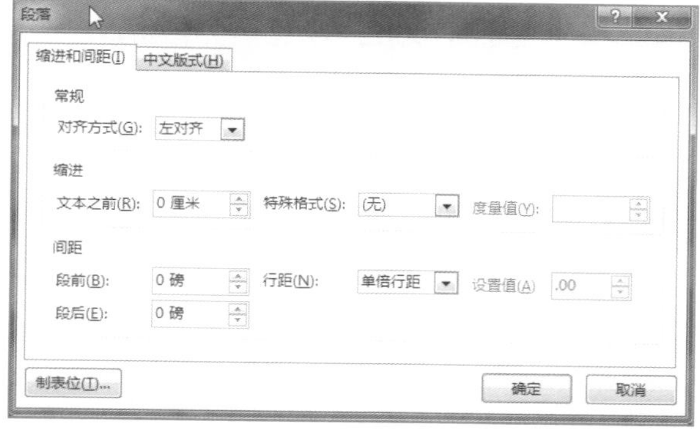

图3-56　弹出“段落”对话框

步骤03 在“缩进和间距”选项卡的“常规”选项区中单击“对齐方式”右侧的下拉按钮，在弹出的列表中选择“右对齐”选项，如图3-57所示。

步骤04 单击“确定”按钮，即可设置段落右对齐，效果如图3-58所示。

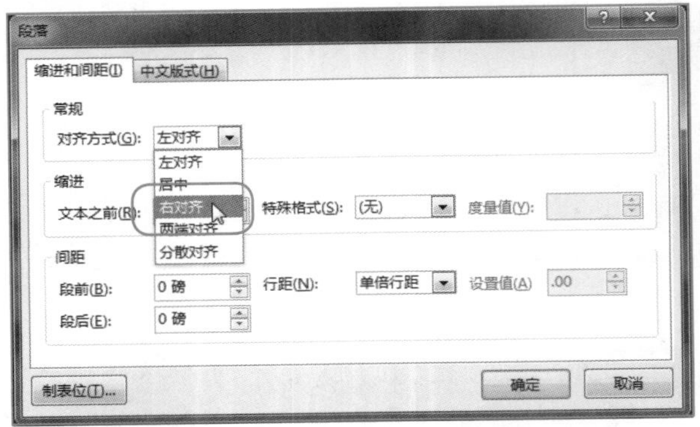

图3-57 选择“右对齐”选项

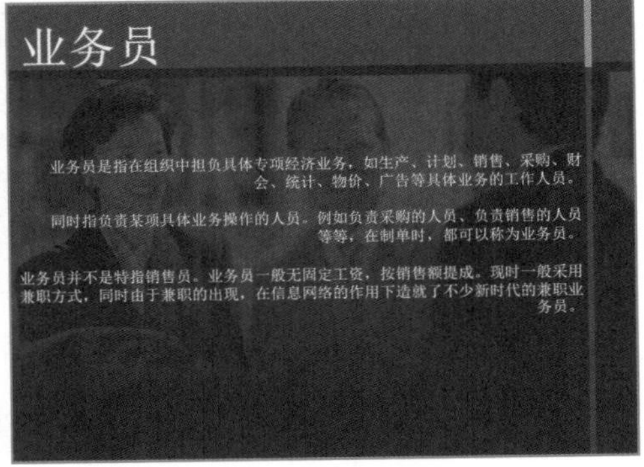

图3-58 设置段落右对齐

视野扩展

“对齐方式”下拉列表中各对齐方式的含义如下。

- 左对齐：段落左边对齐，右边可参差不齐。
- 居中：段落居中排列。
- 右对齐：段落右边对齐，左边可参差不齐。
- 两端对齐：段落左右两端都对齐分布，但是段落最后不满一行文字时，右边是不对齐的。
- 分散对齐：段落左右两端都对齐，而且当每个段落的最后一行不满一行时，将自动拉开字符间距使该行均匀分布。

专家指点

选择需要设置对齐的文本，单击鼠标右键，在弹出的快捷菜单中选择“段落”选项，也可弹出“段落”对话框，然后在对话框中设置对齐方式。

3.3.4 设置段落缩进

段落缩进有助于对齐幻灯片中的文本，对于编号和项目符号都有预设的缩进。段落缩进方式包括首行缩进和悬挂缩进两种。

新手实战25——设置段落缩进

素材文件	素材\第3章\广义私债股权.pptx	效果文件	效果\第3章\广义私债股权.pptx
视频文件	视频\第3章\广义私债股权.mp4		

步骤01 打开演示文稿，选择需要设置段落缩进的文本，如图3-59所示。

步骤 02 在文本框中单击鼠标右键，在弹出的快捷菜单中选择“段落”选项，如图3-60所示。

图3-59　选择需要的文本

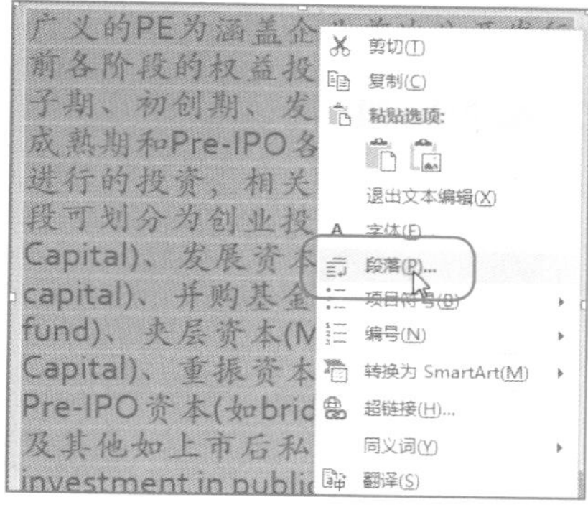

图3-60　选择“段落”选项

步骤 03 在弹出的“段落”对话框“缩进和间距”选项卡“缩进”选项区中，设置“特殊格式”为“首行缩进”、“度量值”为“2厘米”，如图3-61所示。

步骤 04 单击“确定”按钮，即可设置文本段落缩进，效果如图3-62所示。

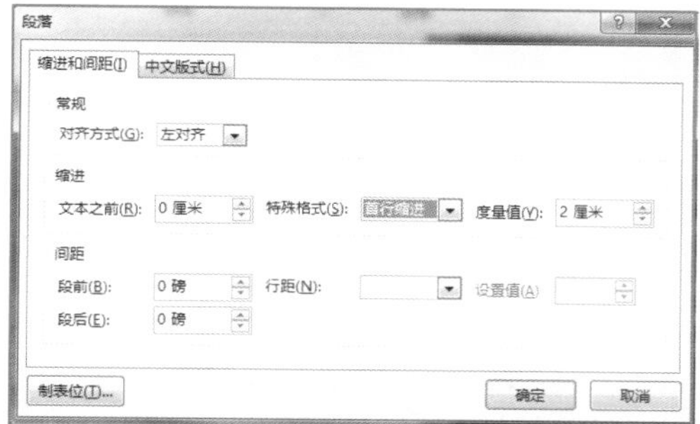

图3-61　设置各选项

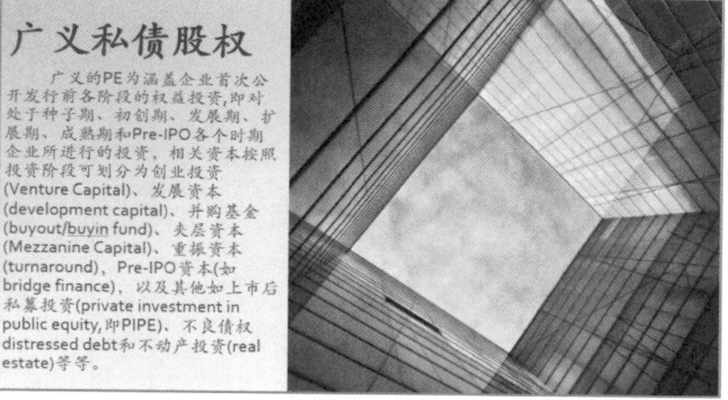

图3-62　设置文本段落缩进

专家指点

将鼠标移至首行第一个文字前，按【Tab】键，也可设置文本首行缩进效果。

3.3.5　设置文字对齐

在演示文稿中输入文字后，就可以对文字进行对齐方式的设置，从而使要突出的文本更加醒目、有序。

新手实战26——设置文字对齐

素材文件	素材\第3章\售前准备.pptx	效果文件	效果\第3章\售前准备.pptx
视频文件	视频\第3章\售前准备.mp4		

步骤01 打开演示文稿，选择需要设置文字对齐的文本，如图3-63所示。

步骤02 在“开始”面板的“段落”选项板中，单击“对齐文本”下拉按钮，在弹出的列表中选择“中部对齐”选项，如图3-64所示。

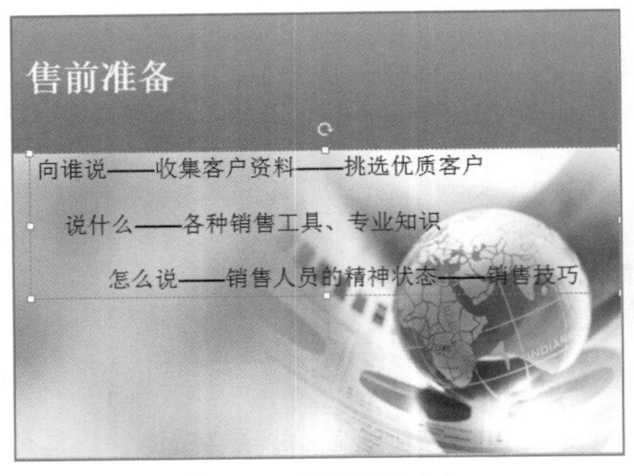

图3-63　选择需要的文本

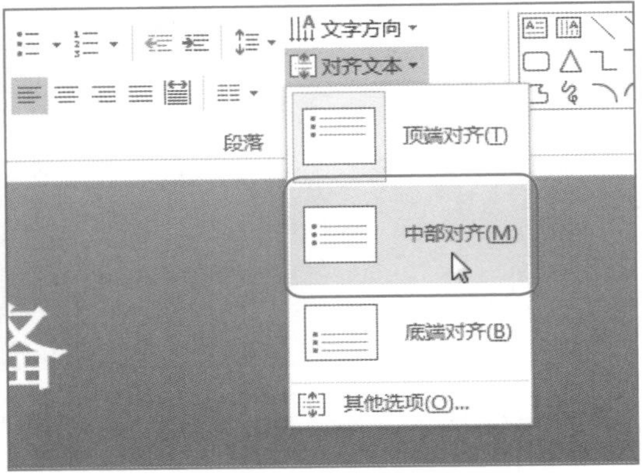

图3-64　选择“中部对齐”选项

步骤03 执行操作后，即可设置文本中部对齐，效果如图3-65所示。

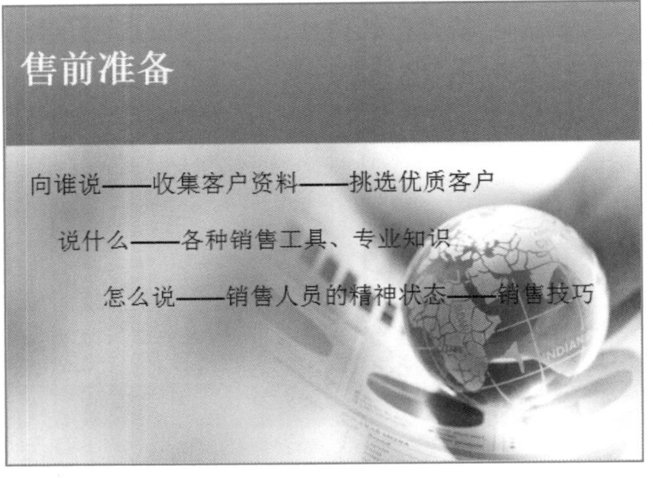

图3-65　设置文本中部对齐

专家指点

在PowerPoint 2013中，设置文本对齐是指文本相对于文本框的对齐效果。

视野扩展

通过“段落”选项板还可以设置文字方向，单击“文字方向”下拉按钮，在弹出的列表中可以根据自己的需要选择文字方向。

3.4 添加项目符号

在编辑文本时，为了表明文本的结构层次，用户可以为文本添加适当的项目符号来表明文本的顺序。项目符号是以段落为单位的，项目符号一般出现在层次小标题的开头位置，用于突出该层次小标题。

项目符号用于强调一些特别重要的观点或条目，它可以使主题更加美观、突出、有条理。添加常用项目符号的具体操作步骤如下。

新手实战27——添加常用项目符号

素材文件	素材\第3章\参与角色.pptx	效果文件	效果\第3章\参与角色.pptx
视频文件	视频\第3章\参与角色.mp4		

步骤 01 打开演示文稿，选中文本，如图3-66所示。

步骤 02 在“段落”选项板中单击“项目符号”下拉按钮，如图3-67所示。

图3-66 选中文本

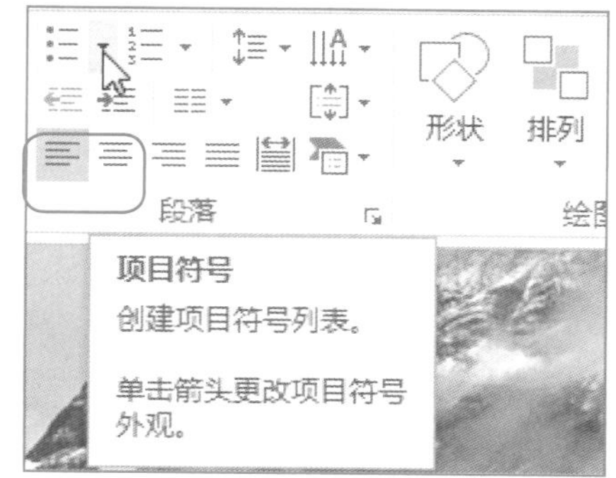

图3-67 单击“项目符号”下拉按钮

步骤 03 在弹出的列表框中选择“项目符号和编号”选项，如图3-68所示。

步骤 04 弹出“项目符号和编号”对话框，在“项目符号”选项卡中选择“带填充效果的钻石形项目符号”选项，设置“颜色”为“红色”，单击“确定”按钮，如图3-69所示。

步骤 05 执行操作后，即可添加项目符号，效果如图3-70所示。

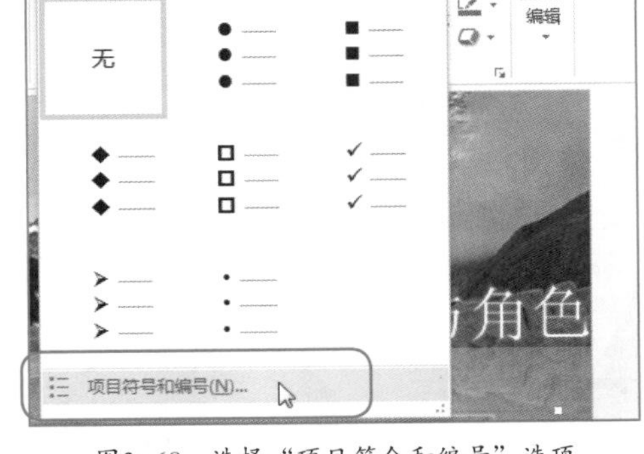

图3-68 选择“项目符合和编号”选项

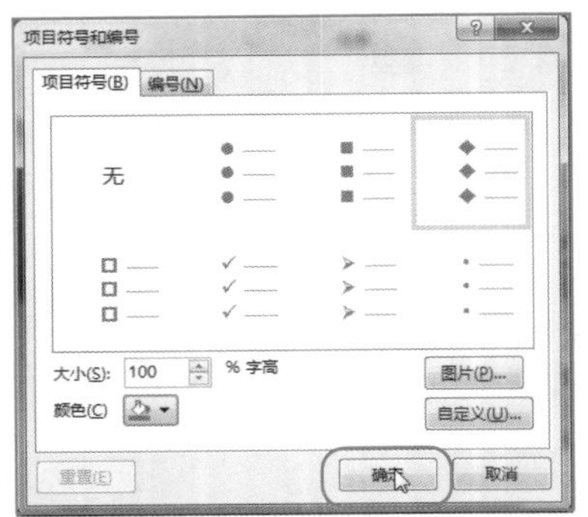

图3-69 设置选项

图3-70 添加项目符号

视野扩展

在“项目符号和编号”对话框中，还可以添加图片项目符号、自定义项目符号和常用项目符号。

3.5 本章小结

本章主要介绍了用PowerPoint 2013制作文本幻灯片的方法。通过学习，了解了文本的常用操作，包括在占位符中输入文本，在文本框中添加文本，从外部导入文本，设置文本字体，设置文本颜色，设置文本删除线，设置文字阴影，设置文字上下标和设置文本下划线。编辑文本的常用方法主要有选取文本，移动文本，删除文本，恢复文本，复制和粘贴文本，查找和替换文本和插入页眉页脚。还介绍了通过设置段落行距和间距、换行格式、段落对齐、文字缩进和文字对齐来美化段落文本，以及如何添加项目符号。

3.6 趁热打铁

1. 尝试在占位符中输入文本，将文字的字体设置成“华文琥珀”，颜色设置为“蓝色”。
2. 通过“添加常用项目符号”添加图片项目符号、自定义项目符号和常用项目符号。

PPT

第4章 制作图片幻灯片

学习提示

图片是幻灯片中最重要的视觉元素之一。纯文字的幻灯片往往比较单调，难以吸引人的注意，而精美的图片却能在一瞬间抓住浏览者的心，因此，本章将重点介绍如何制作图片幻灯片，让您的幻灯片以最直观的方式，呈现在大家眼前。

本章案例导航

- 新手实战28——在非占位符中插入剪贴画
- 新手实战29——在占位符中插入剪贴画
- 新手实战30——插入图片
- 新手实战31——调整图片大小
- 新手实战32——调整图片样式
- 新手实战33——插入艺术字
- 新手实战34——设置艺术字形状填充
- 新手实战35——设置艺术字形状轮廓
- 新手实战36——设置艺术字形状效果
- 新手实战37——更改艺术字样式

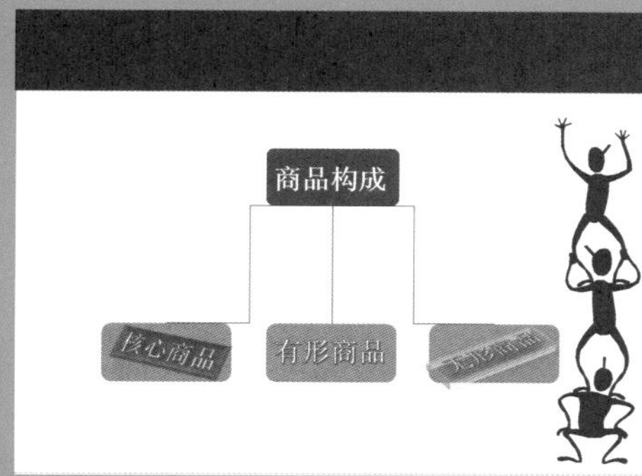

4.1 插入剪贴画

在PowerPoint 2013中，用户可以根据需要在幻灯片中添加软件自带的剪贴画。

PowerPoint 2013的剪贴画库内容非常丰富，所有的图片都经过专业设计，它们能够表达不同的主题，并适合于制作各种不同风格的演示文稿。

新手实战28——在非占位符中插入剪贴画

素材文件	素材\第4章\网络推广.pptx	效果文件	效果\第4章\网络推广.pptx
视频文件	视频\第4章\网络推广.mp4		

步骤 01 在PowerPoint 2013中，打开演示文稿，如图4-1所示。

步骤 02 在“插入”面板的“图像”选项板中，单击“联机图片”按钮，如图4-2所示。

图4-1 打开演示文稿

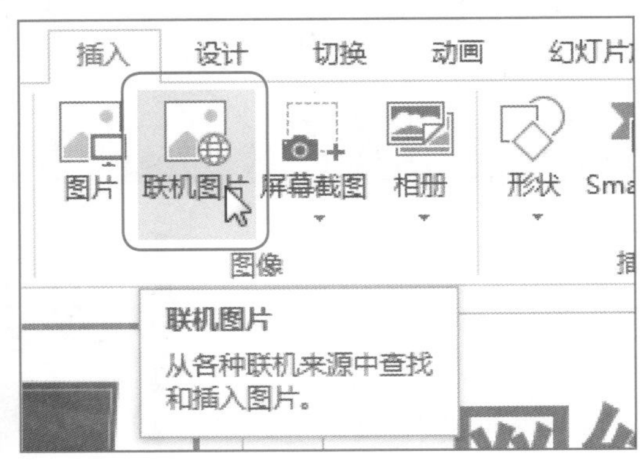

图4-2 单击“联机图片”按钮

步骤03 执行操作后，弹出相应窗口，在“插入图片”选项区中的“Office.com剪贴画”右侧的搜索文本框中，输入关键字“商品”，如图4-3所示。

步骤04 单击“搜索”按钮，在下方的列表框中，将显示搜索出来的相关剪贴画。选择相应剪贴画，单击“插入”按钮，即可插入该剪贴画，效果如图4-4所示。

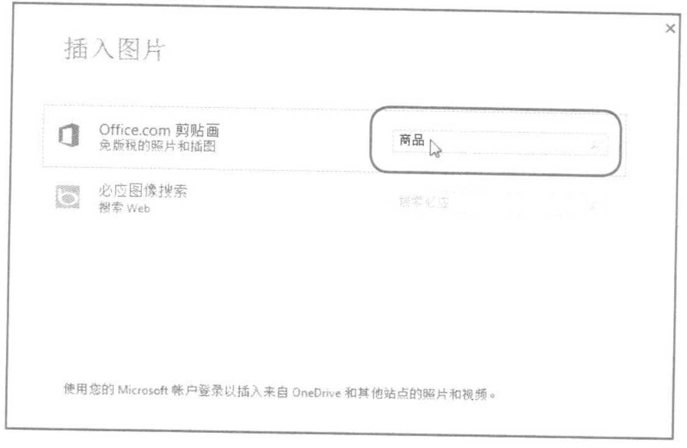

图4-3 输入关键字

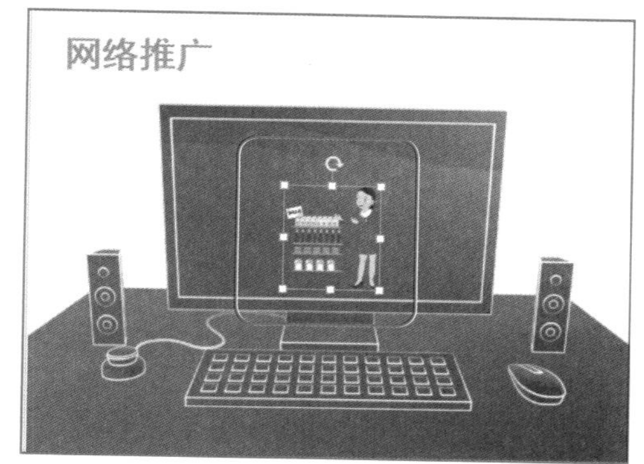

图4-4 插入剪贴画

新手实战29——在占位符中插入剪贴画

素材文件	素材\第4章\员工之家.pptx	效果文件	效果\第4章\员工之家.pptx
视频文件	视频\第4章\员工之家.mp4		

步骤01 在PowerPoint 2013中，打开演示文稿，如图4-5所示。

步骤02 单击“幻灯片”选项板中的“新建幻灯片”下拉按钮，在弹出的列表中，选择“标题和内容”选项，如图4-6所示。

图4-5 打开演示文稿

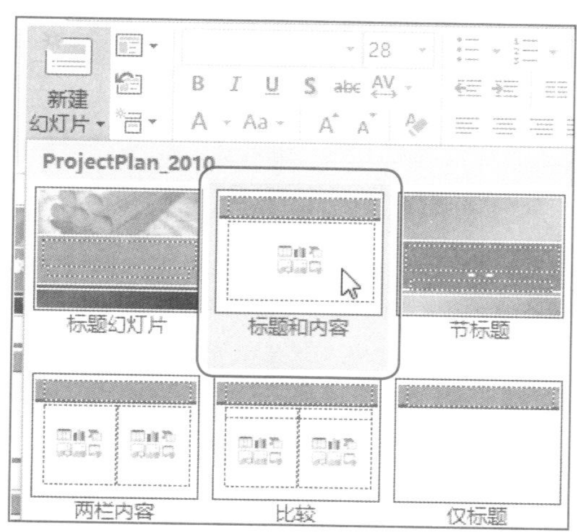

图4-6 选择“标题和内容”选项

步骤03 执行操作后，新建一张“标题和内容”幻灯片，在“单击此处添加文本”占位符中，单击“联机图片”按钮，如图4-7所示。

步骤04 弹出相应窗口，在“插入图片”选项区中的“Office.com剪贴画”右侧的搜索文本框中，输入关键字“员工”，单击“搜索”按钮，如图4-8所示。

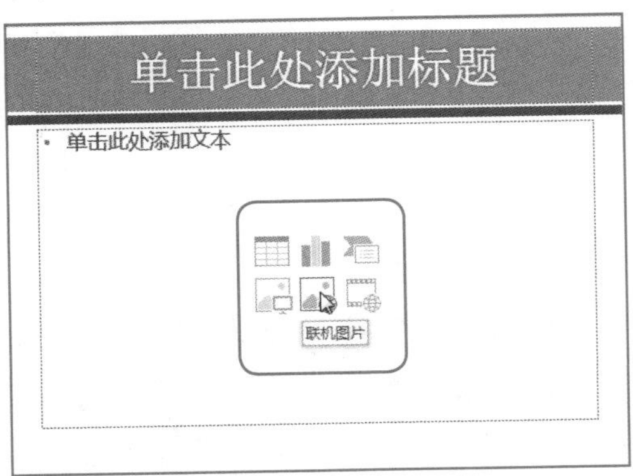

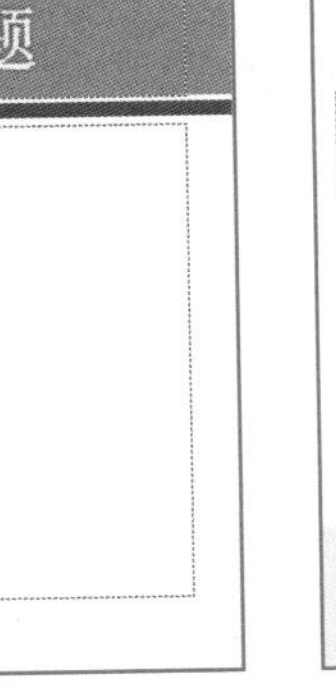

图4-7 单击“联机图片”按钮

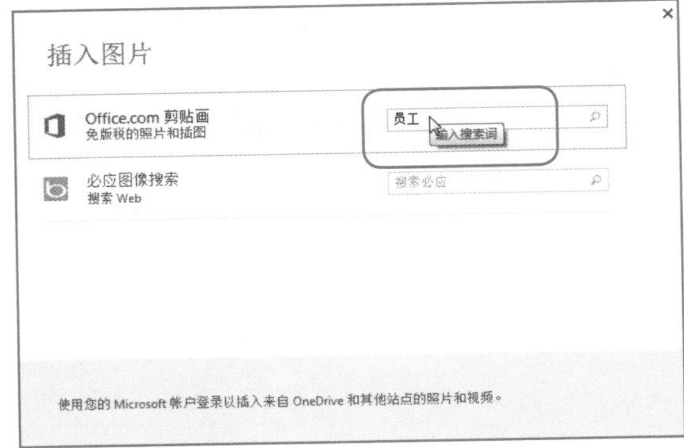

图4-8 单击“搜索”按钮

步骤05 执行操作后，在下方的列表框中，将显示搜索出来的相关剪贴画，选择相应选项，如图4-9所示。

步骤06 单击“插入”按钮，即可将该剪贴画下载并插入至幻灯片中。调整剪贴画的大小和位置，效果如图4-10所示。

图4-9 选择相应选项

图4-10 调整剪贴画

专家指点

在剪贴画图库中的图非常丰富，用户一方面可以多看看，根据设计的幻灯片选择最适合的图片来辅助说明，另一方面可以联机在网上下载最新的剪辑画，以确保最新潮最时尚。

视野扩展

在占位符中插入剪贴画时，PowerPoint会随着插入的图片自动调整图片大小以适应占位符。读者尝试插入不同大小的图片，感受一个占位符的变化。

4.2 插入与编辑外部图片

在PowerPoint 2013中，如果软件自带的图片不能满足用户制作课件的需求，则可以将外部图片插入到演示文稿中，并且可以对插入的图片进行相应编辑。

4.2.1 插入图片

在演示文稿中插入图片，可以生动形象地阐述主题和思想。在插入图片时，需充分考虑幻灯片的主题，使图片和主体和谐一致。

新手实战30——插入图片

素材文件	素材\第4章\投资计划书.pptx	效果文件	效果\第4章\投资计划书.pptx
视频文件	视频\第4章\投资计划书.mp4		

步骤 01 在PowerPoint 2013中，打开演示文稿，如图4-11所示。

步骤 02 切换至“插入”面板，在“图像”选项板中，单击“图片”按钮，如图4-12所示。

图4-11 打开演示文稿

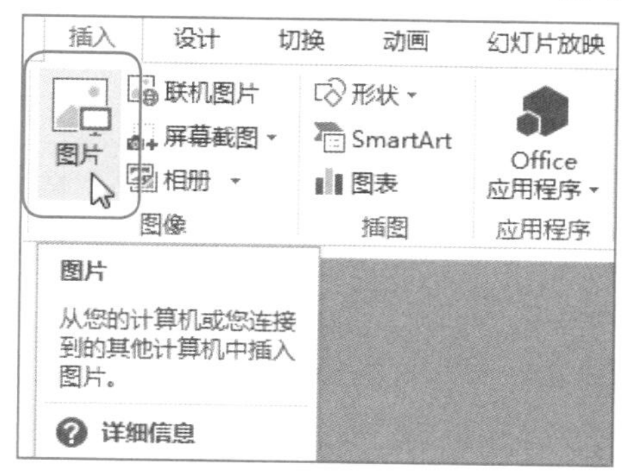

图4-12 单击“图片”按钮

步骤 03 在弹出的"插入图片"对话框中，选择需要插入的图片，如图4-13所示。

步骤 04 单击"插入"按钮，即可在幻灯片中插入图片，如图4-14所示。

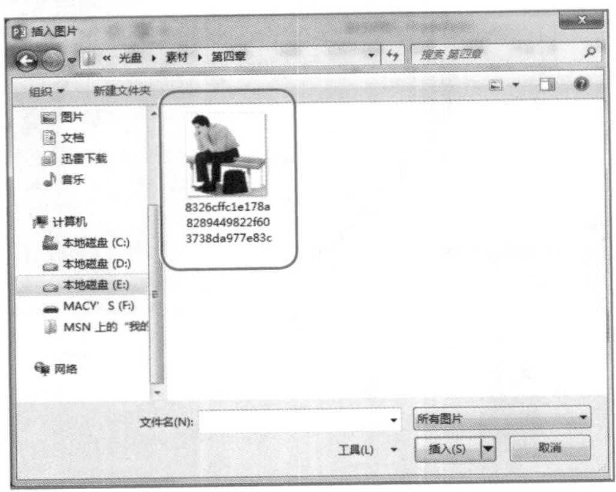

图4-13 选择需要插入的图片

图4-14 插入并调整图片

专家指点

在弹出的"插入图片"对话框中，按住【Ctrl】键的同时单击鼠标左键，可选择多张图片。

视野扩展

插入图片的应用是非常频繁的，建议与上一节的内容结合，尝试既插入软件自带的剪贴画，又插入外部的图片，感受一下两者的区别。

4.2.2 调整图片大小

在PowerPoint 2013中，用户在编辑窗口插入图片后，便可以对插入的图片进行大小的调整。下面介绍调整图片大小的操作方法。

新手实战31——调整图片大小

素材文件	素材\第4章\2014年工作目标.pptx	效果文件	效果\第4章\2014年工作目标.pptx
视频文件	视频\第4章\2014年工作目标.mp4		

步骤 01 在PowerPoint 2013中，打开演示文稿，如图4-15所示。

步骤 02 在编辑区中选择需要设置大小的图片，切换至"图片工具"中的"格式"面板，如图4-16所示。

步骤 03 在"大小"选项板中，单击右下角的"大小和位置"按钮，如图4-17所示。

步骤 04 执行操作后，弹出"设置图片格式"窗格，如图4-18所示。

图4-15　打开演示文稿

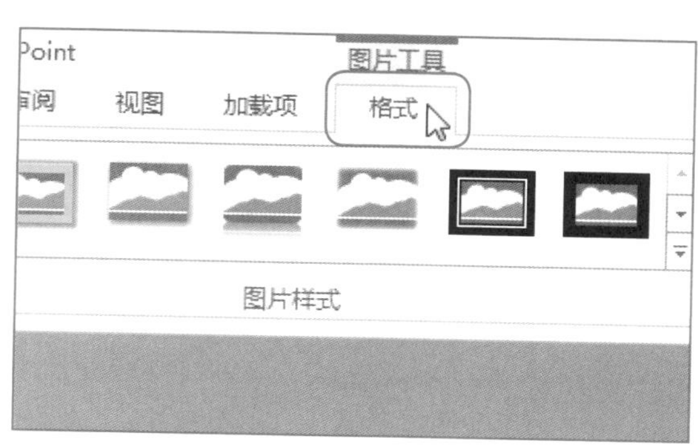

图4-16　切换至“格式”面板

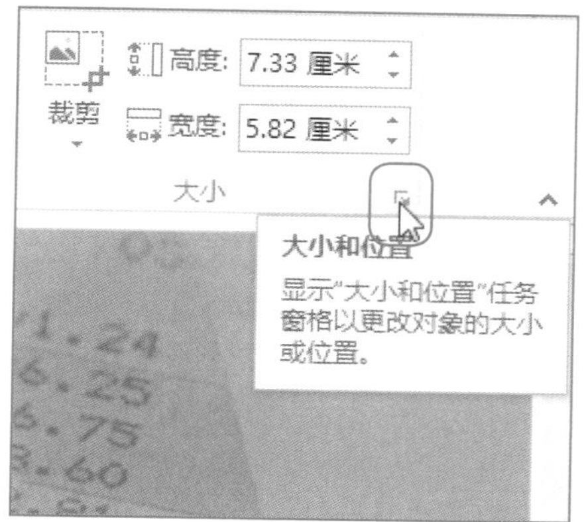

图4-17　单击“大小和位置”按钮

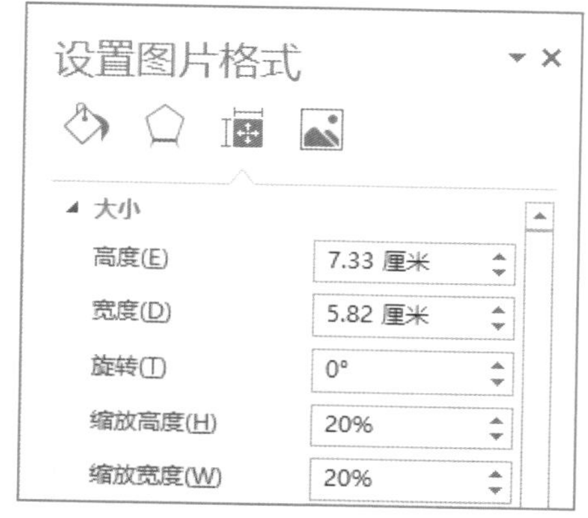

图4-18　弹出“设置图片格式”窗格

步骤 05 在“大小”选项区中，取消选中“锁定纵横比”复选框，设置“高度”为“11厘米”、“宽度”为“8.73厘米”，如图4-19所示。

步骤 06 在“设置图片格式”窗格中的右上角，单击“关闭”按钮，即可调整图片大小，适当调整图片位置，如图4-20所示。

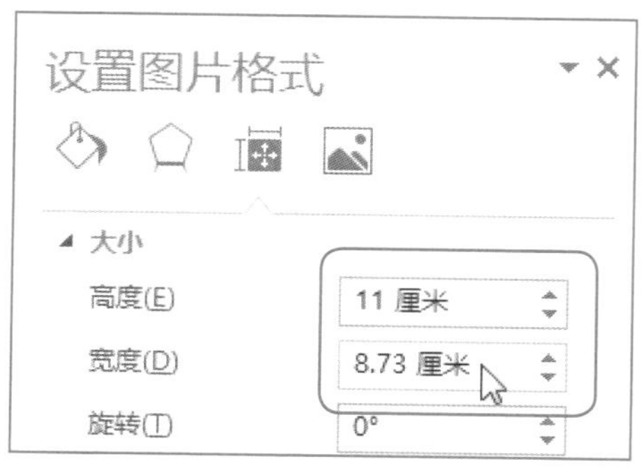

图4-19　设置各选项

图4-20　调整图片大小

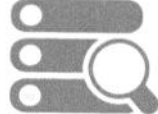

专家指点

在调出的“设置图片格式”窗格中，在各选项区的上方，显示出4个标签，分别是“填充线条”、“效果”、“大小属性”以及“图片”。

专家指点

除了运用以上方法设置图片大小以外，还有以下两种方法。

- 拖曳：打开演示文稿，选择图片，在图片上按住鼠标左键并拖曳控制点即可。
- 选项：打开演示文稿，选择图片，切换至“图片工具”中的“格式”面板，在“大小”选项板中设置“高度”和“宽度”的值，即可设置图片的大小。

视野扩展

插入的图片一般横图居多，用户可以尝试操作插入竖幅的图片，并调整一下大小。

4.2.3 调整图片样式

为插入幻灯片中的图片设置图片样式，可以使图片更加美观，从而增添整个幻灯片的美感。下面介绍设置图片样式的操作方法。

专家指点

为PPT挑选图片时，不仅要注意挑选的图片是否符合高质量标准，还要考虑图片和内容的契合度。如要挑选符合PPT内容的图片，可以从以下几个方面着手。

- 运用图片解释演说内容。
- 运用图片比喻、暗喻内容。
- 运用图片渲染特定的气氛、情绪，提高PPT美感，强化演说者需要传达的感觉和情绪，从而打动观众、影响观众、说服观众。

新手实战32——调整图片样式

素材文件	素材\第4章\职业规划书.pptx	效果文件	效果\第4章\职业规划书.pptx
视频文件	视频\第4章\职业规划书.mp4		

步骤 01 在PowerPoint 2013中，打开演示文稿，如图4-21所示。

步骤 02 在编辑区中选择左边的图片，切换至“图片工具”中的“格式”面板，在“图片样式”选项板中，单击“其他”下拉按钮，如图4-22所示。

图4-21　打开演示文稿

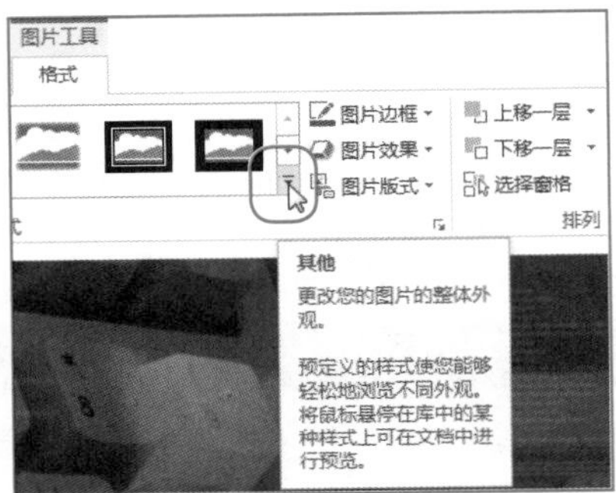

图4-22　单击“其他”下拉按钮

步骤03 弹出列表框，选择“印象棱台，白色”选项，如图4-23所示。

步骤04 执行操作后，即可设置图片样式，如图4-24所示。

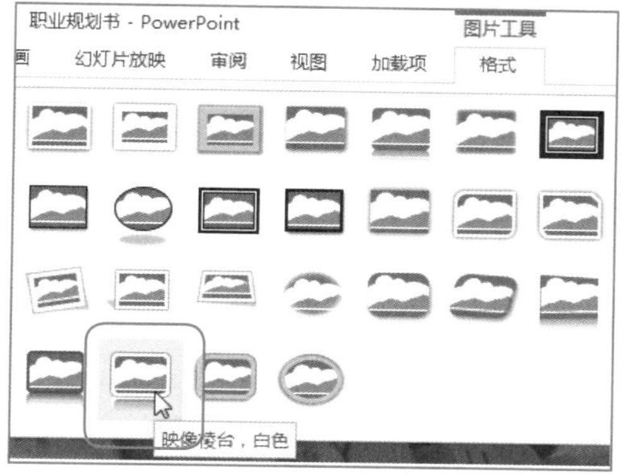

图4-23 选择“简单框架，白色”选项

图4-24 设置图片样式

视野扩展

在“图片样式”列表框中，包含有“棱台亚光，白色”、“金属框架”、“柔化边缘矩形”、“厚重亚光，黑色”以及“金属椭圆”在内的28种图片样式，建议去一一选择、感受效果的变化，为自己的图片找到最佳的样式效果。

4.3 编辑艺术字

艺术字是一种特殊的图形文字，常用来表现幻灯片的标题文字，用户可以对艺术字进行大小调整、旋转和添加三维效果等操作。

4.3.1 插入艺术字

为了使演示文稿的标题或某个文字能够更加突出，用户可以运用艺术字来达到自己想要的效果。下面介绍插入艺术字的操作方法。

新手实战33——插入艺术字

素材文件	素材\第4章\年度总结.pptx	效果文件	效果\第4章\年度总结.pptx
视频文件	视频\第4章\年度总结.mp4		

步骤01 在PowerPoint 2013中，打开演示文稿，如图4-25所示。

步骤02 切换至“插入”面板，在“文本”选项板中，单击“艺术字”下拉按钮，如图4-26所示。

图4-25 打开演示文稿

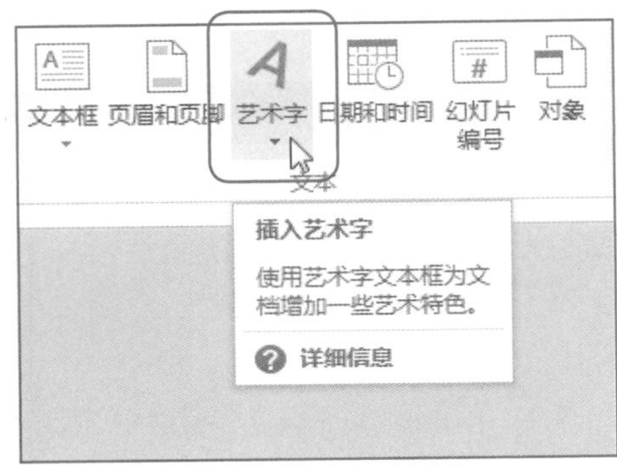

图4-26 单击“艺术字”下拉按钮

步骤03 弹出列表框，选择“填充-紫色，着色1，阴影”选项，如图4-27所示。

步骤04 执行操作后，即可在幻灯片中插入艺术字，调整至合适位置，删除文本框中的内容，输入“年度总结”，效果如图4-28所示。

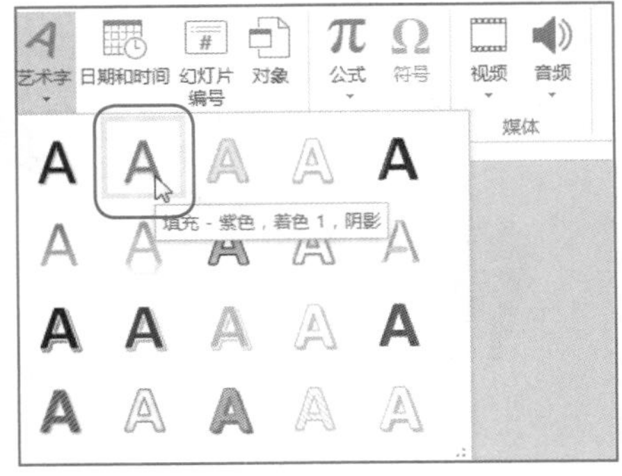

图4-27 选择相应选项

图4-28 艺术字效果

视野扩展

插入的艺术字一般以横排文字居多，读者可以尝试操作插入竖排的艺术字，并调整大小。

4.3.2 设置艺术字形状

在PowerPoint 2013中，读者可以调整艺术字的形状填充、形状轮廓以及形状效果。下面介绍插入艺术字的操作方法。

新手实战34——设置艺术字形状填充

素材文件	素材\第4章\公司管理.pptx	效果文件	效果\第4章\公司管理.pptx
视频文件	视频\第4章\公司管理.mp4		

步骤 01 在PowerPoint 2013中，打开演示文稿，如图4–29所示。

步骤 02 在编辑区中选择需要设置形状填充的艺术字，如图4–30所示。

图4–29 打开演示文稿

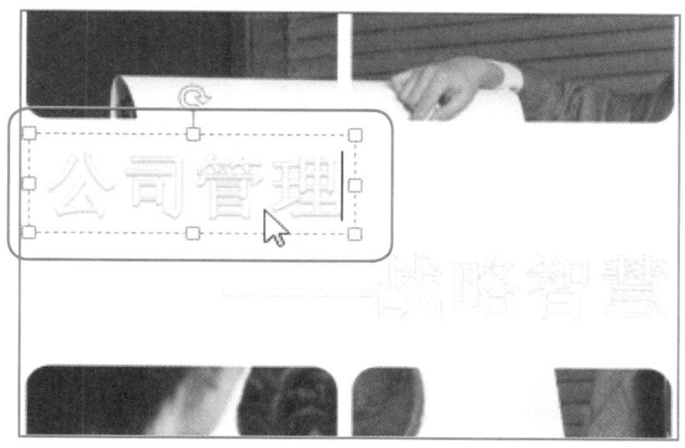

图4–30 选择艺术字

步骤 03 切换至“绘图工具”中的“格式”面板，单击“形状样式”选项板中的“形状填充”下拉按钮，如图4–31所示。

步骤 04 弹出列表框，选择“取色器”选项，如图4–32所示。

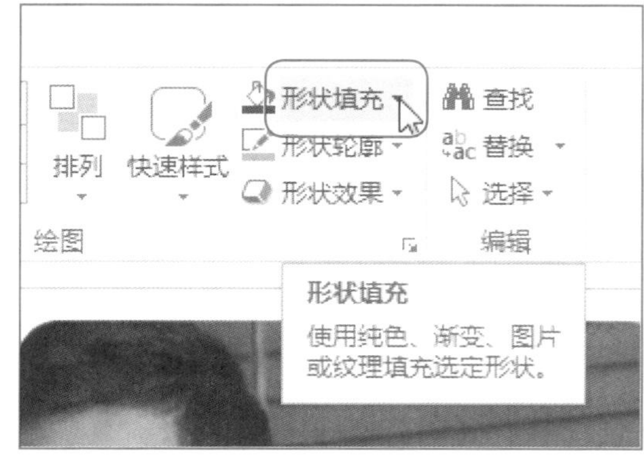

图4–31 单击“形状填充”下拉按钮

图4–32 选择“取色器”选项

步骤 05 鼠标指针呈笔形状，在编辑区中的相应颜色位置单击鼠标左键，拾取颜色，如图4–33所示。

步骤 06 执行操作后，即可设置艺术字形状填充，效果如图4–34所示。

图4-33　拾取颜色

图4-34　填充效果

专家指点

在弹出的“形状填充”列表中，用户不仅可以直接选择颜色进行填充，另外还可以用图片、渐变色和纹理进行填充。

视野扩展

为艺术字添加形状填充颜色，是指在一个封闭的对象中加入填充效果，这种效果可以是单色、过渡色、纹理，还可以是图片。读者可以尝试操作为艺术字添加形状填充图片。

新手实战35——设置艺术字形状轮廓

素材文件	素材\第4章\周计划.pptx	效果文件	效果\第4章\周计划.pptx
视频文件	视频\第4章\周计划.mp4		

步骤01 在PowerPoint 2013中，打开演示文稿，如图4-35所示。

步骤02 在编辑区中选择需要设置形状轮廓的艺术字，如图4-36所示。

图4-35　打开演示文稿

图4-36　选择艺术字

步骤03 切换至“绘图工具”中的“格式”面板，单击“形状样式”选项板中的“形状轮廓”下拉按钮，如图4-37所示。

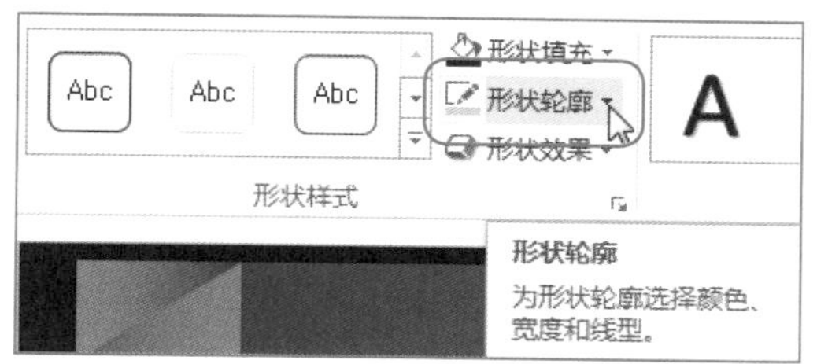

图4-37 单击“形状轮廓”下拉按钮

步骤 04 弹出列表框，选择“粗细”|“2.25磅”选项，如图4-38所示。

步骤 05 执行操作后，即可设置艺术字形状轮廓，效果如图4-39所示。

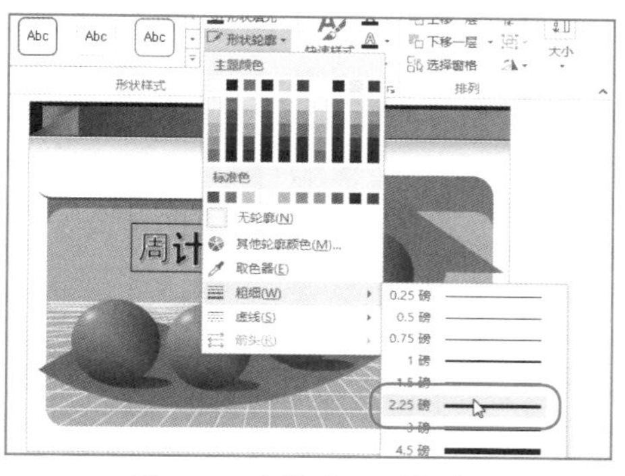

图4-38 选择“2.25磅”选项

图4-39 设置艺术字形状轮廓

视野扩展

为艺术字添加形状轮廓，是指在一个封闭的对象中加入边框效果。读者可以尝试操作为艺术字添加虚线轮廓。

新手实战36——设置艺术字形状效果

素材文件	素材\第4章\商品构成.pptx	效果文件	效果\第4章\商品构成.pptx
视频文件	视频\第4章\商品构成.mp4		

步骤 01 在PowerPoint 2013中，打开演示文稿，如图4-40所示。

步骤 02 在编辑区中选择需要设置形状效果的艺术字，如图4-41所示。

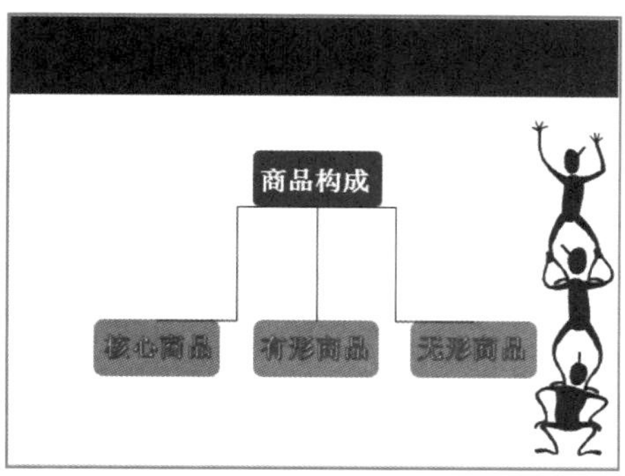

图4-40 打开演示文稿

图4-41 选择艺术字

步骤03 切换至“格式”面板，在“形状样式”选项板中，单击“形状效果”下拉按钮，如图4-42所示。

步骤04 弹出列表框，选择“预设”|“预设11”选项，如图4-43所示。

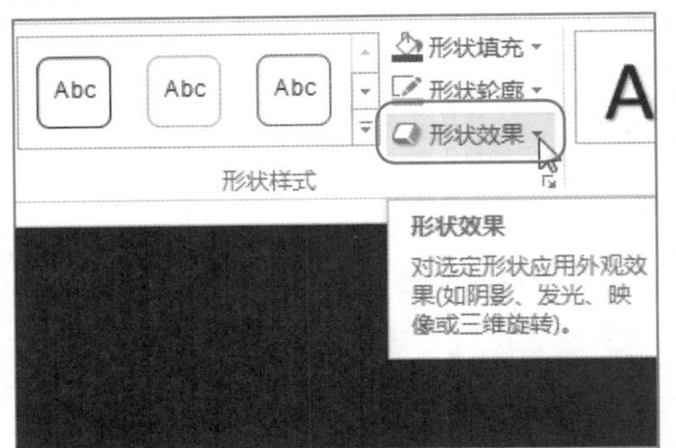

图4-42 单击“形状效果”下拉按钮

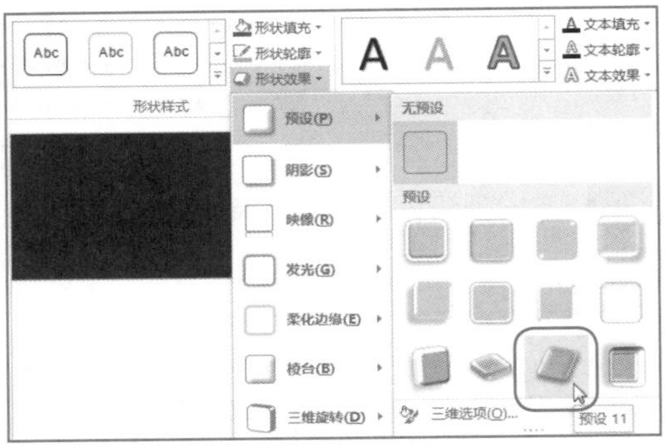

图4-43 选择“预设11”选项

步骤05 执行操作后，即可设置艺术字形状预设效果，如图4-44所示。

步骤06 单击“形状效果”下拉按钮，弹出列表框，选择“棱台”|“松散嵌入”选项，如图4-45所示。

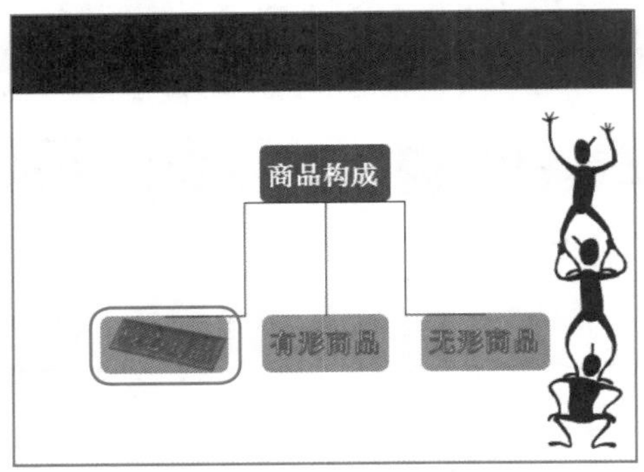

图4-44 设置艺术字形状预设效果

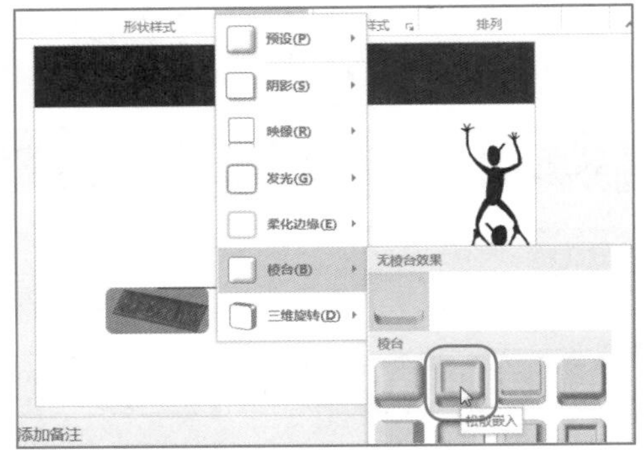

图4-45 选择“松散嵌入”选项

步骤07 执行操作后，即可设置艺术字效果，如图4-46所示。

步骤08 用同样的方法，设置其他艺术字形状效果，如图4-47所示。

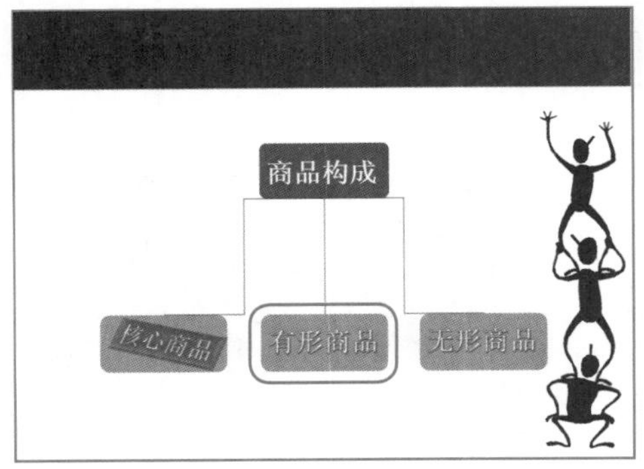

图4-46 设置艺术字效果

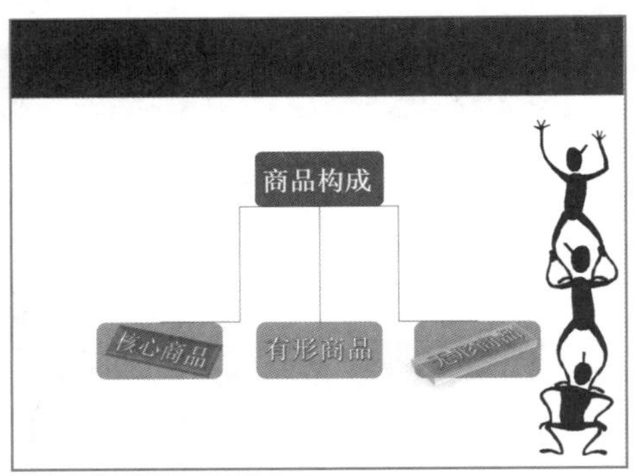

图4-47 设置艺术字效果

专家指点

在PowerPoint 2013中，为艺术字设置形状填充和形状轮廓以后，接下来可以为艺术字设置形状效果，使添加的艺术字更加美观。

视野扩展

根据上面的操作步骤，用户可以尝试操作为艺术字添加阴影形状效果。

4.3.3 更改艺术字样式

用户在插入艺术字后，如果对艺术字的效果不满意，还可以对其进行相应的编辑。

新手实战37——更改艺术字样式

素材文件	素材\第4章\注意事项.pptx	效果文件	效果\第4章\注意事项.pptx
视频文件	视频\第4章\注意事项.mp4		

步骤 01 打开演示文稿，选中艺术字，如图4-48所示。

步骤 02 在“艺术字样式”选项板中单击“文本效果”下拉按钮，在弹出的列表框中选择“阴影”|“右下斜偏移”选项，如图4-49所示。

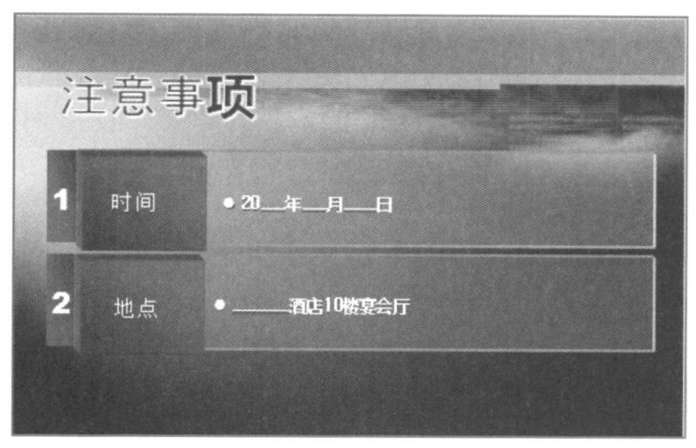

图4-48 打开一个素材文件

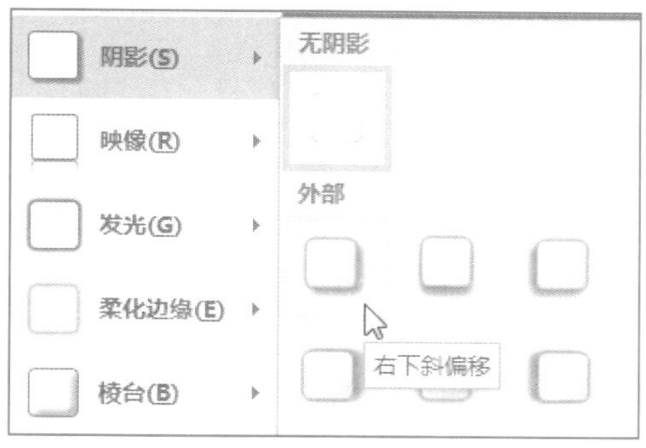

图4-49 选择“右下斜偏移”按钮

步骤 03 执行操作后，即可更改艺术字样式，如图4-50所示。

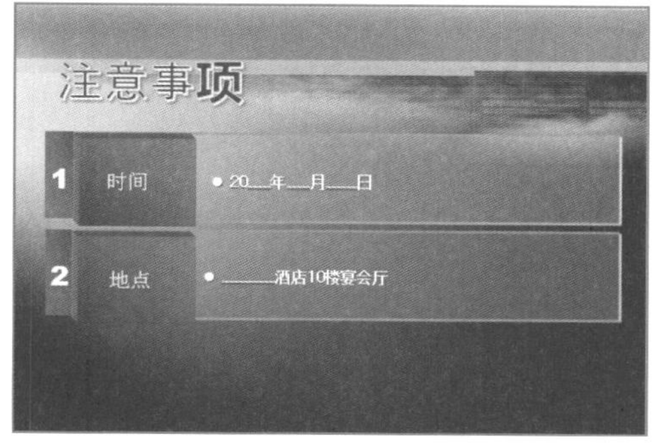

图4-50 更改艺术字样式

4.4 本章小结

本章主要介绍了在PowerPoint 2013中插入与编辑剪贴画、插入与编辑外部图片和编辑艺术字等操作。通过对本章的学习，了解了在占位符和非占位符中输入剪贴画、插入外部图片，调整图片大小和样式、插入艺术字，设置艺术字的字形形状填充、轮廓和字形效果、还学习了更改艺术字样式。

4.5 趁热打铁

1. 在非占位符中插入一张剪贴画。
2. 在幻灯片中插入一张相片，将相片的大小调整为宽度19.04厘米、高度12.79厘米。
3. 插入一个艺术字，设置其形状效果为“紧密映像，接触”。

第5章 在幻灯片中绘制图形

学习提示

PowerPoint 2013具有完备的绘画和图形功能，用户可以利用自选图形来修饰文本和图形。幻灯片配有图形，不仅能使文本更容易理解，而且是十分有效的修饰方法。本章主要介绍绘制和编辑图形对象的操作方法。

本章案例导航

- 新手实战38——绘制矩形图形
- 新手实战39——绘制直线图形
- 新手实战40——将图形置于顶层
- 新手实战41——将图形上移一层
- 新手实战42——设置图形对齐与分布
- 新手实战43——设置图形翻转
- 新手实战44——设置图形组合与取消组合
- 新手实战45——设置图形样式
- 新手实战46——添加渐变填充效果
- 新手实战47——添加形状填充效果

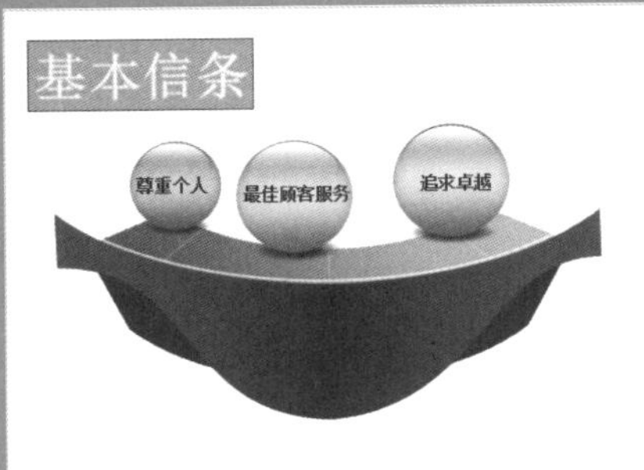

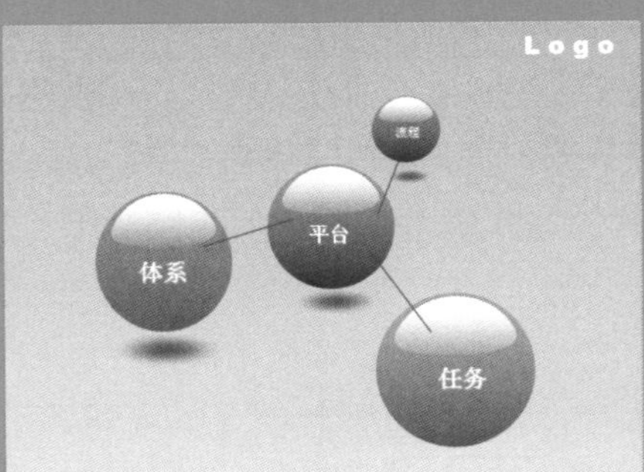

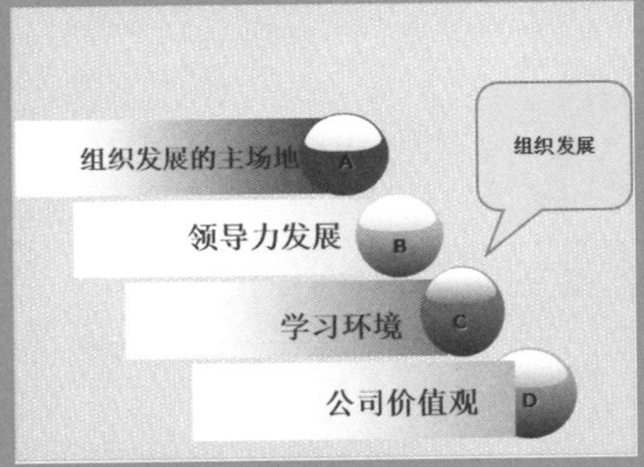

5.1 绘制自选图形

在PowerPoint 2013中，可以方便地绘制直线和矩形等基本图形，也可以方便地绘制笑脸、箭头、公式、标注、流程图和五角星等复杂图形。

5.1.1 绘制矩形图形

在PowerPoint 2013中，用户可以绘制图形对象，然后在图形上进行编辑，使演示文稿表达的主题更加明显。

新手实战38——绘制矩形图形

素材文件	素材\第5章\基本信条.pptx	效果文件	效果\第5章\基本信条.pptx
视频文件	视频\第5章\基本信条.mp4		

步骤 01 打开演示文稿，切换至“插入”面板，在“插图”选项板中单击“形状”下拉按钮，如图5-1所示。

步骤 02 在弹出的列表框“矩形”选项区中选择“矩形”选项，如图5-2所示。

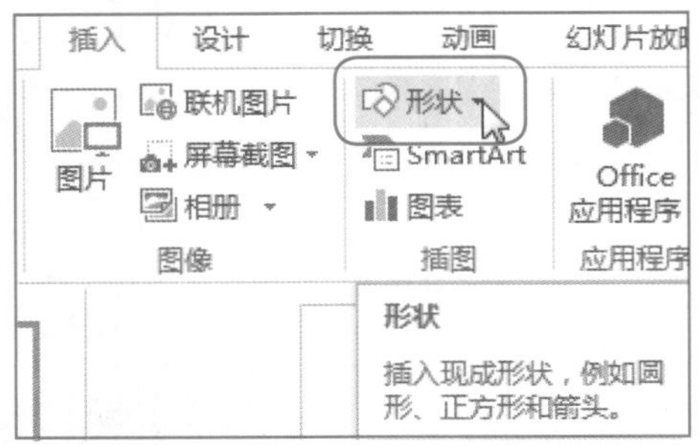

图5-1 单击“形状”下拉按钮

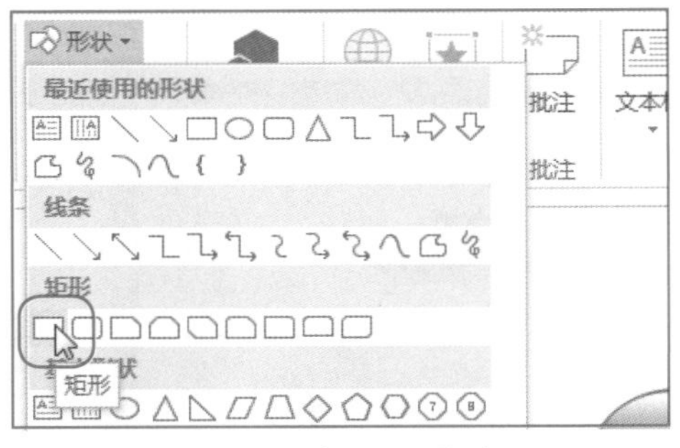

图5-2 选择“矩形”选项

步骤03 在幻灯片中的合适位置绘制矩形，单击鼠标右键，在弹出的快捷菜单中选择“置于底层”|“置于底层”选项，如图5-3所示。

步骤04 执行操作后，即可绘制矩形，调整矩形大小，效果如图5-4所示。

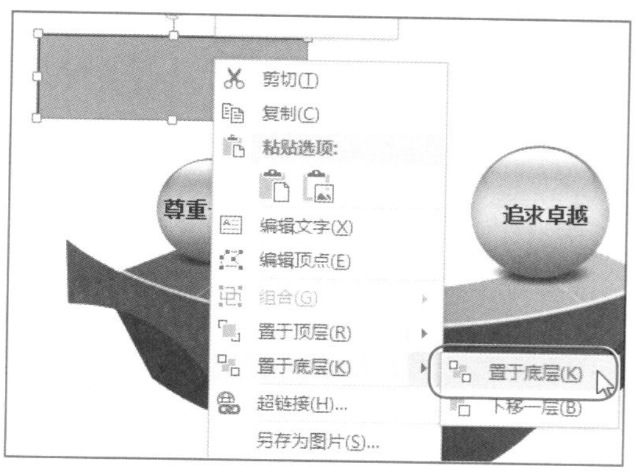

图5-3 选择“置于底层”选项

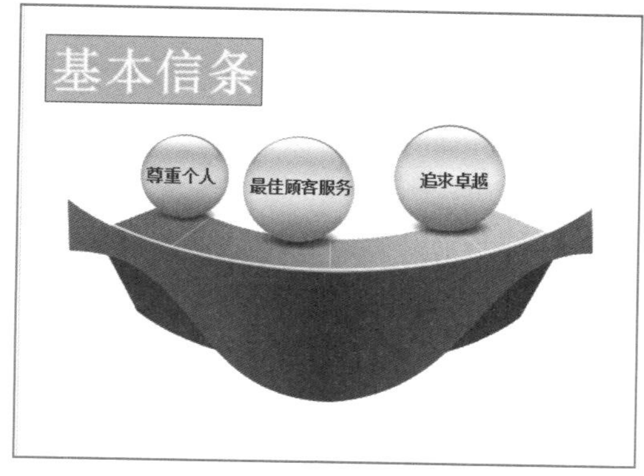

图5-4 调整矩形大小

5.1.2 绘制直线图形

在幻灯片中各图形对象之间绘制直线，可以方便地将多个不相干的图形组合在一起，形成一个整体。

新手实战39——绘制直线图形

素材文件	素材\第5章\平台.pptx	效果文件	效果\第5章\平台.pptx
视频文件	视频\第5章\平台.mp4		

步骤01 打开演示文稿，在“插图”选项板中单击“形状”下拉按钮，在弹出的列表框“线条”选项区中选择“直线”选项，如图5-5所示。

步骤02 返回到幻灯片编辑窗口，鼠标指针呈十字形显示，将鼠标放置在需要绘制直线的图形周边时，该图形周围将显示8个圆点，如图5-6所示。

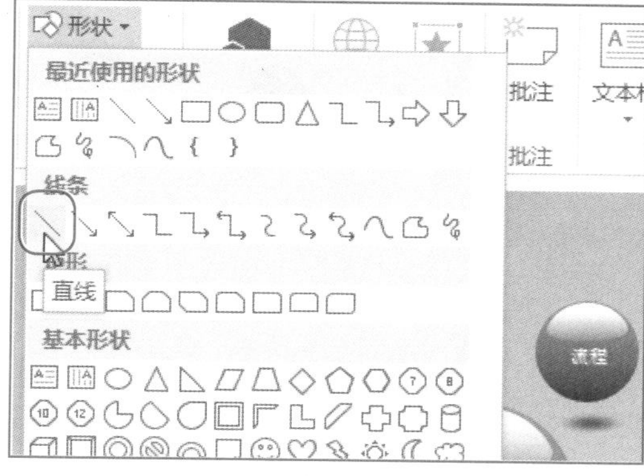

图5-5 选择“直线”选项

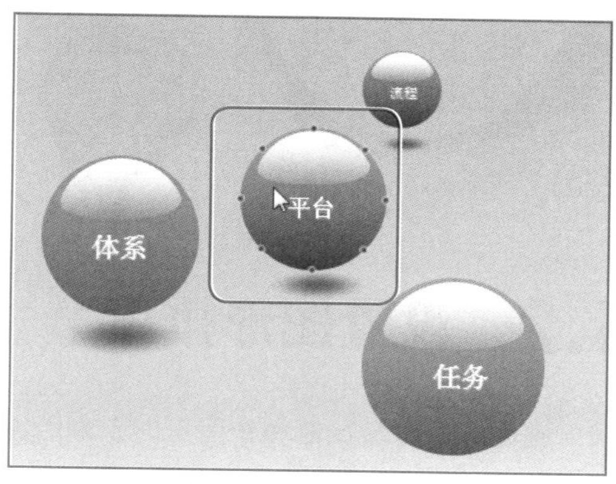

图5-6 显示8个圆点

步骤03 在下方的红色圆点上按住鼠标左键不放，拖曳至另外一个图形对象上，如图5-7所示。

步骤04 释放鼠标左键，即可绘制一条直线，如图5-8所示。

步骤05 用与上同样的方法，绘制其他的直线，效果如图5-9所示。

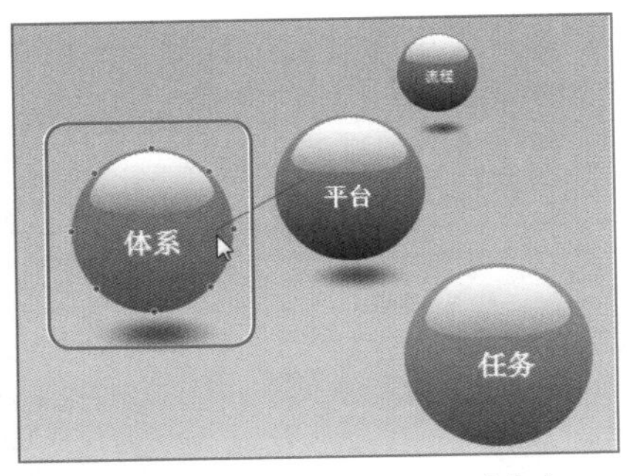

图5-7 拖曳至另外一个图形对象上

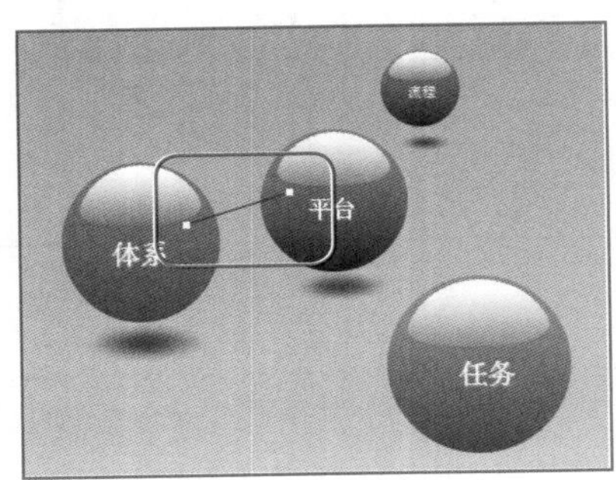

图5-8 绘制直线

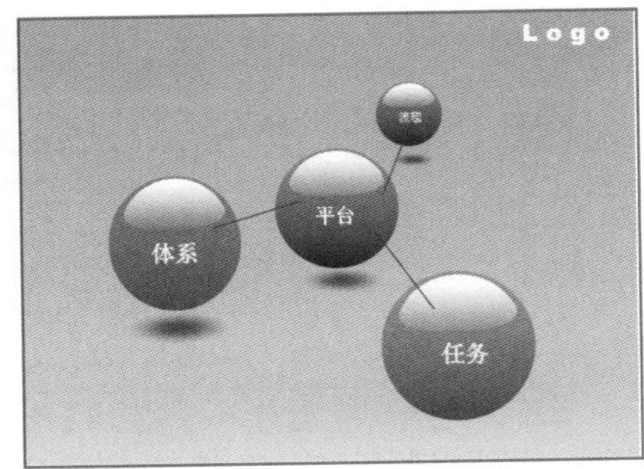

图5-9 绘制其他的直线

视野扩展

用户还可以在“插图”选项板中单击“形状”下拉按钮绘制笑脸图形、绘制五角星图形、绘制箭头图形和公式图形。

5.2 设置图形排序

在同一个区域绘制多个图形时，最后绘制的图形的部分或全部将自动覆盖前面图形的部分或全部，即重叠的部分会被遮掩。在PowerPoint中，用户可以将绘制的图形进行排序。

5.2.1 将图形置于顶层

在演示文稿中，用户可以对绘制的图形位置进行调整。

新手实战40——将图形置于顶层

素材文件	素材\第5章\组织发展.pptx	效果文件	效果\第5章\组织发展.pptx
视频文件	视频\第5章\组织发展.mp4		

步骤 01 打开演示文稿，选中幻灯片中的图形对象，如图5-10所示。

步骤 02 在图形上单击鼠标右键，在弹出快捷菜单中选择“置于顶层”|“置于顶层”选项，如图5-11所示。

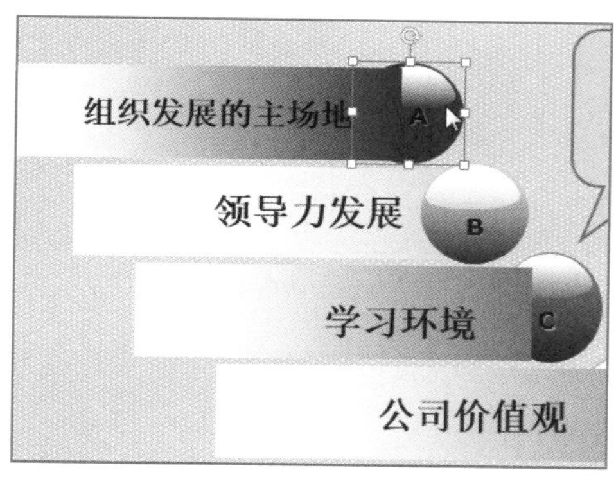

图5-10 选中图形对象

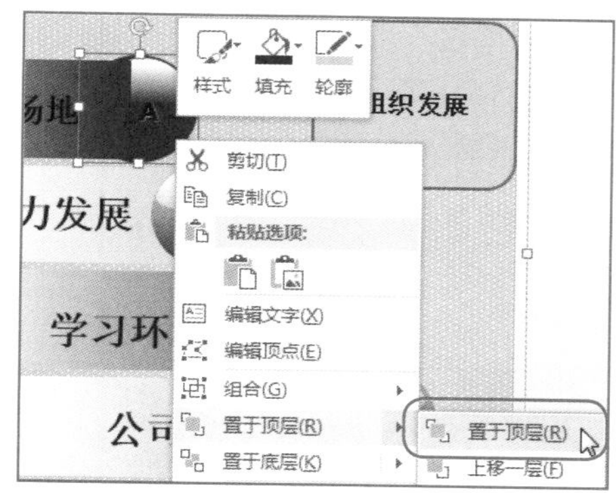

图5-11 选择“置于顶层”选项

步骤 03 执行操作后，即可将选中的图形对象置于顶层，效果如图5-12所示。

步骤 04 用同样的方法，将序号为C的图形对象置于顶层，效果如图5-13所示。

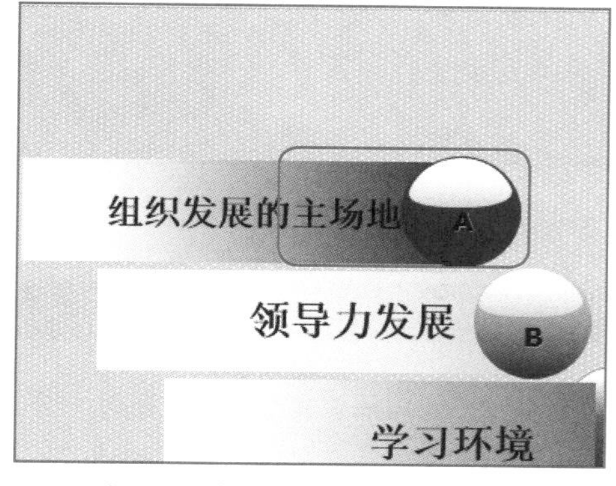

图5-12 将选中的图形对象置于顶层

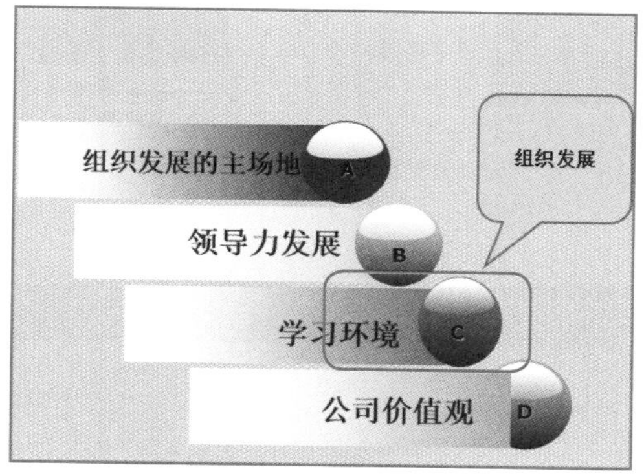

图5-13 将序号为C的图形对象置于顶层

专家指点

选择需要调整顺序的图形，单击鼠标右键，在弹出的快捷菜单中选择“置于顶层”|“置于顶层”选项，执行操作后，即可将图形置于顶层。

5.2.2 将图形上移一层

在演示文稿中，用户可以运用快捷菜单将图形上移。

新手实战41——将图形上移一层

素材文件	素材\第5章\学习型.pptx	效果文件	效果\第5章\学习型.pptx
视频文件	视频\第5章\学习型.mp4		

步骤 01 打开演示文稿，选中图形，如图5-14所示。

步骤 02 在图形上单击鼠标右键，在弹出的快捷菜单中选择“置于顶层”|“上移一层”选项，如图5-15所示。

步骤 03 执行操作后，即可将选中的图形上移一层，效果如图5-16所示。

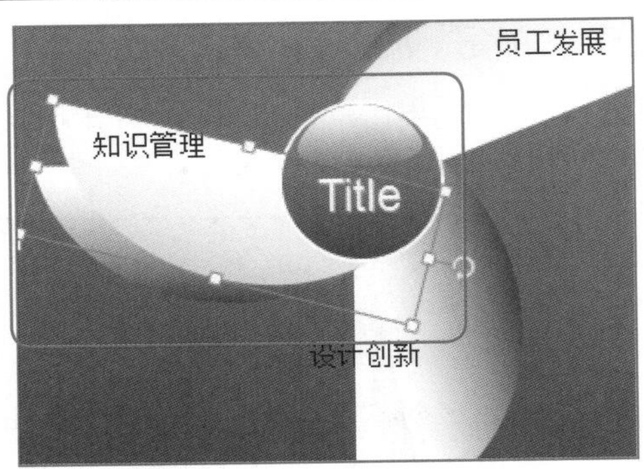

图5-14　选中图形

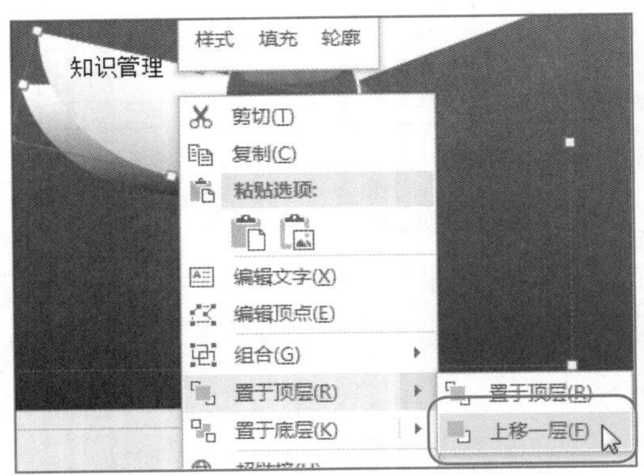

图5-15　选择“上移一层”选项

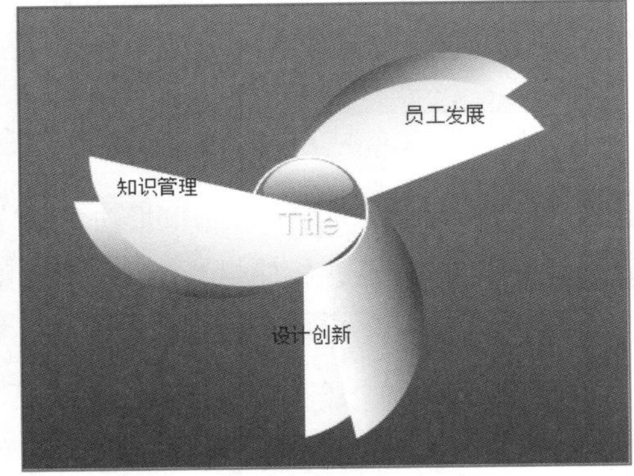

图5-16　将选中的图形上移一层

视野扩展

在PowerPoint 2013中，由于最后绘制的图形将自动覆盖前面对象的部分或全部，如用户需要将覆盖的对象放置到最上面，可以将绘制的图形置于底层。在打开的幻灯片中选择需要调整的图形，切换至“绘图工具”中的“格式”面板，在“排列”选项板中选择“置于底层”|“置于底层”选项即可将图形置于底层。

如果需要将图形下移一层，只需在打开的幻灯片中选择需要调整的图形，单击鼠标右键，在弹出的快捷菜单中选择“置于底层”|“下移一层”选项，即可将图形下移一层。

5.3 编辑图形对象

为了得到更好的视觉效果，还可以调整图形的格式，如设置图形对齐与分布、旋转与翻转、组合与取消组合，以及设置图形样式等。

5.3.1 设置图形对齐与分布

在幻灯片中绘制多个图形时，可能会出现多个形状排列不整齐的情况，影响画面的整体效果，用户可以通过设置图形对齐与分布进行调整。

新手实战42——设置图形对齐与分布

素材文件	素材\第5章\财务表现.pptx	效果文件	效果\第5章\财务表现.pptx
视频文件	视频\第5章\财务表现.mp4		

步骤 01 打开演示文稿，选择幻灯片中的图形，如图5-17所示。

步骤 02 切换至“绘图工具”中的“格式”面板，在“排列”选项板中单击“对齐”下拉按钮，在弹出的列表中选择“左对齐”选项，如图5-18所示。

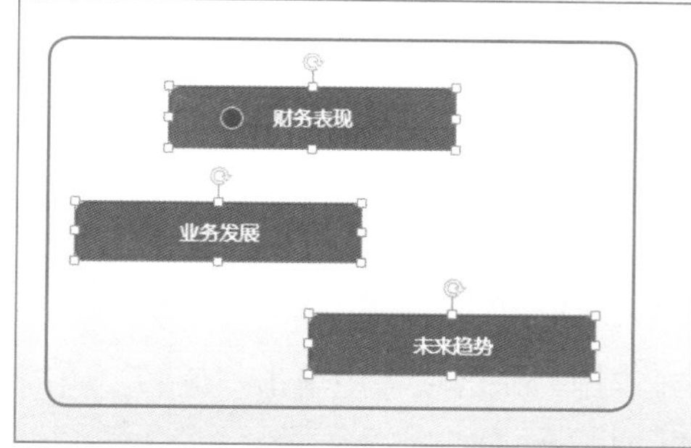

图5-17 选择幻灯片中的图形

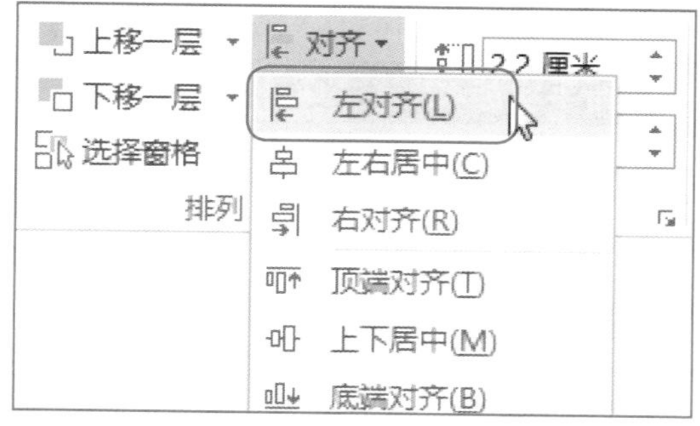

图5-18 选择“左对齐”选项

步骤03 执行操作后，即可设置图形左对齐，效果如图5-19所示。

步骤04 单击“对齐”下拉按钮，在弹出的列表中选择“横向分布”选项，如图5-20所示。

步骤05 执行操作后，即可设置图形横向分布，效果如图5-21所示。

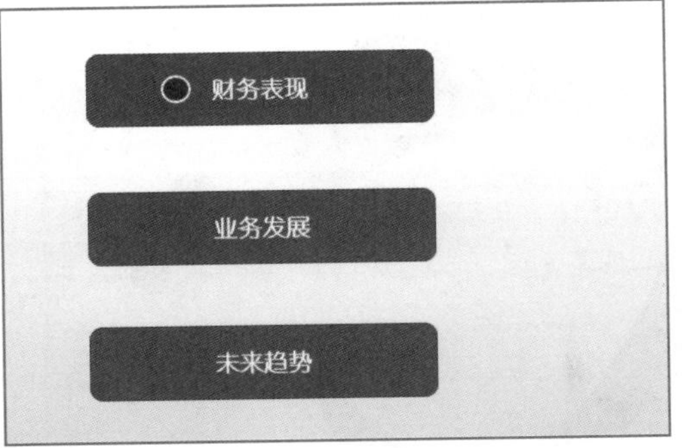

图5-19 设置图形左对齐

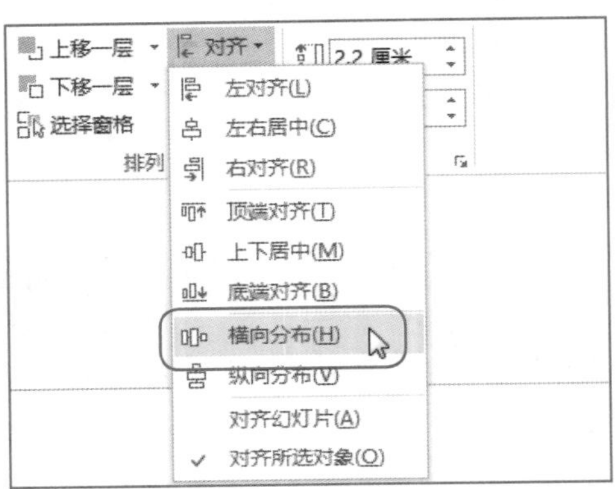

图5-20 选择“横向分布”选项

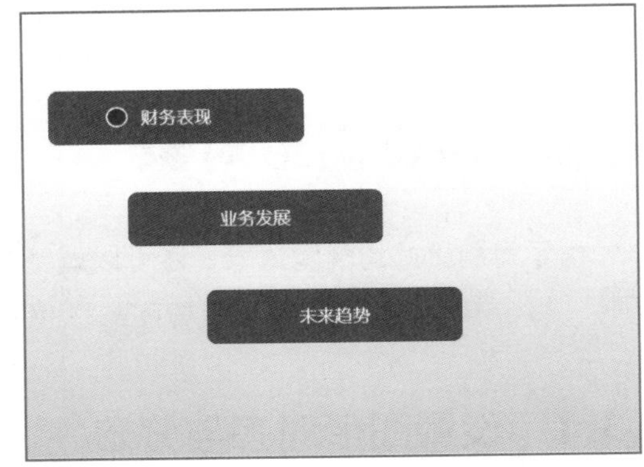

图5-21 设置图形横向分布

专家指点

如果在幻灯片中需要选择多个图形，还可以用鼠标进行框选，将鼠标放置在幻灯片的空白处，然后按住鼠标左键并拖曳，在拖曳的过程中完全框选的形状即被选中。

5.3.2 设置图形翻转

在PowerPoint 2013中，用户可以根据需要对图形进行翻转操作，翻转图形不会改变图形的整体形状。

新手实战43——设置图形翻转

素材文件	素材\第5章\学习型01.pptx	效果文件	效果\第5章\学习型01.pptx
视频文件	视频\第5章\学习型01.mp4		

步骤01 打开演示文稿，选择幻灯片中的图形，如图5-22所示。

步骤02 切换至“绘图工具”中的“格式”面板，在“排列”选项板中单击“旋转”下拉按钮，在弹出的列表中选择“水平翻转”选项，如图5-23所示。

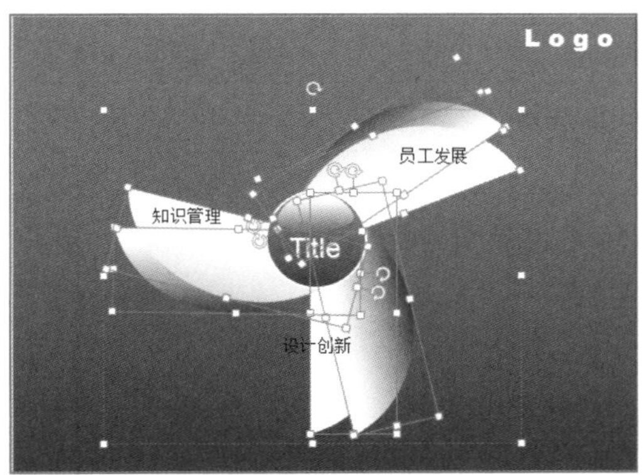

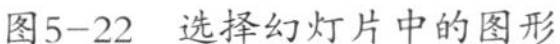
图5-22　选择幻灯片中的图形

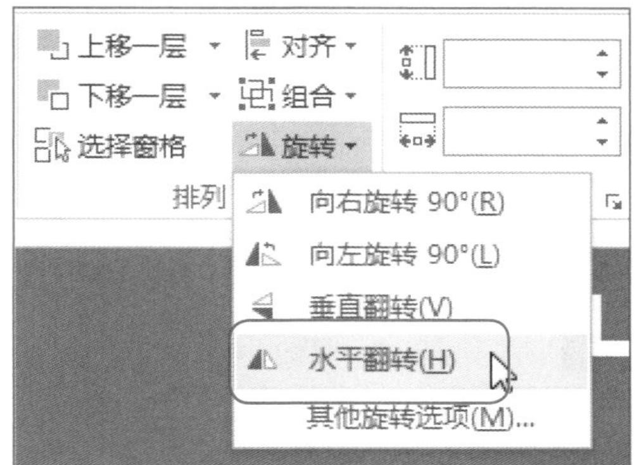

图5-23　选择"水平翻转"选项

步骤 03　执行操作后，即可设置图形翻转，效果如图5-24所示。

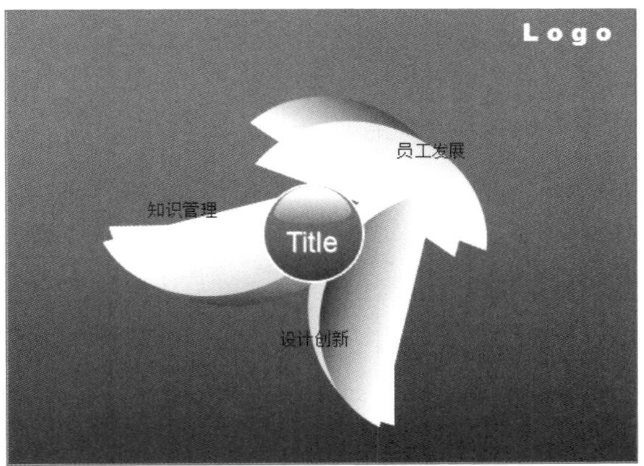

图5-24　设置图形翻转

视野扩展

在PowerPoint 2013中，用户还可以根据需要对图形进行任意角度的自由旋转操作。

旋转图形对象的方法很简单，只需在幻灯片中选择需要进行旋转的图片，然后根据需要进行如下操作即可。

- 向左旋转90°：选择幻灯片中的图形，切换至"格式"面板，在"排列"选项板中单击"旋转"按钮，在弹出的下拉列表中选择"向左旋转90°"选项，即可向左旋转90°。
- 向右旋转90°：切换至"格式"面板，在"排列"选项板中单击"旋转"按钮，在弹出的下拉列表中选择"向右旋转90°"选项，即可向右旋转90°。

5.3.3　设置图形组合与取消组合

如果经常对图形对象进行同种操作，可将这些图形对象组合到一起，组合在一起的图形对象称为组合对象。

新手实战44——设置图形组合与取消组合

素材文件	素材\第5章\板块.pptx	效果文件	效果\第5章\板块.pptx
视频文件	视频\第5章\板块.mp4		

步骤01 打开演示文稿，在按住【Shift】键的同时，选择幻灯片中的图形对象，如图5-25所示。

步骤02 在图形上单击鼠标右键，在弹出的快捷菜单中选择“组合”|“组合”选项，如图5-26所示。

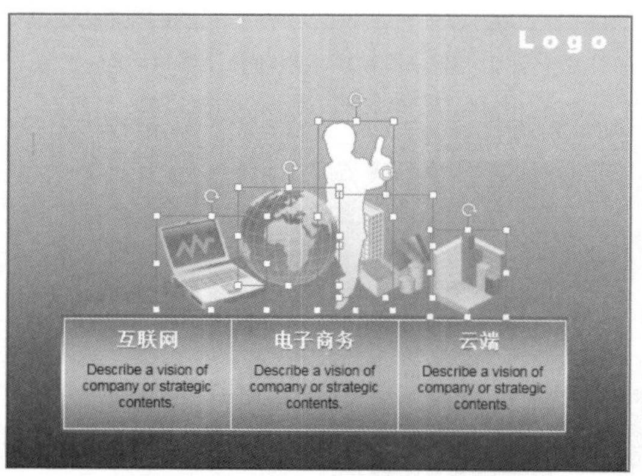

图5-25 选择幻灯片中的图形对象

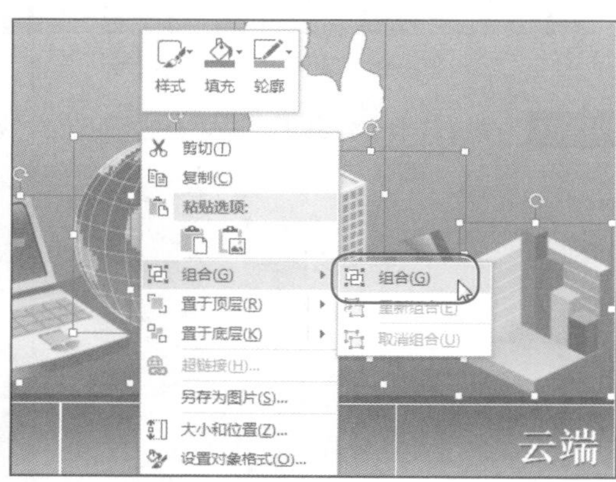

图5-26 选择“组合”选项

步骤03 执行操作后，即可组合图形，效果如图5-27所示。

图5-27 组合图形

专家指点

用户如果需要将组合的图片进行分散，只需选中组合的图片，然后单击鼠标右键，在弹出的快捷菜单中选择“组合”|“取消组合”选项即可。

5.3.4 设置图形样式

用户可以为幻灯片中绘制的图形设置形状填充、形状轮廓、形状效果和样式。

新手实战45——设置图形样式

素材文件	素材\第5章\实质.pptx	效果文件	效果\第5章\实质.pptx
视频文件	视频\第5章\实质.mp4		

步骤 01 打开演示文稿，选择图形，如图5-28所示。

步骤 02 切换至"绘图工具"中的"格式"面板，在"形状样式"选项板中单击"其他"按钮，在弹出的列表框中选择"彩色填充-黑色，强调颜色4"选项，如图5-29所示。

图5-28　选择图形

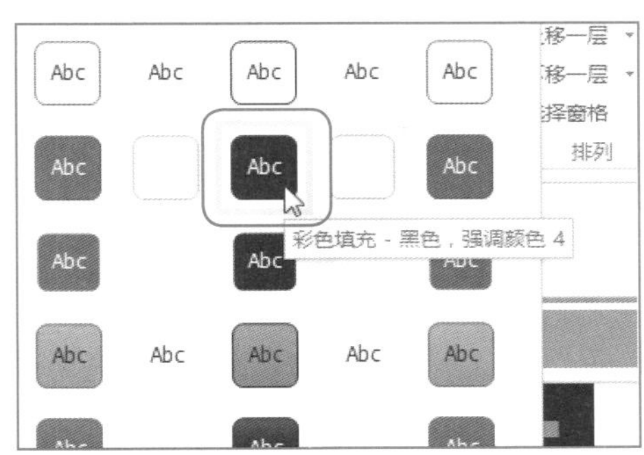

图5-29　选择"彩色填充-黑色，强调颜色4"选项

步骤 03 在"形状样式"选项板中单击"形状填充"下拉按钮，在弹出的列表"标准色"选项区中选择"浅蓝"选项，如图5-30所示。

步骤 04 在"形状样式"选项板中单击"形状轮廓"下拉按钮，在弹出的列表中选择"粗细"|"2.25磅"选项，如图5-31所示。

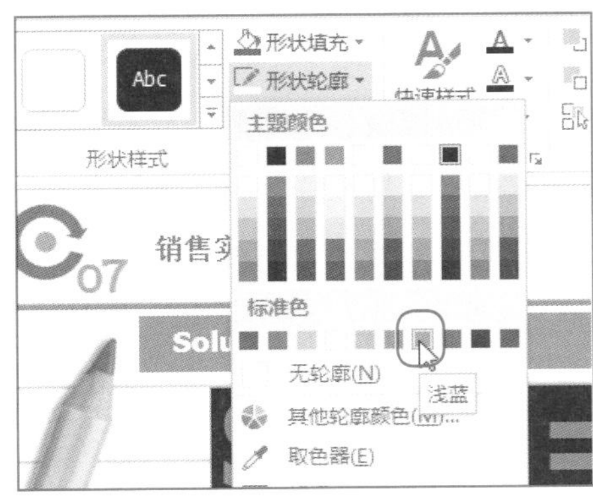

图5-30　选择"浅蓝"选项

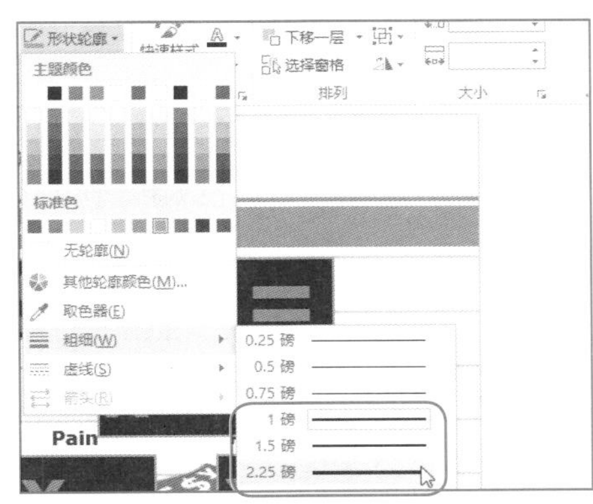

图5-31　选择"2.25磅"选项

步骤 05 在"形状样式"选项板中单击"形状效果"下拉按钮，在弹出的列表中选择"阴影"|"右上斜偏移"选项，如图5-32所示。

步骤 06 执行操作后，即可设置图形样式，效果如图5-33所示。

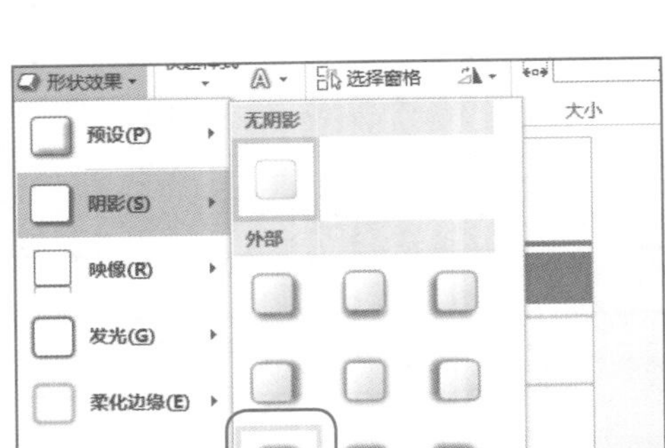

图5-32　选择“右上斜偏移”选项

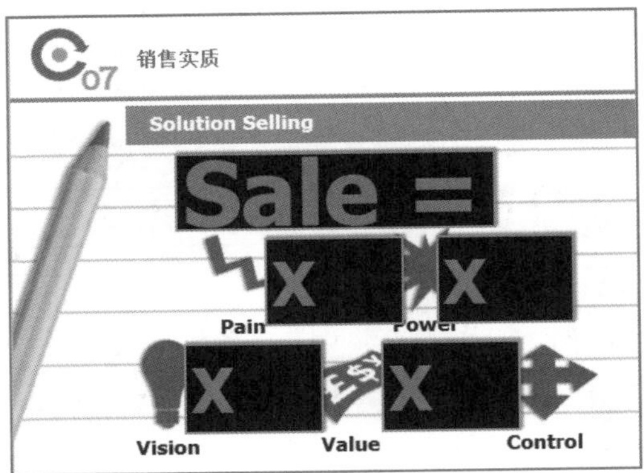

图5-33　设置图形样式

5.4　修饰图形效果

为了使插入在幻灯片中的图形对象更加美观，用户可以对自选图形进行修饰，如添加渐变填充效果、添加图片填充效果、添加纹理填充效果、运用纯色填充图形和设置图形轮廓颜色等。

5.4.1　添加渐变填充效果

为图形添加渐变填充，可以丰富图形的色彩。

新手实战46——添加渐变填充效果

素材文件	素材\第5章\矩阵.pptx	效果文件	效果\第5章\矩阵.pptx
视频文件	视频\第5章\矩阵.mp4		

步骤 01 打开演示文稿，选择幻灯片中的图形，如图5-34所示。

步骤 02 切换至“绘图工具”中的“格式”面板，在“形状样式”选项板中单击“形状填充”下拉按钮，在弹出的列表中选择“渐变”|“线性对角-左上到右下”选项，如图5-35所示。

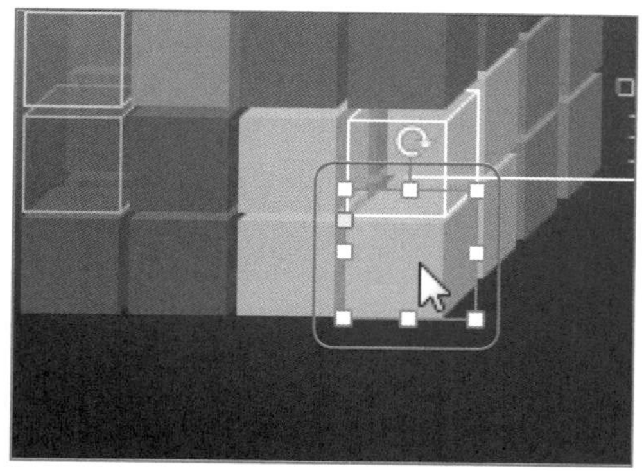

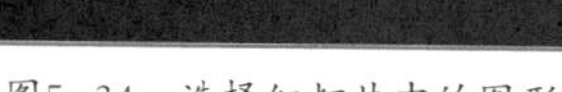

图5-34　选择幻灯片中的图形

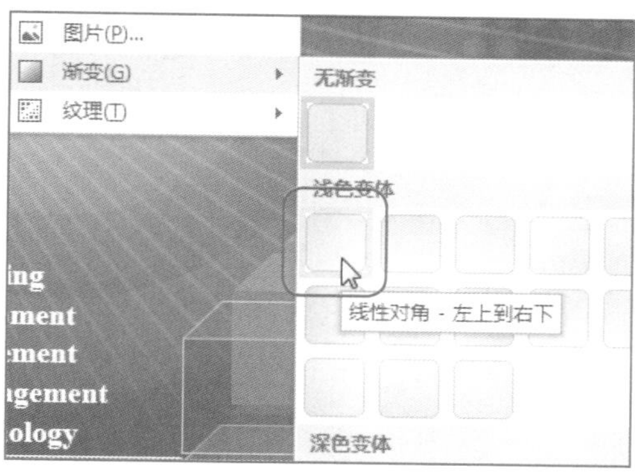

图5-35　选择“线性对角-左上到右下”选项

步骤 03 执行操作后即可添加渐变填充，效果如图5-36所示。

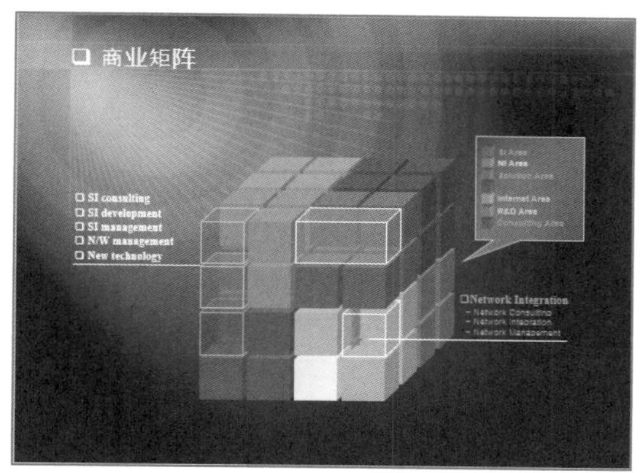

图5-36　添加渐变填充

专家指点

单击“形状填充”下拉按钮，在列表中选择“渐变”选项，在弹出的列表中又包括了“浅色变体”选项区和“深色变体”选项区。

5.4.2　添加形状填充效果

在演示文稿中，用户可以根据需要为绘制的图形添加填充效果。

新手实战47——添加形状填充效果

素材文件	素材\第5章\顶尖.pptx	效果文件	效果\第5章\顶尖.pptx
视频文件	视频\第5章\顶尖.mp4		

步骤01 打开演示文稿，选择需要的图形，如图5-37所示。

步骤02 在“形状样式”选项板中单击“形状填充”下拉按钮，在弹出的列表“标准色”选项区中选择“红色”选项，如图5-38所示。

步骤03 执行操作后，即可添加形状填充效果，如图5-39所示。

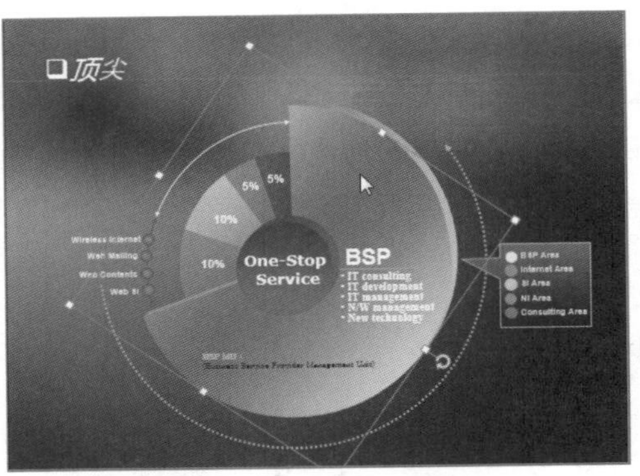

图5-37 选择需要的图形

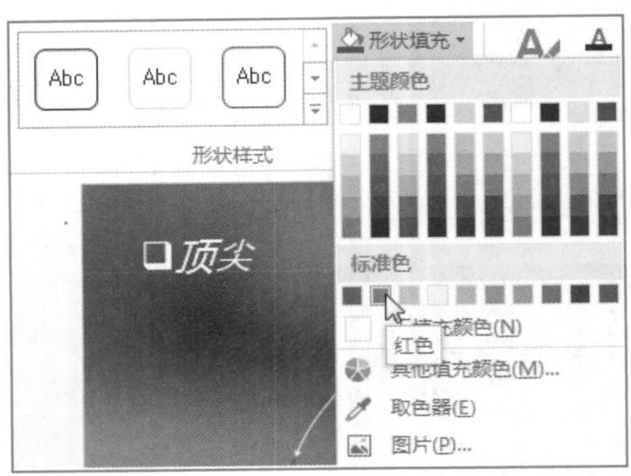

图5-38 选择“浅绿”选项

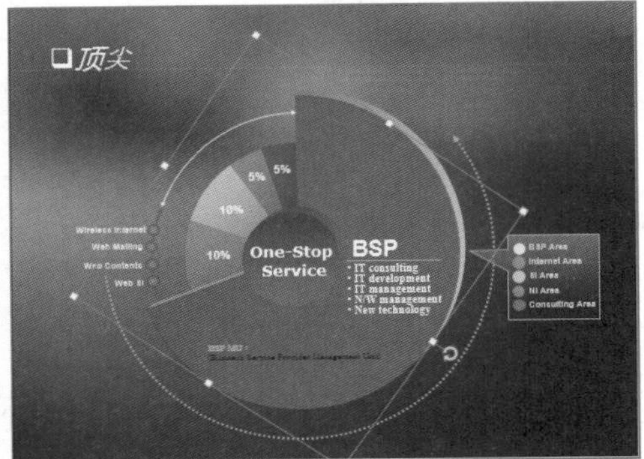

图5-39 添加形状填充

视野扩展

通过“形状样式”选项板中的“形状效果”下拉按钮，还可以添加图形阴影效果、图形映像效果和图形发光效果。

5.5 本章小结

本章主要介绍了在PowerPoint 2013中绘制图形的方法。通过在“插图”选项板中单击“形状”下拉按钮，可以绘制矩形、圆形、心形和笑脸等多种图形；还介绍了如何设置图形排序和编辑图形对象，以及通过“形状样式”选项板中的“形状效果”下拉按钮添加渐变填充效果、添加形状填充效果等。

5.6 趁热打铁

1. 在幻灯片中绘制一个笑脸图形。
2. 尝试添加图形发光效果。

第6章 添加幻灯片动画

学习提示

在幻灯片中添加动画和切换效果可以增加演示文稿的趣味性和观赏性，同时也能带动演讲气氛。本章主要介绍添加动画、编辑动画效果、制作切换效果以及切换效果选项设置等内容。

本章案例导航

- 新手实战48——添加飞入动画效果
- 新手实战49——添加上浮动画效果
- 新手实战50——添加陀螺旋动画效果
- 新手实战51——修改动画效果
- 新手实战52——添加动画效果
- 新手实战53——设置动画效果选项
- 新手实战54——设置动画计时
- 新手实战55——添加动作路径动画
- 新手实战56——添加分割切换效果
- 新手实战57——添加平移切换效果
- 新手实战58——切换声音
- 新手实战59——设置切换效果选项

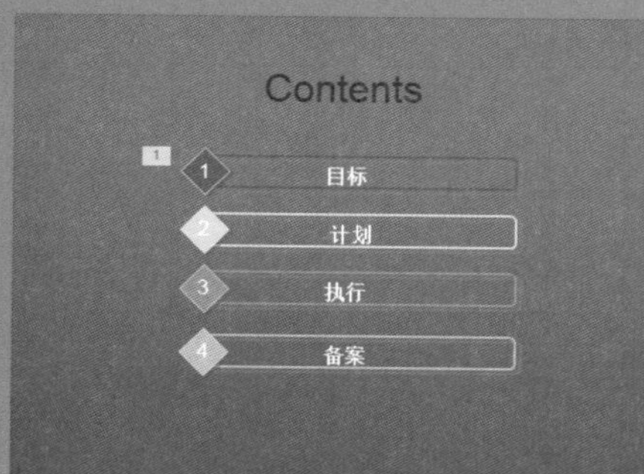

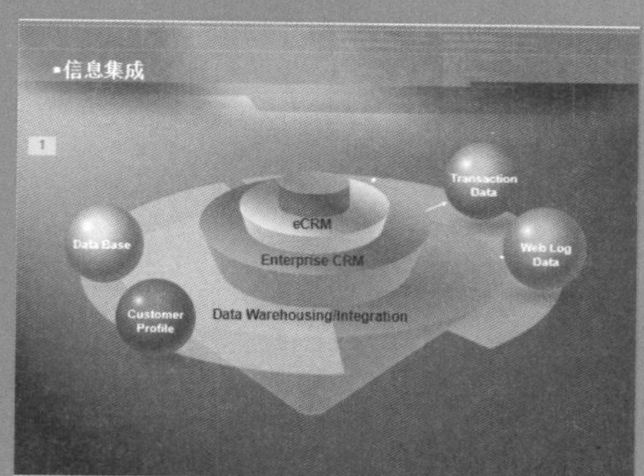

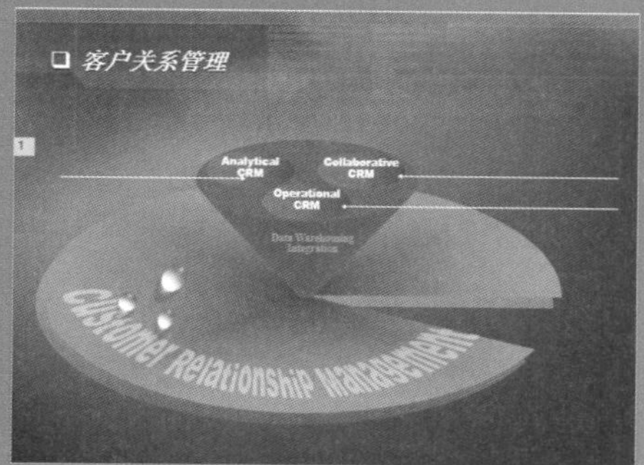

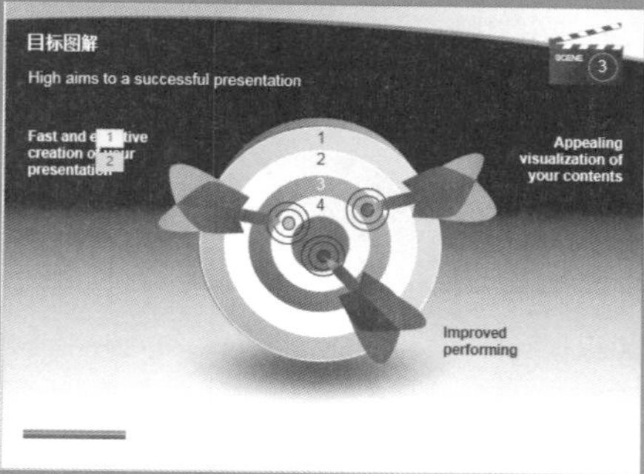

6.1 添加动画效果

在PowerPoint 2013中，用户可以根据需要在幻灯片中添加软件自带的剪贴画，并可以对添加的剪贴画进行相应的编辑。

6.1.1 添加飞入动画效果

飞入动画效果是指将选择的对象设置从幻灯片外进入幻灯片中的相应位置。

新手实战48——添加飞入动画效果

素材文件	素材\第6章\目录.pptx	效果文件	效果\第6章\目录.pptx
视频文件	视频\第6章\目录.mp4		

步骤 01 在PowerPoint 2013中，打开演示文稿。在编辑窗口中，选择需要设置动画的对象，如图6-1所示。

步骤 02 切换至“动画”面板，在“动画”选项板中单击“其他”下拉按钮，如图6-2所示。

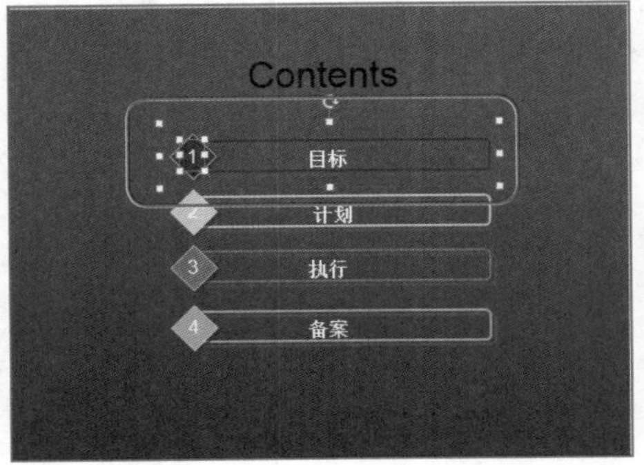

图6-1 选择相应对象

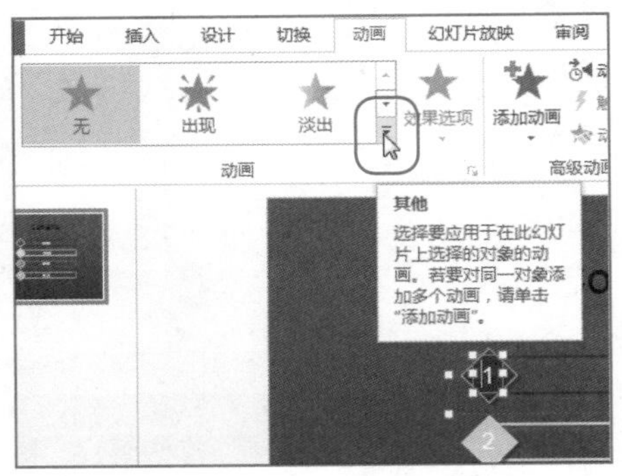

图6-2 单击“其他”下拉按钮

步骤03 弹出列表框，在“进入”选项区中，选择“飞入”动画效果，如图6-3所示。

步骤04 执行操作后，即可为幻灯片中的对象添加飞入动画效果，如图6-4所示。

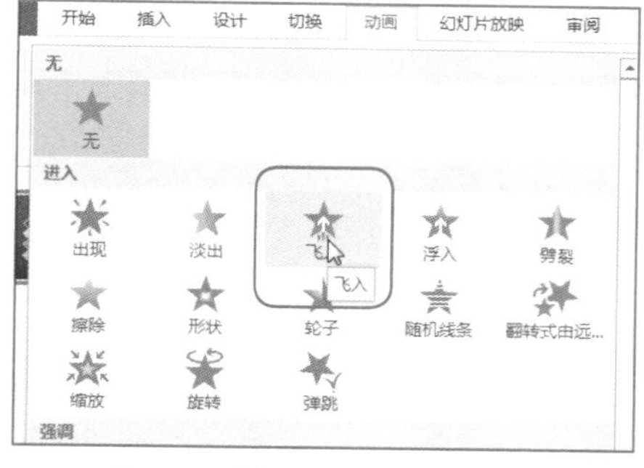

图6-3 选择“飞入”动画效果

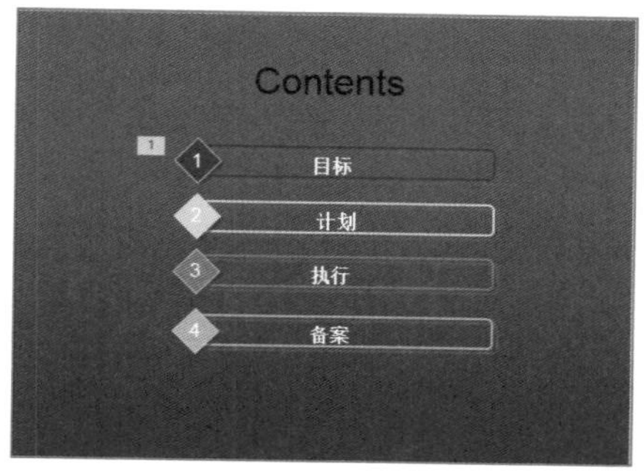

图6-4 添加飞入动画效果

专家指点

切换至“幻灯片放映”面板，在“开始放映幻灯片”选项板中单击“从头开始”按钮，可以预览动画效果。

6.1.2 添加上浮动画效果

为幻灯片中的对象添加进入动画效果中的上浮动画后，该对象在进行放映时，将会以浮动的形式逐渐显示出来。

新手实战49——添加上浮动画效果

素材文件	素材\第6章\信息集成.pptx	效果文件	效果\第6章\信息集成.pptx
视频文件	视频\第6章\信息集成.mp4		

步骤01 在PowerPoint 2013中，打开演示文稿，在编辑区中选择需要添加上浮动画的对象，如图6-5所示。

步骤02 切换至“动画”面板，单击“动画”选项板中的“其他”下拉按钮，弹出列表框，选择“更多进入效果”选项，如图6-6所示。

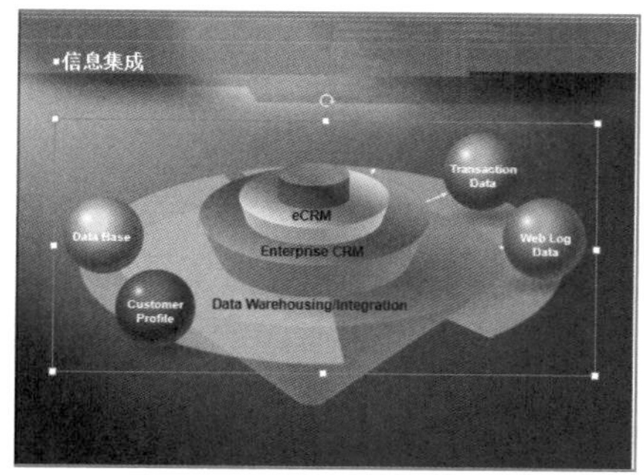

图6-5 选择需要添加上浮动画的对象图

图6-6 选择“更多进入效果”选项

步骤 03 弹出“更改进入效果”对话框，在“温和型”选项区中，选择“上浮”选项，如图6-7所示。

步骤 04 单击“确定”按钮，即可为幻灯片中的对象添加上浮动画效果，如图6-8所示。

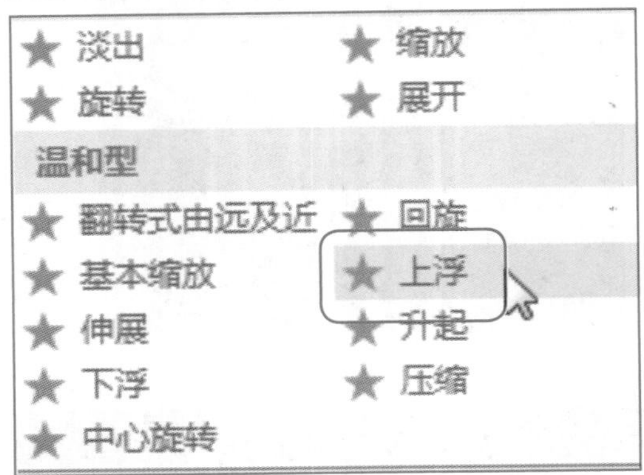

图6-7 选择“上浮”选项

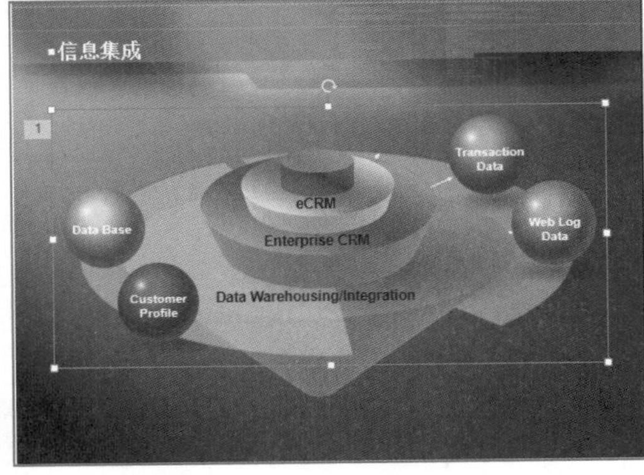

图6-8 添加上浮动画效果

步骤 05 在“预览”选项板中单击“预览”按钮，即可预览上浮动画效果，如图6-9所示。

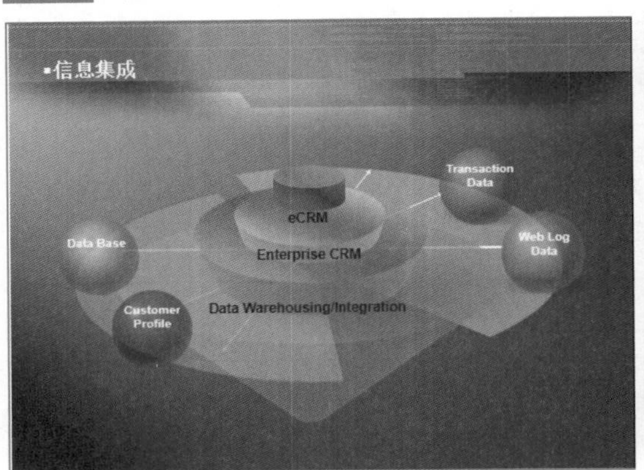

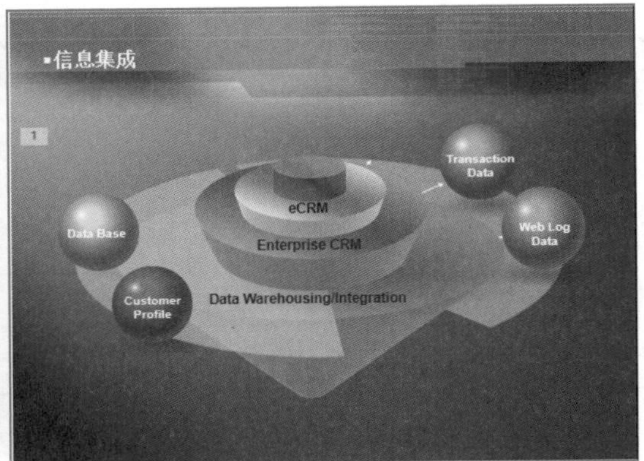

图6-9 预览上浮动画效果

专家指点

在“更改进入效果”对话框的“温和型”选项区中，用户不仅可以将幻灯片中的对象设置为“上浮”动画，同样还可以将其设置为“下浮”动画。“下浮”动画与“上浮”动画的区别主要在于对象出现的方向为相反方向。

6.1.3 添加陀螺旋动画效果

在PowerPoint 2013中，陀螺旋动画是指对象以顺时钟的方向在原地进行旋转的效果。下面介绍添加陀螺旋动画的操作方法。

新手实战50——添加陀螺旋动画效果

素材文件	素材\第6章\客户关系管理.pptx	效果文件	效果\第6章\客户关系管理.pptx
视频文件	视频\第6章\客户关系管理.mp4		

步骤 01 在PowerPoint 2013中，打开演示文稿，在编辑区中选择需要添加陀螺旋动画的对象，如图6-10所示。

步骤 02 切换至“动画”面板，在“动画”选项板中单击“其他”下拉按钮，在弹出的列表“强调”选项区中，选择“陀螺旋”选项，如图6-11所示。

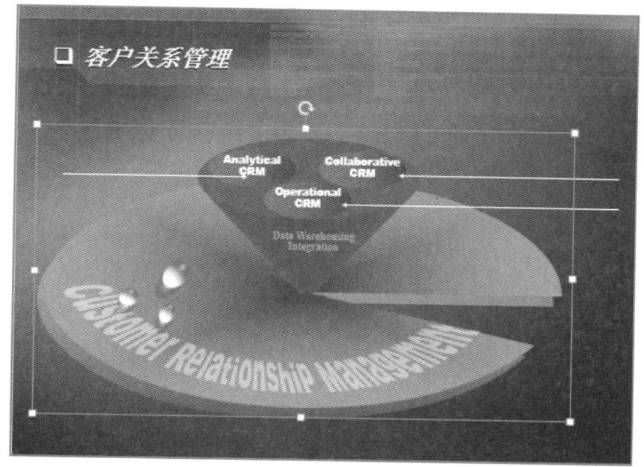

图6-10 选择需要添加陀螺旋动画的对象

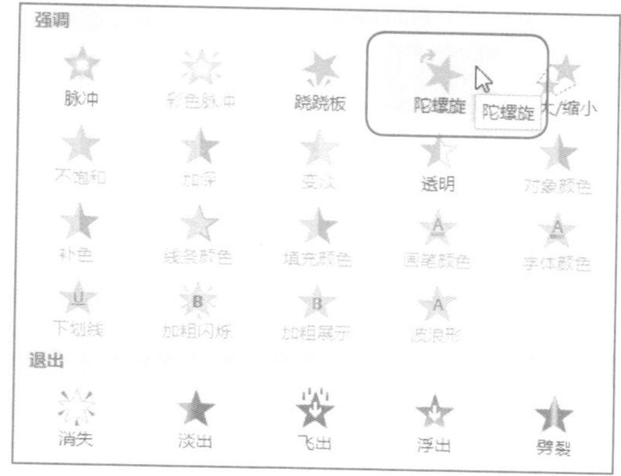

图6-11 选择“陀螺旋”选项

步骤 03 执行操作后，即可添加陀螺旋动画效果，如图6-12所示。

步骤 04 单击“预览”选项板中的“预览”按钮，预览动画效果，如图6-13所示。

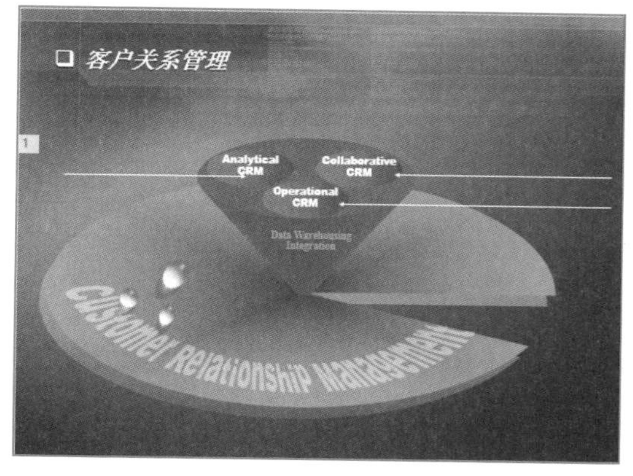

图6-12 添加陀螺旋动画效果

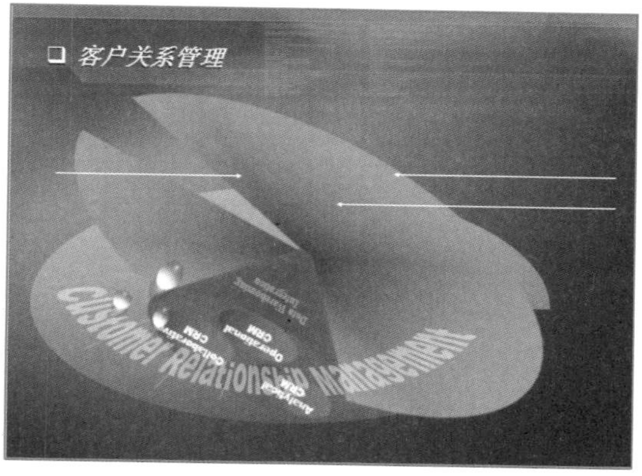

图6-13 预览动画效果

视野扩展

在PowerPoint 2013中，除了进入效果和强调效果，还有退出效果。

6.2 编辑动画效果

当为对象添加动画效果之后，该对象就应用了默认的动画格式，这些动画格式主要包括动画开始运行的方式、变化方向、运行速度、延时方案及重复次数等属性。用户可以根据幻灯片内容设置相应属性。

6.2.1 修改动画效果

在PowerPoint 2013中，如果用户需要修改已设置的动画效果，可以在“动画窗格”窗格中完成。下面介绍修改动画效果的操作方法。

新手实战51——修改动画效果

素材文件	素材\第6章\网络营销.pptx	效果文件	效果\第6章\网络营销.pptx
视频文件	视频\第6章\网络营销.mp4		

步骤 01 在PowerPoint 2013中，打开演示文稿，在编辑区中选择幻灯片中的图片，如图6-14所示。

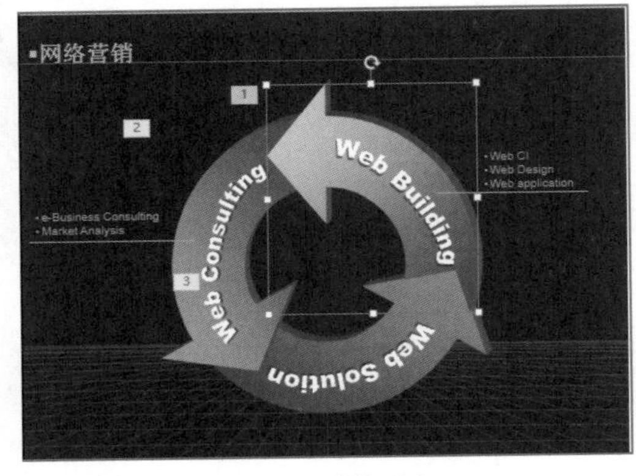

图6-14　选择图片

步骤 02 切换至“动画”面板，在“高级动画”选项板中单击“动画窗格”按钮，如图6-15所示。

步骤 03 弹出“动画窗格”窗格，在下方的列表框中，单击“未知”右侧的下拉按钮，在弹出的列表框中选择“从上一项开始"选项，如图6-16所示。

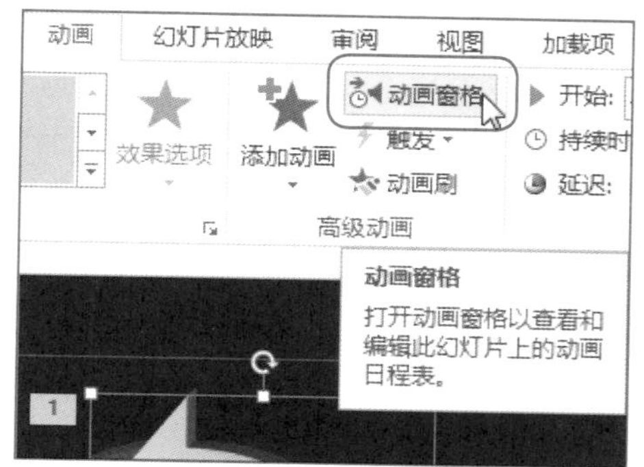

图6-15　单击"动画窗格"按钮

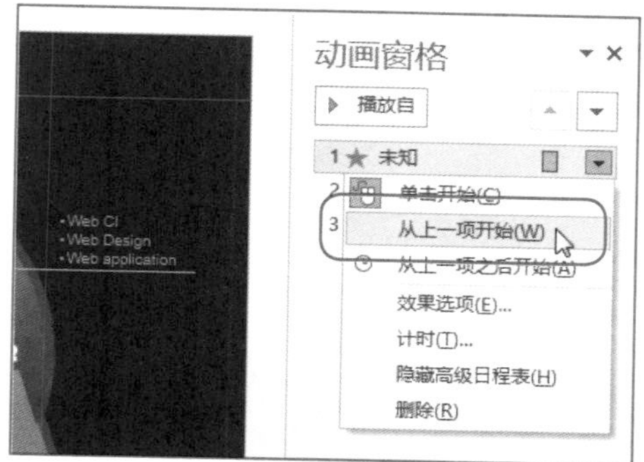

图6-16　选择"从上一项开始"选项

步骤 04　执行操作后，即可修改动画效果。

专家指点

在"动画窗格"窗格中，用户还可以设置动画的变换方向、运行速度和开始时间等。

6.2.2　添加动画效果

每张幻灯片中的各个对象都可以设置不同的动画效果，对同一个对象也可添加两种不同的动画效果。下面介绍添加动画效果的操作方法。

新手实战52——添加动画效果

素材文件	素材\第6章\目标图解.pptx	效果文件	效果\第6章\目标图解.pptx
视频文件	视频\第6章\目标图解.mp4		

步骤 01　在PowerPoint 2013中，打开演示文稿，在编辑区中选择需要添加动画效果的对象，如图6-17所示。

步骤 02　切换至"动画"面板，单击"高级动画"选项板中的"添加动画"下拉按钮，如图6-18所示。

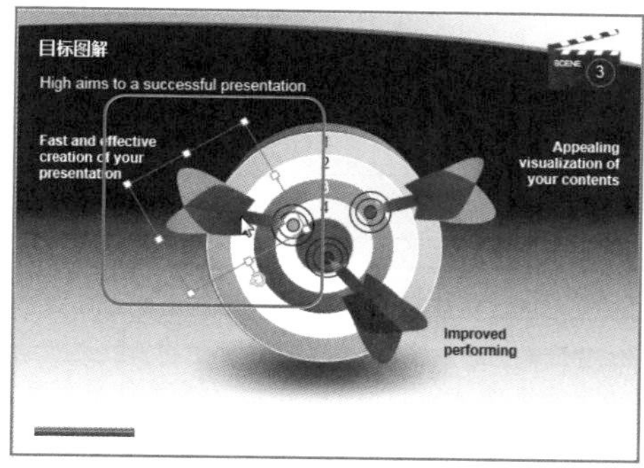

图6-17　选择需要添加动画效果的对象

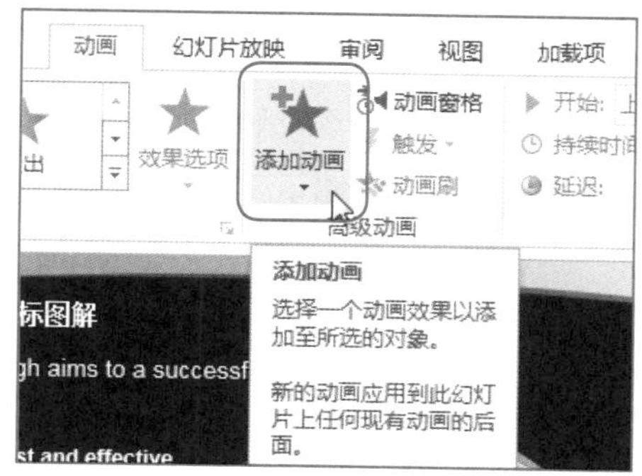

图6-18　单击"添加动画"下拉按钮

步骤 03 弹出列表框，选择“更多退出效果”选项，如图6–19所示。

步骤 04 弹出“添加退出效果”对话框，在“基本型”选项区中，选择“向外溶解”选项，如图6–20所示。

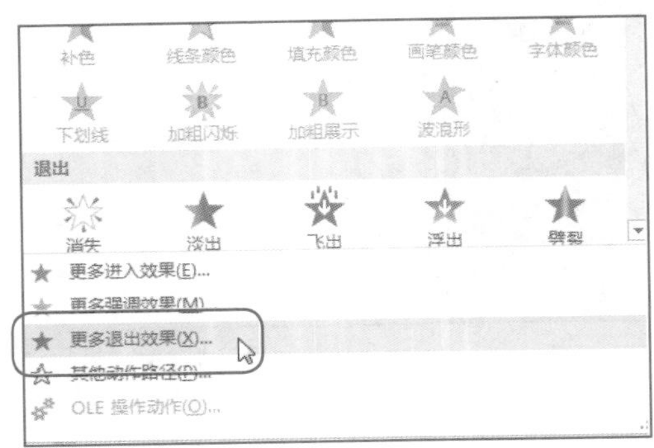

图6–19 选择“更多退出”选项

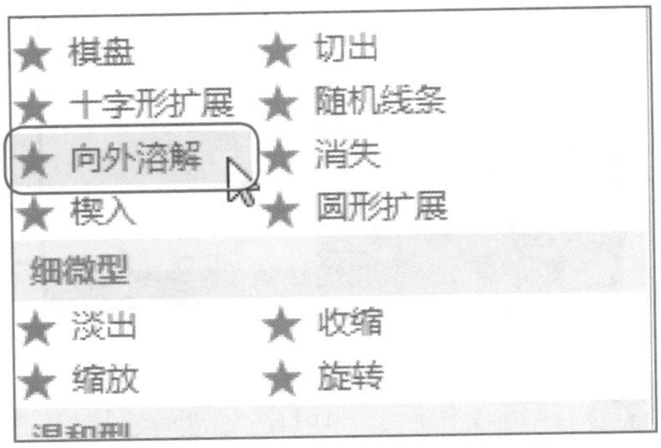

图6–20 选择“向外溶解”选项

步骤 05 单击“确定”按钮，即可再次为文本对象添加动画效果，如图6–21所示。

步骤 06 单击“预览”选项板中的“预览”按钮，即可按添加效果的顺序预览动画效果，如图6–22所示。

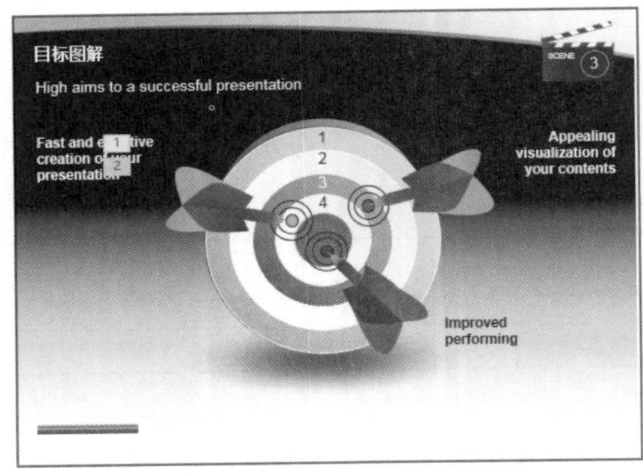

图6–21 添加动画效果

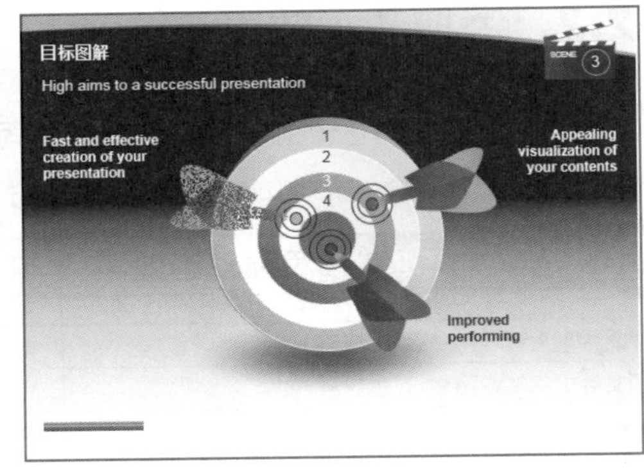

图6–22 预览动画效果

6.2.3 设置动画效果选项

在PowerPoint 2013中，动画效果可以按系列、类别或元素放映，用户可以对幻灯片中的内容进行设置。下面介绍设置动画效果选项的操作方法。

新手实战53——设置动画效果选项

素材文件	素材\第6章\板块构成.pptx	效果文件	效果\第6章\板块构成.pptx
视频文件	视频\第6章\板块构成.mp4		

步骤 01 在PowerPoint 2013中，打开演示文稿，在编辑区中选择需要设置动画效果选项的对象，如图6–23所示。

步骤02 切换至“动画”面板，在“动画”选项板中单击“效果选项”下拉按钮，如图6-24所示。

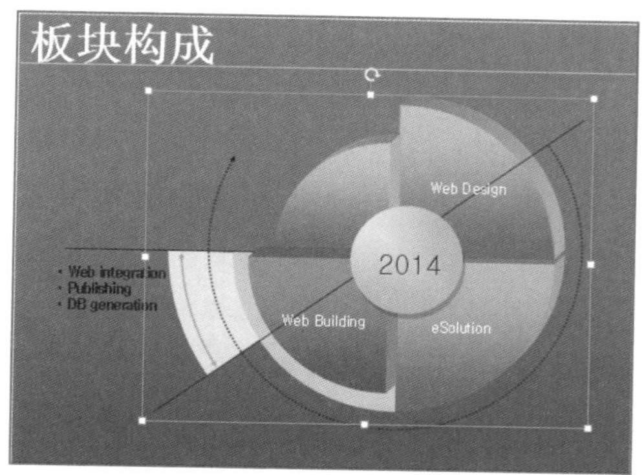

图6-23 选择相应图形

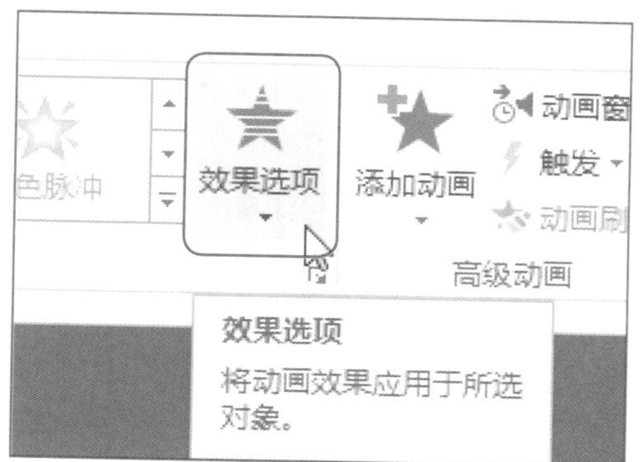

图6-24 单击“效果选项”下拉按钮

步骤03 弹出列表框，在“方向”选项区中，选择“垂直”选项，如图6-25所示。

步骤04 执行操作后，即可设置动画效果选项，单击“预览”选项板中的“预览”按钮，预览动画效果，如图6-26所示。

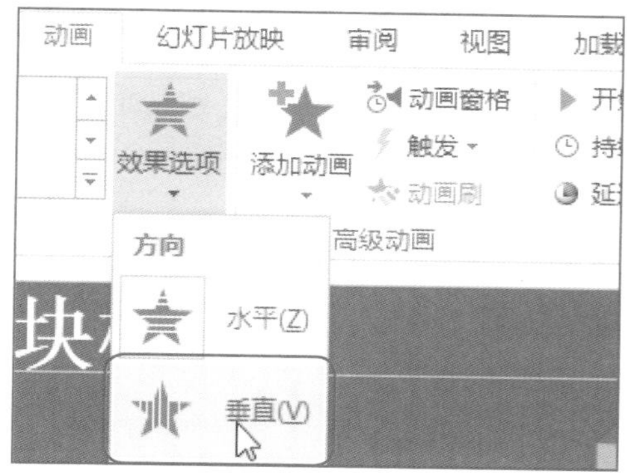

图6-25 选择“垂直”选项

图6-26 预览动画效果

视野扩展

在PowerPoint 2013中，设置了不同的动画，其“效果选项”也不同。

6.2.4 设置动画计时

在PowerPoint 2013中，动画效果可以设置放映时间。

新手实战54——设置动画计时

素材文件	素材\第6章\图解.pptx	效果文件	效果\第6章\图解.pptx
视频文件	视频\第6章\图解.mp4		

步骤01 在PowerPoint 2013中，打开演示文稿，在编辑区中选择相应对象，如图6-27所示。

步骤02 切换至“动画”面板，在“动画”选项板中，单击“显示其他效果选项”按钮，如图6-28所示。

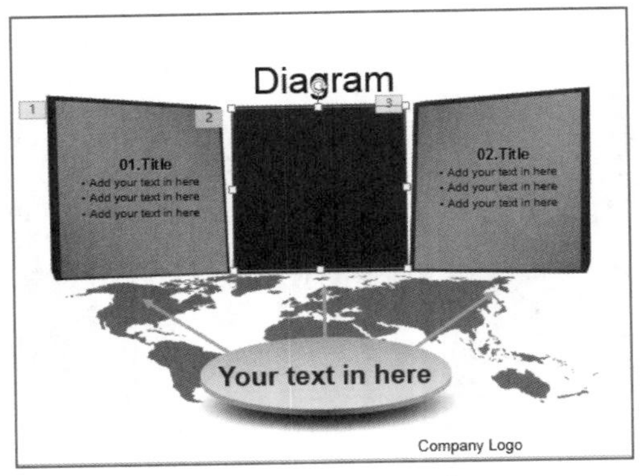

图6-27 选择相应对象

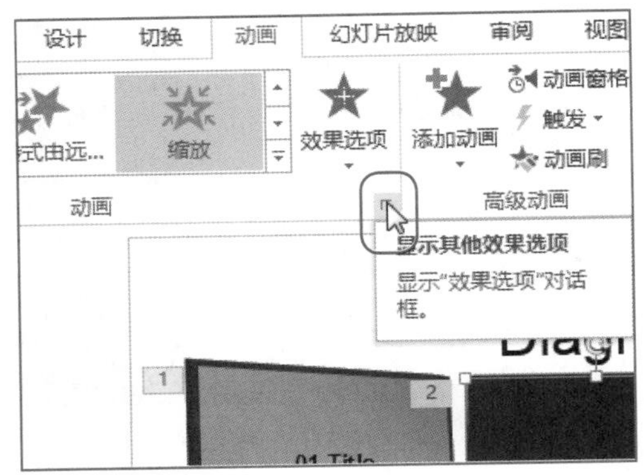

图6-28 单击“显示其他效果选项”按钮

步骤03 执行操作后，弹出“缩放”对话框，如图6-29所示。

步骤04 切换至“计时”选项卡，设置“开始”为“上一动画之后”、“延迟”为2秒、“期间”为“慢速（3秒）”，如图6-30所示。

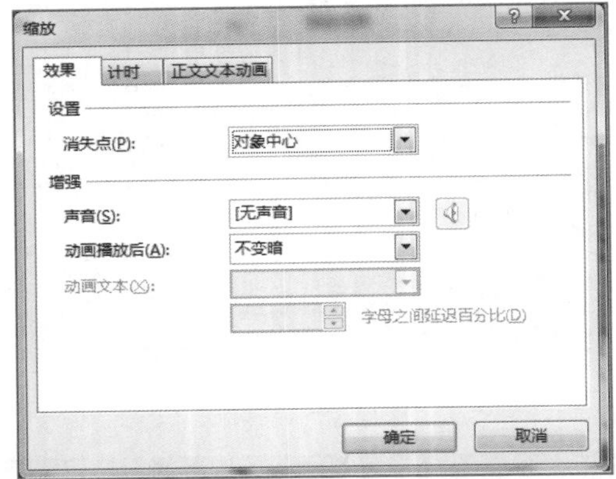

图6-29 弹出“缩放”对话框

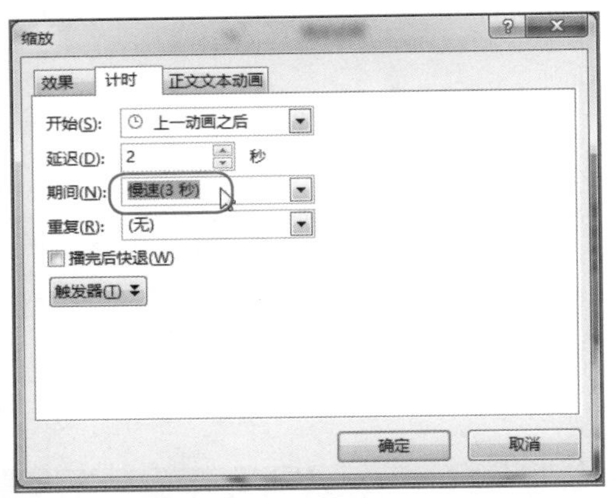

图6-30 设置各选项

步骤05 单击“确定”按钮，即可设置动画效果选项，单击“预览”选项板中的“预览”按钮，预览动画效果，如图6-31所示。

专家指点

除了通过单击“显示其他效果选项”按钮，用户还可以在“缩放”对话框“效果”选项卡中设置相应选项；也可以通过“动画窗格”窗格设置相应选项。

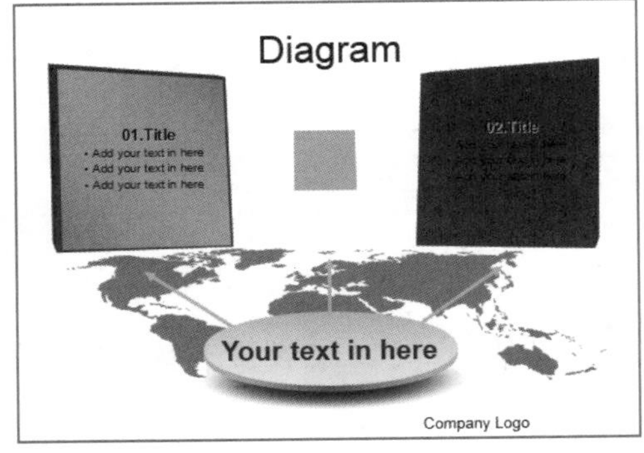

图6-31 预览动画效果

6.2.5 添加动作路径动画

PowerPoint为用户提供了几种常用幻灯片对象的动画效果，除此之外用户还可以自定义较复杂的动画效果，使画面更生动。

新手实战55——添加动作路径动画

素材文件	素材\第6章\金字塔.pptx	效果文件	效果\第6章\金字塔.pptx
视频文件	视频\第6章\金字塔.mp4		

步骤 01 在PowerPoint 2013中，打开演示文稿，在编辑区中选择需要绘制动画的对象，如图6-32所示。

步骤 02 切换至“动画”面板，单击“动画”选项板中的“其他”下拉按钮，在弹出的列表中选择“其他动作路径”选项，如图6-33所示。

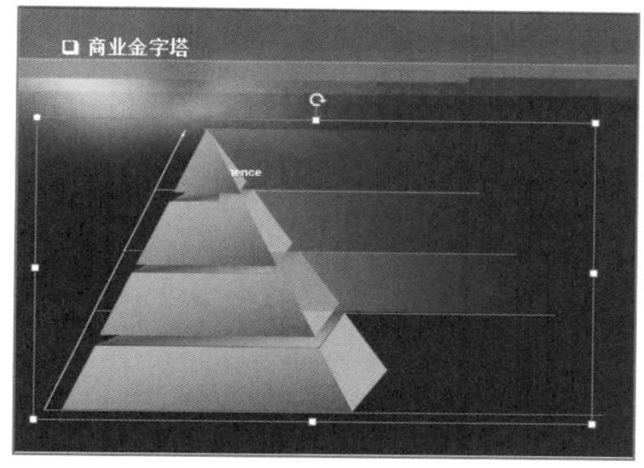

图6-32 选择相应对象

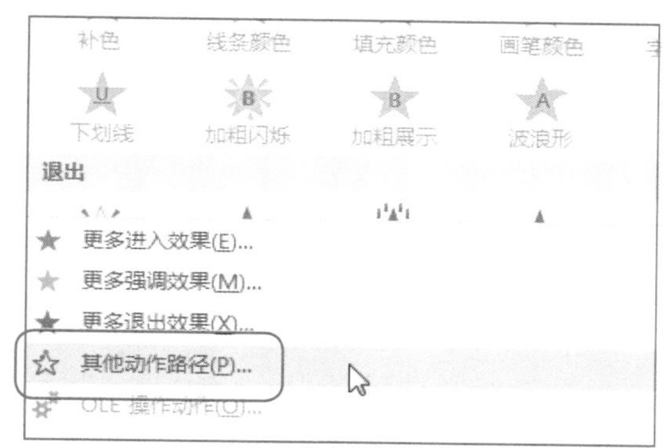

图6-33 选择“其他动作路径”选项

步骤 03 弹出“更改动作路径”对话框，在“基本”选项区中选择“心形”选项，如图6-34所示。

步骤 04 单击“确定”按钮，即可设置动画效果选项，单击“预览”选项板中的“预览”按钮，预览动画效果，如图6-35所示。

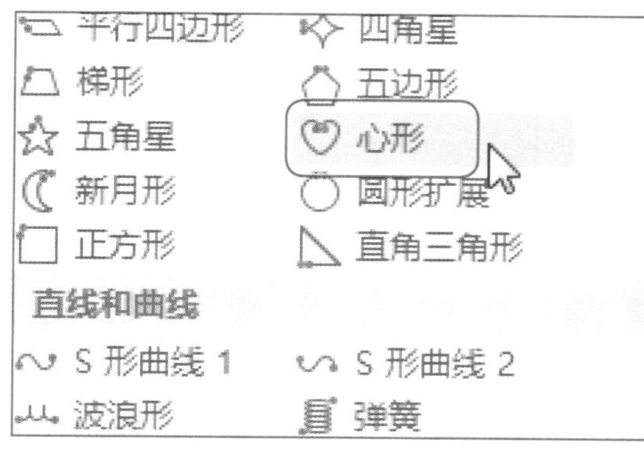

图6-34 选择“心形”选项

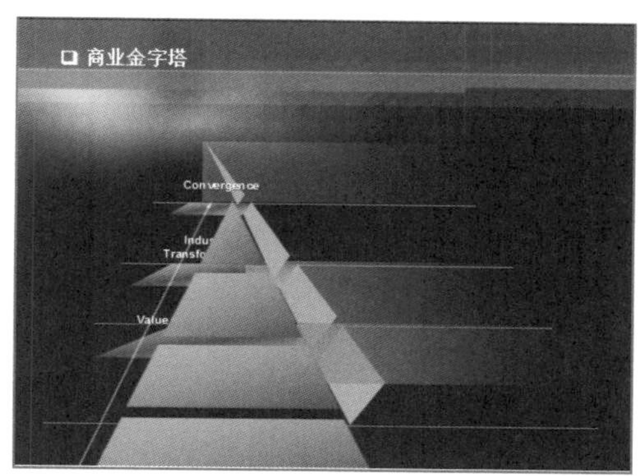

图6-35 预览动作路径动画

视野扩展

在“添加动作路径”对话框中，动画路径按风格分为“基本”、“直线和曲线”、“特殊”型。选中对话框最下方的“预览效果”复选框，在对话框中单击某一种动画时，都能在幻灯片编辑窗口中看到该动画的预览效果。

6.3 制作切换效果

在PowerPoint 2013中，用户可以为多张幻灯片设置动画切换效果。幻灯片中自带的切换效果主要包括“细微型”、“华丽型”和“动态内容”3大类。

6.3.1 添加分割切换效果

幻灯片中的分割切换效果，是将某张幻灯片以一个特定的分界线向特定的两个方向进行切割的动画效果。下面介绍添加分割切换效果的操作方法。

新手实战56——添加分割切换效果

素材文件	素材\第6章\目标.pptx	效果文件	效果\第6章\目标.pptx
视频文件	视频\第6章\目标.mp4		

步骤 01 在PowerPoint 2013中，打开演示文稿，切换至“切换”面板，单击“切换到此幻灯片”选项板中的“其他”下拉按钮，如图6-36所示。

步骤 02 弹出切换效果列表框，在“细微型”选项区中选择“分割”选项，如图6-37所示。

步骤 03 执行操作后，即添加分割切换效果，在“预览”选项板中单击“预览”按钮，如图6-38所示。

步骤 04 预览分割切换效果，如图6-39所示。

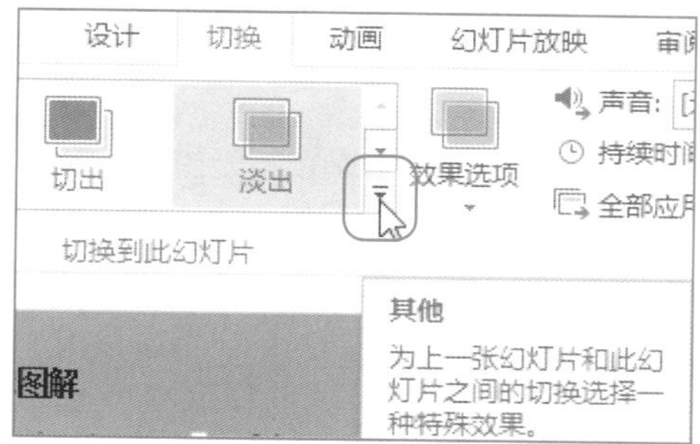

图6-36 单击“其他”下拉按钮

图6-37 选择“分割”选项

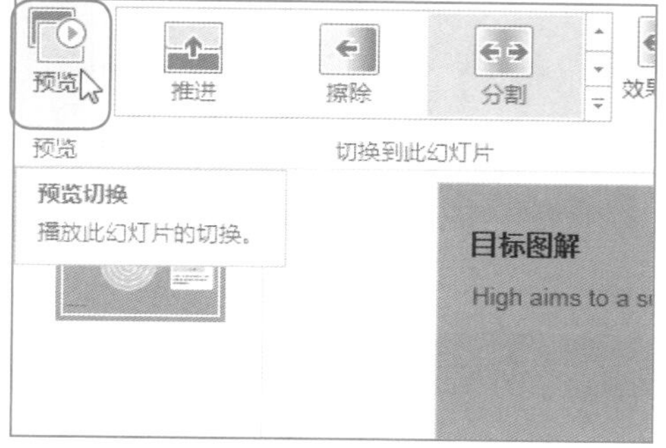

图6-38 单击“预览”按钮

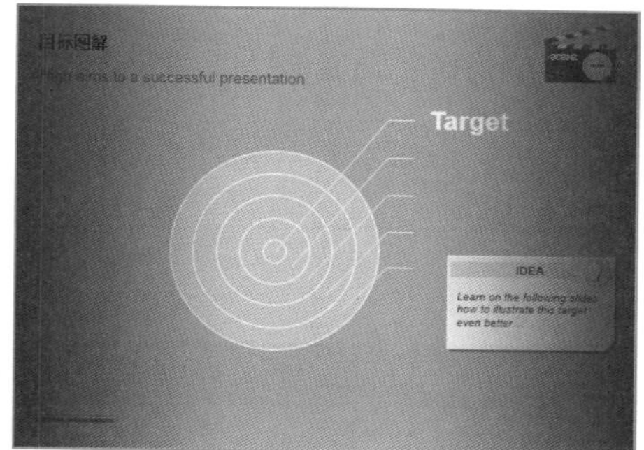

图6-39 预览分割切换效果

视野扩展

在“其他”下拉按钮中，切换效果分为“细微型”、“华丽型”和“动态内容”，用户可以根据自己的需要添加切换效果。

专家指点

在“细微型”选项区中，用户还可以将幻灯片的切换效果设置为“闪光”、“形状”、“揭开”以及“覆盖”等，每一种切换方式都有其独特的特征，用户可以根据制作课件的实际需要，选择合适的细微型切换效果。

6.3.2 添加平移切换效果

平移切换效果是指应用该切换效果的幻灯片，在进行放映时，整张幻灯片在淡出的同时，其内容则以向上迅速移动的形式，显示整张幻灯片。

新手实战57——添加平移切换效果

素材文件	素材\第6章\管理系统.pptx	效果文件	效果\第6章\管理系统.pptx
视频文件	视频\第6章\管理系统.mp4		

步骤01 在PowerPoint 2013中，打开演示文稿，切换至“切换”面板，单击“切换到此幻灯片”选项板中的“其他”下拉按钮，弹出列表框，在“动态内容”选项区中选择“平移”选项，如图6-40所示。

步骤02 执行操作后，即可添加平移切换效果，在“预览”选项板中单击“预览”按钮，预览平移切换效果，如图6-41所示。

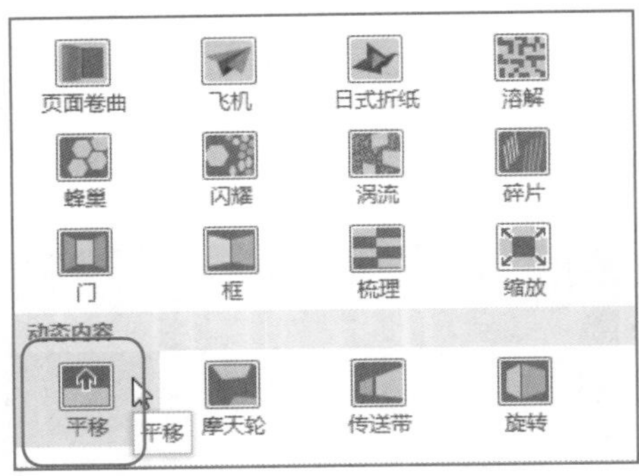

图6-40 选择“平移”选项

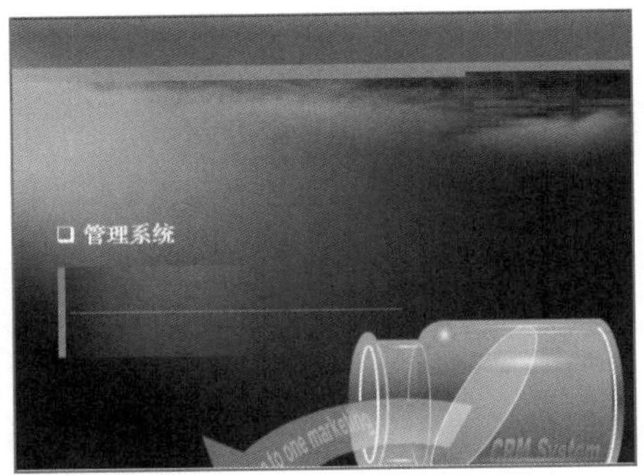

图6-41 预览平移切换效果

视野扩展

在PowerPoint 2013中，还有跌落、悬挂、威望、折断、飞机、蜂巢、立方体等多种切换效果。

6.4 切换效果选项设置

PowerPoint 2013为用户提供了多种切换效果选项，用户可以根据需要设置切换效果选项。

6.4.1 切换声音

PowerPoint 2013为用户提供了多种切换声音，用户可以根据制作课件的实际需要，选择合适的切换声音。

新手实战58——切换声音

素材文件	素材\第6章\商业领域.pptx	效果文件	效果\第6章\商业领域.pptx
视频文件	视频\第6章\商业领域.mp4		

步骤01 在PowerPoint 2013中，打开演示文稿，切换至“切换”面板，在“计时”选项板中单击“声音”右侧的下拉按钮，如图6-42所示。

步骤02 弹出列表框，选择“风声”选项，如图6-43所示。

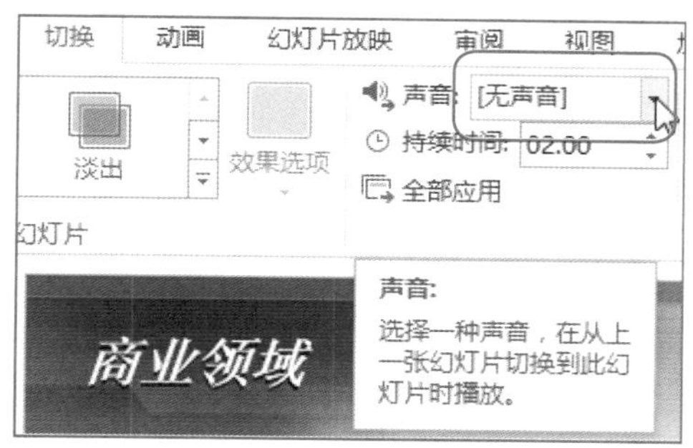

图6-42 单击“声音”下拉按钮

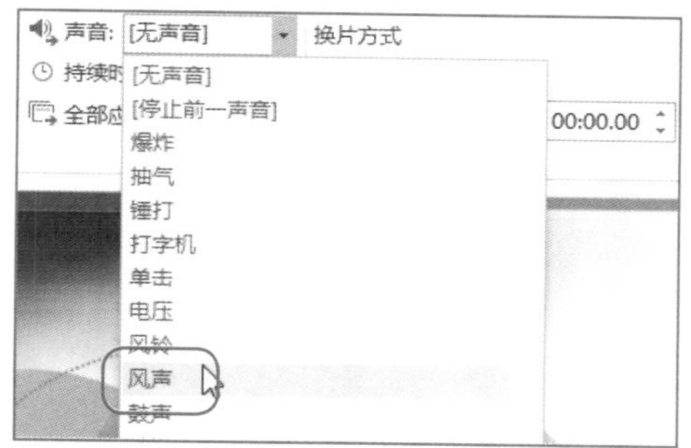

图6-43 选择“风声”选项

步骤 03 执行操作后，即可在幻灯片中听到切换声音。

专家指点

当用户在幻灯片中设置第1张幻灯片的切换声音效果后，在“切换到此幻灯片”选项板中单击“全部应用”按钮，将应用于演示文稿中的所有幻灯片。

6.4.2 设置切换效果选项

在PowerPoint 2013中添加相应的切换效果以后，用户可以在“效果选项”列表框中选择合适的切换方向。

新手实战59——设置切换效果选项

素材文件	素材\第6章\客户服务.pptx	效果文件	效果\第6章\客户服务.pptx
视频文件	视频\第6章\客户服务.mp4		

步骤 01 在PowerPoint 2013中，打开演示文稿，切换至“切换”面板，单击“切换到此幻灯片”选项板中的“其他”下拉按钮，弹出列表框，在“华丽型”选项区中，选择“库”选项，如图6-44所示。

步骤 02 执行操作后，即可添加切换效果，单击“切换到此幻灯片”选项板中的“效果选项”按钮，如图6-45所示。

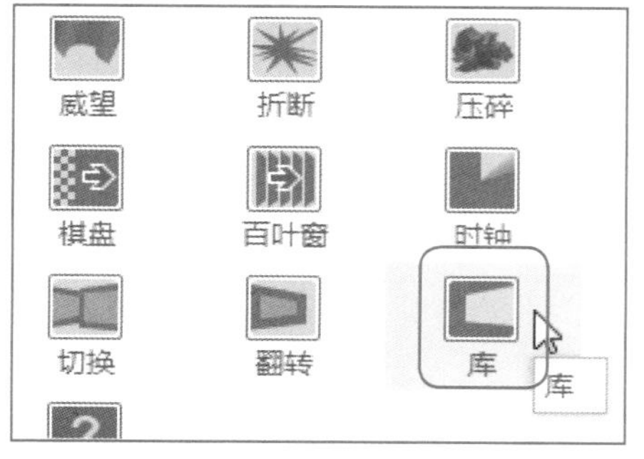

图6-44 选择“库”选项

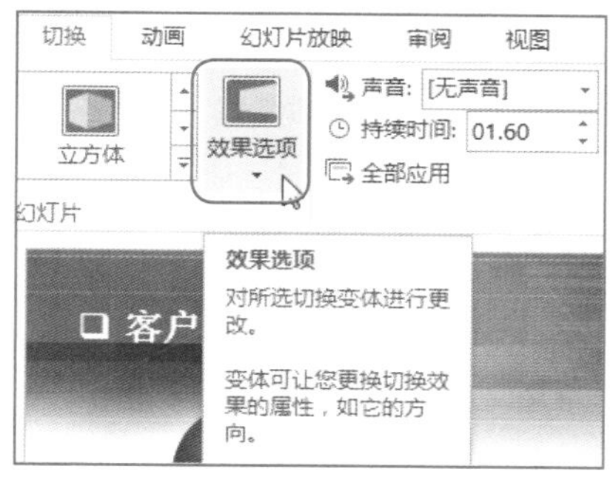

图6-45 单击“效果选项”按钮

步骤03 弹出列表框，选择“自左侧”选项，如图6-46所示。

步骤04 执行操作后，即可设置效果选项，单击“预览”选项板中的“预览”按钮，预览动画效果，如图6-47所示。

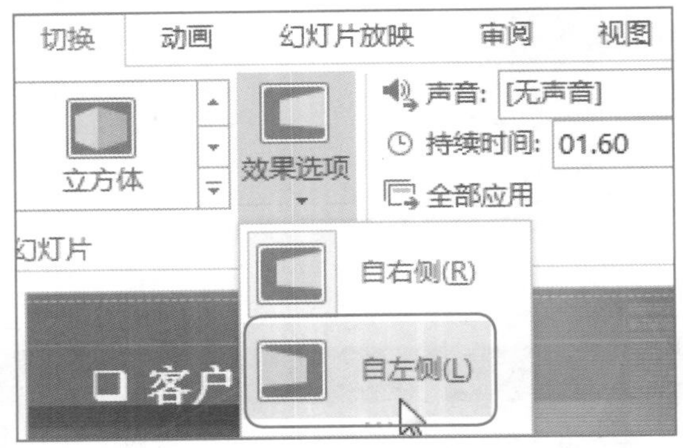

图6-46 选择“自左侧”选项

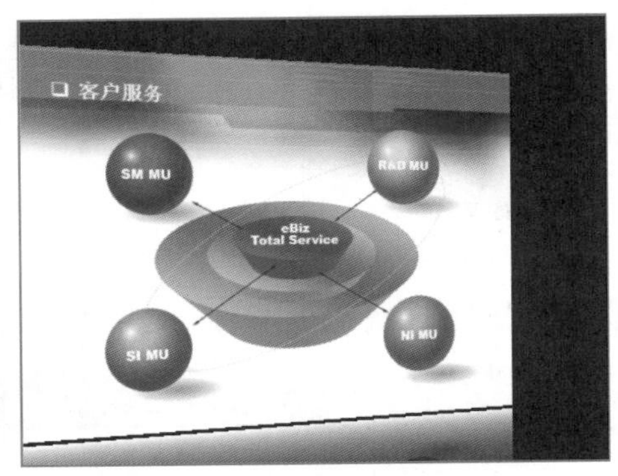

图6-47 预览动画效果

6.4.3 设置切换时间

设置幻灯片切换速度，只需要单击“计时”选项板中的“持续时间”右侧的三角按钮，即可设置幻灯片切换时间，如图6-48所示。

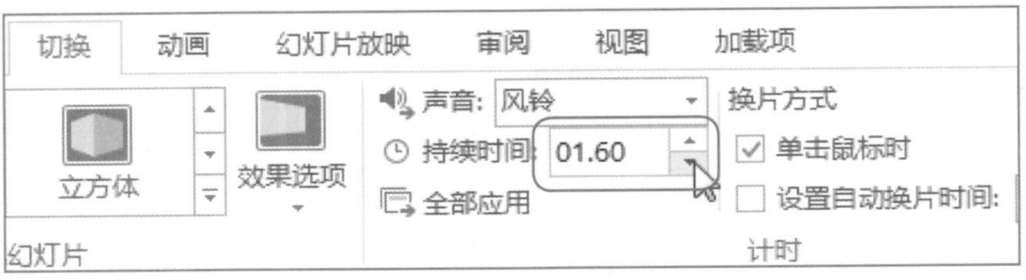

图6-48 设置幻灯片切换时间

6.5 本章小结

本章主要介绍了在PowerPoint 2013中添加幻灯片动画的方法。PowerPoint可以添加各种各样的动画效果，通过对动画效果的编辑可以让幻灯片变得丰富多彩。

6.6 趁热打铁

1. 添加“彩色脉冲”动画效果。
2. 添加“收款机”切换声音。

第7章 幻灯片表格的运用

学习提示

在PowerPoint中，可以制作仅包含表格的幻灯片，也可将一个表格插入到已存在的幻灯片中，通常使用表格制作财务报表等。本章主要介绍创建表格对象、导入外部表格、设置表格效果以及设置表格文本样式等内容。

本章案例导航

- 新手实战60——在幻灯片内插入表格
- 新手实战61——输入文本
- 新手实战62——导入Excel表格
- 新手实战63——拆分单元格
- 新手实战64——设置表格尺寸
- 新手实战65——设置表格排列方式
- 新手实战66——设置主题样式
- 新手实战67——设置文本对齐方式
- 新手实战68——设置表格文本样式

产品名称	一月	二月	三月	四月	五月	六月	七月
A产品							
B产品							
C产品							
D产品							

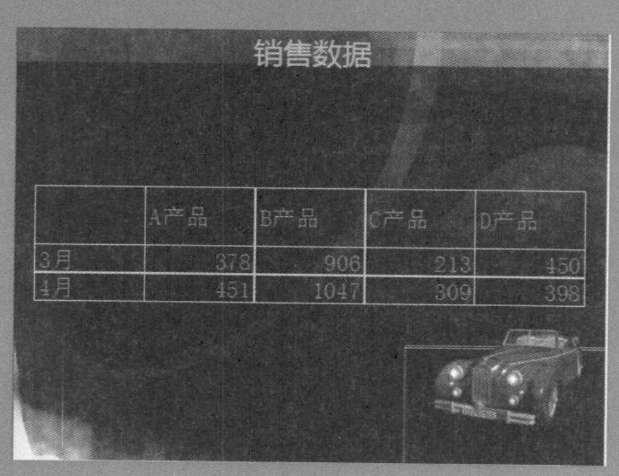

	A产品	B产品	C产品	D产品
3月	378	906	213	450
4月	451	1047	309	398

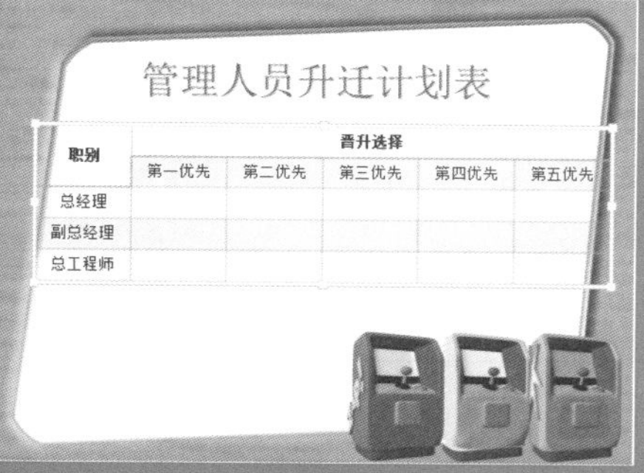

职别	晋升选择				
	第一优先	第二优先	第三优先	第四优先	第五优先
总经理					
副总经理					
总工程师					

数据跟踪

销售量				
	A产品	B产品	C产品	D产品
6月	32	28	71	19
7月	47	45	10	12

7.1 创建表格

表格是由行列交错的单元格组成的，在每一个单元格中，用户可以输入文字或数据，并对表格进行编辑。PowerPoint中支持多种插入表格的方式，可以在幻灯片中直接插入，也可以利用占位符插入。

7.1.1 在幻灯片内插入表格

在PowerPoint 2013中，自动插入表格功能，能够方便用户完成表格的创建，提高在幻灯片中添加表格的效率。

新手实战60——在幻灯片内插入表格

素材文件	素材\第7章\机遇.pptx	效果文件	效果\第7章\机遇.pptx
视频文件	视频\第7章\机遇.mp4		

步骤 01 在PowerPoint 2013中，打开演示文稿，切换至"插入"面板，在"表格"选项板中单击"表格"下拉按钮，如图7-1所示。

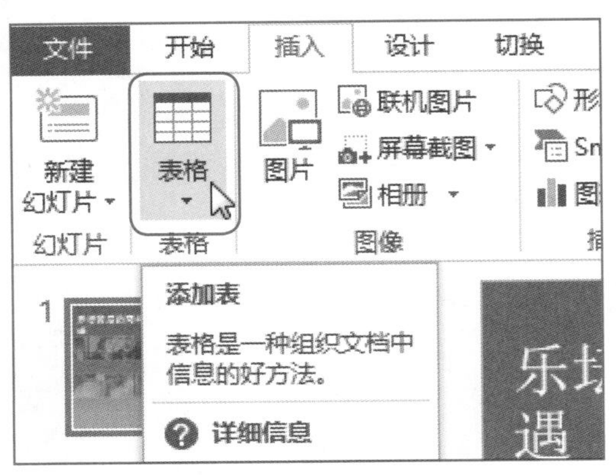

图7-1 单击"表格"下拉按钮

步骤 02 在弹出的网格区域中，拖曳鼠标，选择需要创建表格的行、列数据，如图7-2所示。

步骤 03 单击，即可插入表格。调整表格大小和位置，如图7-3所示。

图7-2　选择需要创建表格的行、列数据

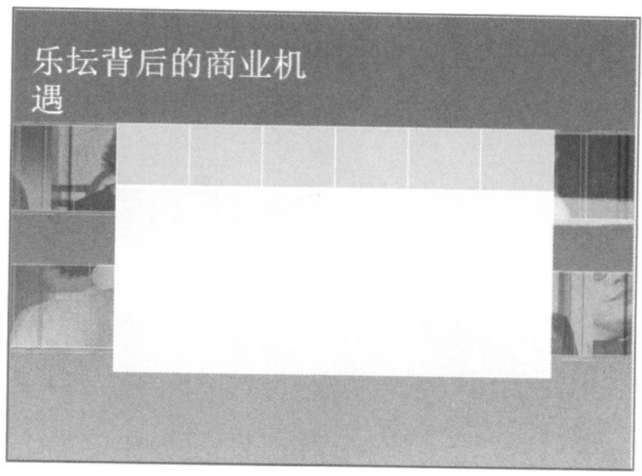

图7-3　插入表格

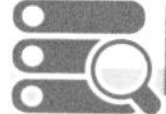

专家指点

在PowerPoint 2013中，用户还可以使用占位符插入表格。在下方的占位符中单击“插入表格”按钮，设置好表格参数后即可在编辑区插入表格。

7.1.2　输入文本

在PowerPoint 2013中，用户在幻灯片中建立了表格的基本结构以后，则可以进行文本的输入。下面介绍输入文本的操作方法。

新手实战61——输入文本

素材文件	素材\第7章\数量登记表.pptx	效果文件	效果\第7章\数量登记表.pptx
视频文件	视频\第7章\数量登记表.mp4		

步骤 01 在PowerPoint 2013中，打开演示文稿，将鼠标放置在第一个单元格内，单击鼠标左键，在单元格中显示插入点，输入文本“产品名称”，如图7-4所示。

步骤 02 用同样的方法，输入其他文本，设置相应字体属性，效果如图7-5所示。

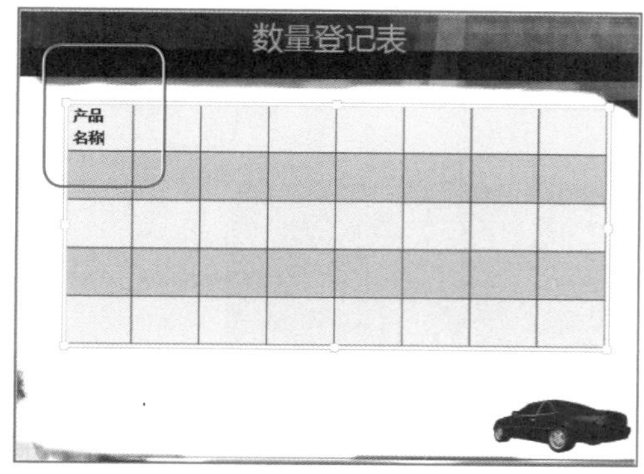

图7-4　输入文本

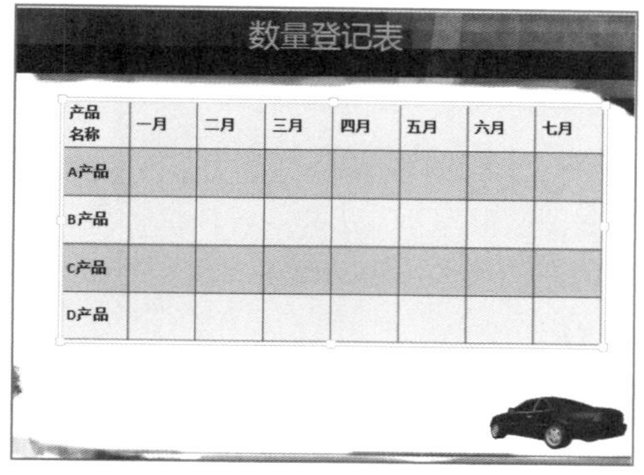

图7-5　输入其他文本

视野扩展

用户在向单元格输入数据时，可以按【Enter】键结束一个段落并开始一个新段落。如未按【Enter】键，当输入的数据将要超出单元格时，输入的数据会在当前单元格的宽度范围内自动换行，即下一个汉字或英文单词自动移到该单元格的下一行。

7.2 导入外部表格

PowerPoint不仅可以创建表格，还可以从外部导入或者复制表格，如从Word或Excel中导入或复制表格。

新手实战62——导入Excel表格

素材文件	素材\第7章\销售数据.pptx	效果文件	效果\第7章\销售数据.pptx
视频文件	视频\第7章\销售数据.mp4		

步骤 01 在PowerPoint 2013中，打开演示文稿，切换至“插入”面板，在“文本”选项板中单击“对象”按钮，如图7-6所示。

步骤 02 弹出“插入对象”对话框，单击“由文件创建”单选按钮，单击“浏览”按钮，如图7-7所示。

步骤 03 弹出“浏览”对话框，在计算机中的合适位置，选择相应表格文件，如图7-8所示。

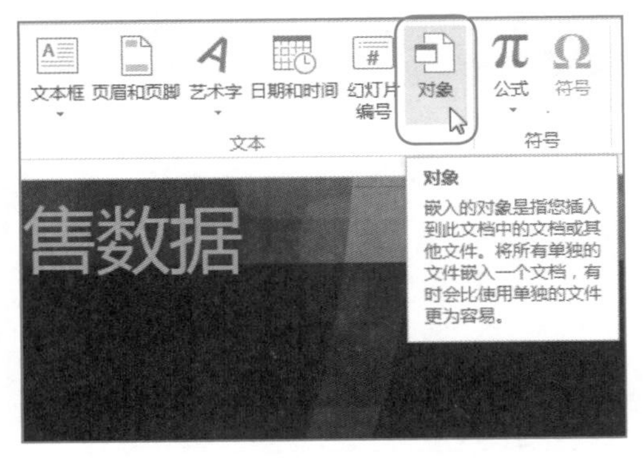

图7-6 单击“对象”按钮

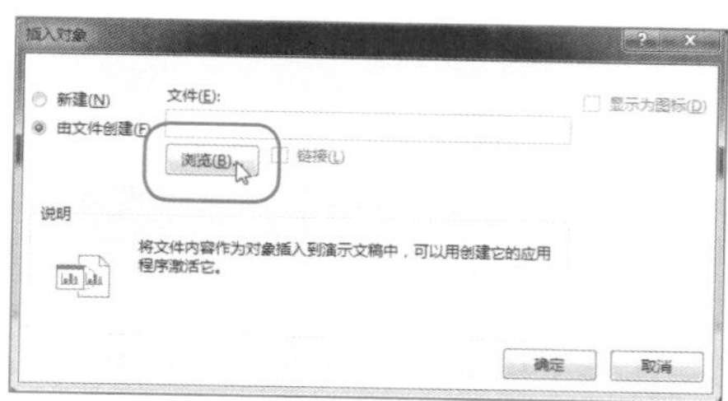

图7-7　单击“浏览”按钮

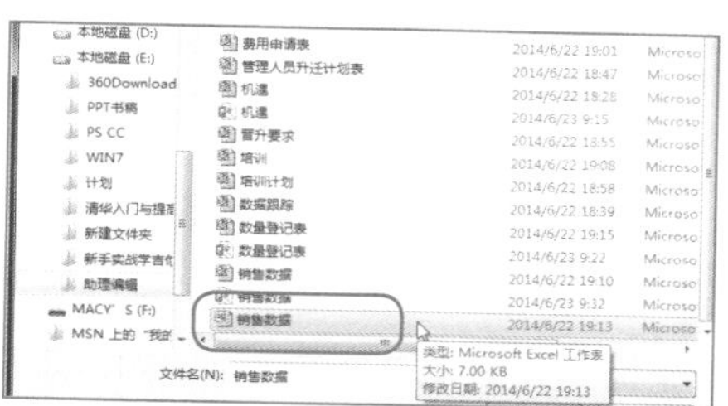

图7-8　选择相应表格文件

步骤 04 依次单击“确定”按钮，在幻灯片中插入表格，如图7-9所示。

步骤 05 拖曳表格边框，调整表格的大小和位置，效果如图7-10所示。

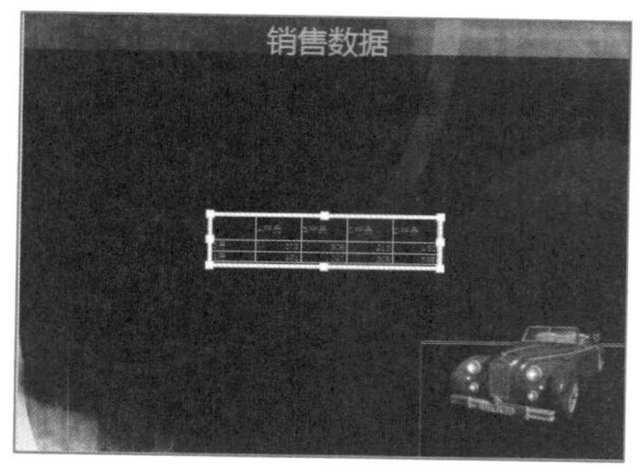

图7-9　插入表格

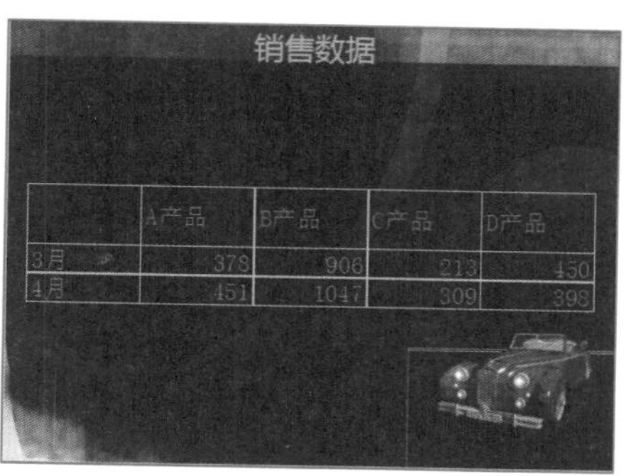

图7-10　调整表格

视野扩展

用户还可以通过“浏览”对话框，在计算机中的合适位置选择相应Word表格文件，从而导入Word表格。

7.3 编辑表格

表格建立完成以后，还需要对其进行编辑，例如增加、删除、移动或复制单元格、列或行，改变列的宽度或行的高度，合并和拆分某些单元格以容纳特别的内容等。

7.3.1 选择表格

对表格的编辑操作，一般都要求先选择对象（如单元格、列或行），激活需要编辑的部分，但是也有例外的情况。

- 不需要先选择对象的情况。如只是在个别单元格中增加或删除内容，则不必选择单元格，只在该单元格中单击设置插入点即可。如想改变单元格中部分字符的格式（例如将字符加粗），在该单元格中单击设置插入点后，拖曳选择字符串或双击选择单词，再进行编辑即可。
- 必须要先选择对象的情况。如果改变单元格中全部字符的格式（例如将字符加粗或进行成块的数据操作，复制单元格、行或列），则必须先选择单元格、行或列。

在表格中可进行的选择操作如下。

- 先单击起点单元格中的任意位置设置插入点，然后拖曳到要选择的终点单元格，则经过拖曳的单元格全部被选择，如图7-11所示。
- 选择整行/列单元格。将鼠标光标指向该列（或行）的顶（或左）边界，此时鼠标光标变为一个向下（或向右）的箭头，然后单击鼠标左键，即可选择整列（或整行），如图7-12所示。

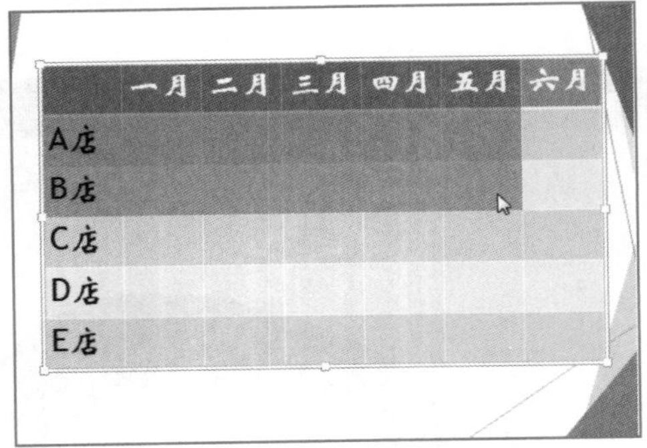

图7-11 拖曳的单元格被选择

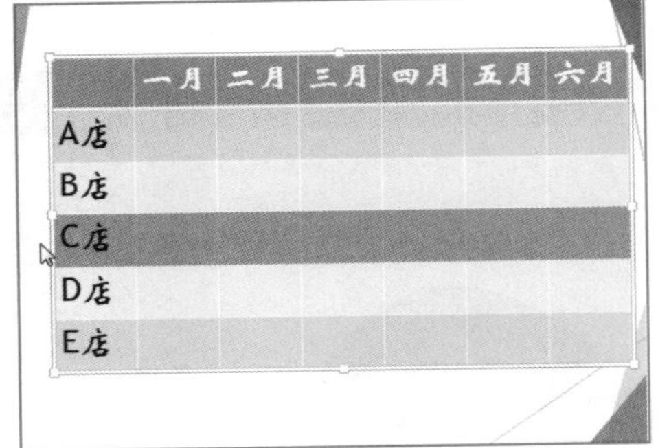

图7-12 选择整行

- 利用工具选择。先将插入点移到需要选择行或列所在的单元格中，然后在“编辑”选项板的“选择”列表框中选择“全选”、“选择对象”或“选择窗格”选项，可分别选择光标所在的表格、行或列。
- 利用键盘选择。先将插入点置于这串单元格的起点单元格中，然后按住【Shift】键，再单击需要选择的终点单元格即可。

7.3.2 插入或删除行或列

在PowerPoint 2013中，当创建的表格中行或列不够时，就需要在表格中插入行或列。有关插入或删除行与列的命令，都在“行和列”选项板中。

1. 插入行或列

将鼠标定位在要插入行的任意单元格中，或者选中行，单击“布局”面板的“行和列”选项板中的“在下方插入”按钮，如图7-13所示，执行操作后，即可插入行，如图7-14所示。

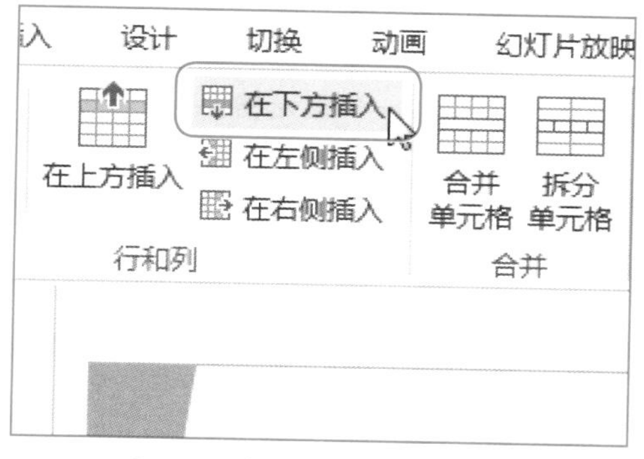

图7-13 单击“在下方插入”按钮

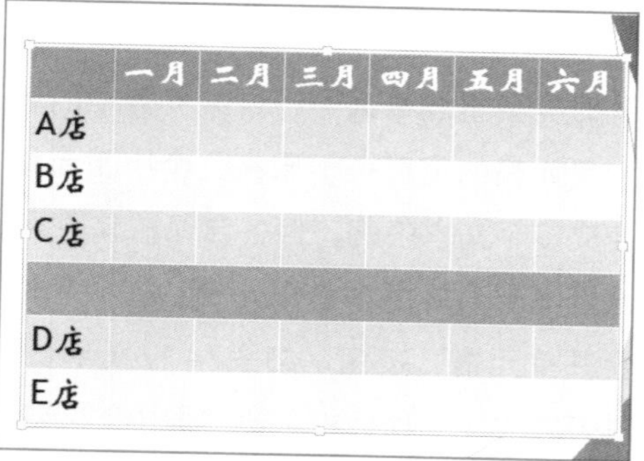

图7-14 插入行

视野扩展

用户还可以在选中的列上单击鼠标右键，在弹出的快捷菜单中选择“插入”|“在左侧插入”选项，即可增加相应的列。

2. 删除行或列

要删除表格中的行或列很简单，选择行或列，单击“行和列”选项板中的“删除”下拉按钮，在弹出的列表框中选择“删除行”或“删除列”选项，如图7-15所示，执行操作后，即可删除选择的行或列，如图7-16所示。

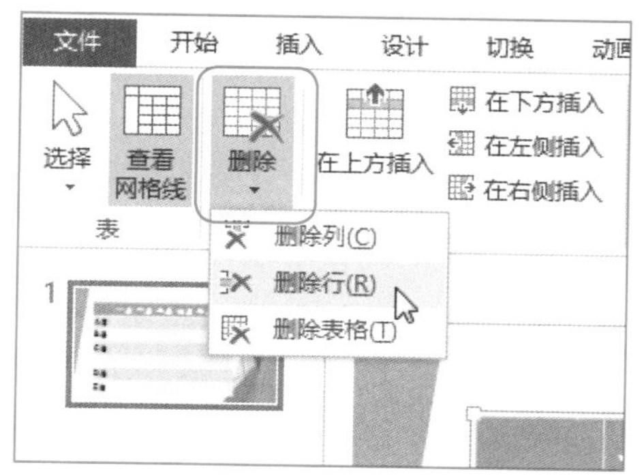

图7-15 选择“删除行”选项

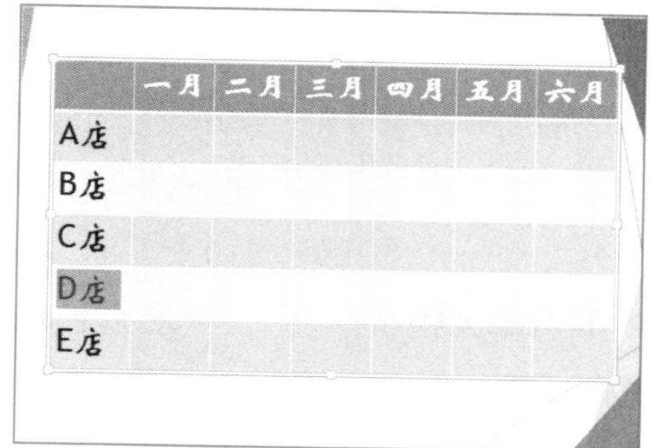

图7-16 删除选择的行

视野扩展

用户也可以在选中的行或列上单击鼠标右键，在弹出的快捷菜单中选择“删除行”或“删除列”选项，即可删除选中的行或列。

7.3.3 合并或拆分单元格

如要制作复杂的表格，一般需要在表格中合并单元格或拆分单元格。合并单元格就是将多个单独相连的单元格，合并为一个单元格；拆分单元格就是将一个单元格拆分成多个单元格。

1. 合并单元格

有时需要将表格某一行或某一列中的若干个单元格合并为一个单元格作为一个表头，这样的大单元格的宽度等于原来几个小单元格宽度之和。将单元格合并后，被合并的单元格中文本变成多个文本段落，但各自保持其原来的格式不变。

选择需要合并的多个单元格，在“表格工具”中的“布局”面板中单击“合并”选项板的“合并单元格”按钮，如图7-17所示。执行操作后，即可合并单元格，如图7-18所示。在“对齐方式”选项板中单击“居中”按钮，设置文本居中对齐。

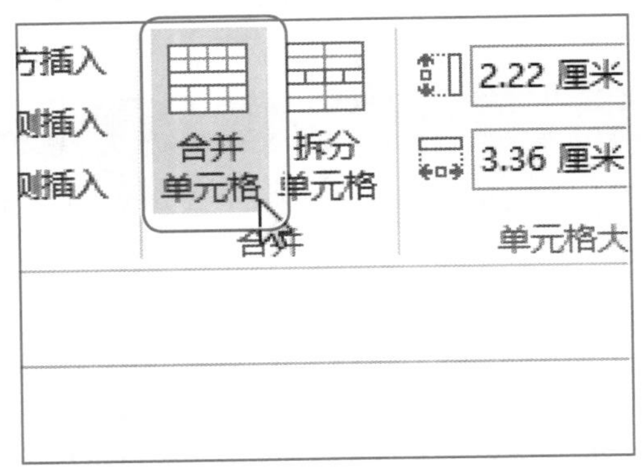

图7-17 单击“合并单元格”按钮

图7-18 合并单元格

视野扩展

用户还可以在选择的多个单元格中，单击鼠标右键，在弹出的快捷菜单中选择“合并单元格”选项，也可合并选择的单元格。另外，用户需要注意的是，只有同一行或同一列中的单元格才能进行合并。

2. 拆分单元格

在PowerPoint 2013表格中，任何单元格都可被拆分为多个单元格，但每次只能拆分为2个单元格。

新手实战63——拆分单元格

素材文件	素材\第7章\数据跟踪.pptx	效果文件	效果\第7章\数据跟踪.pptx
视频文件	视频\第7章\数据跟踪.mp4		

步骤 01 打开演示文稿，选择需要拆分的单元格，如图7-19所示。

步骤02 切换至“表格工具”中的“布局”面板，单击“合并”选项板中的“拆分单元格”按钮，如图7-20所示。

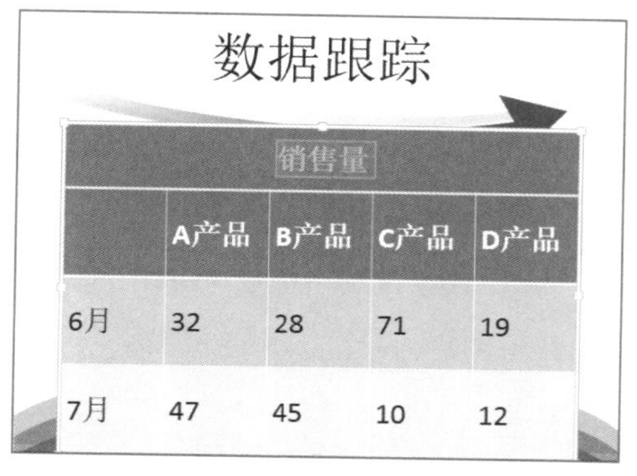

图7-19 选择需要拆分的单元格

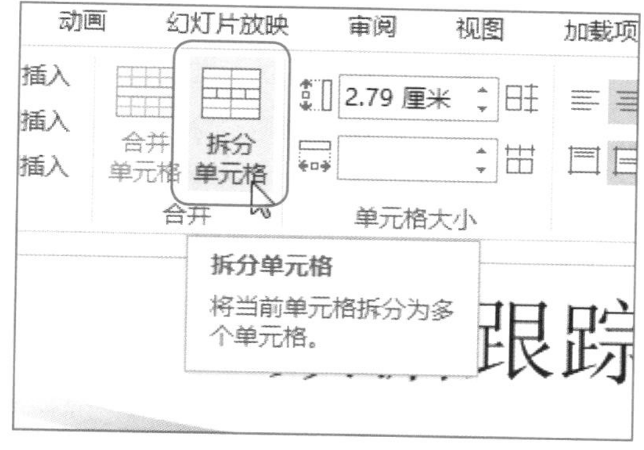

图7-20 单击“拆分单元格”按钮

步骤03 弹出“拆分单元格”对话框，设置各选项，如图7-21所示。

步骤04 单击“确定”按钮，即可拆分单元格，效果如图7-22所示。

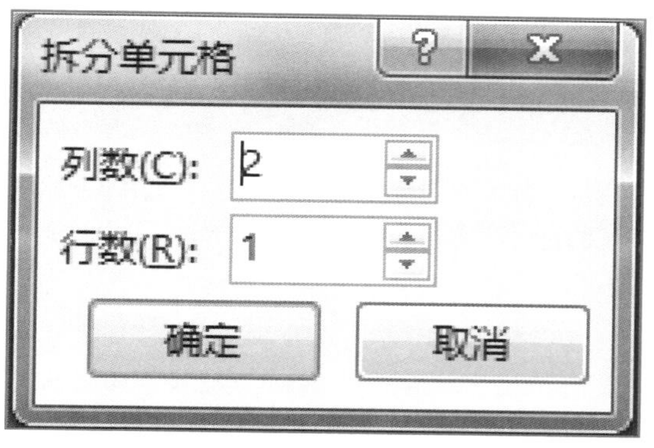

图7-21 设置各选项

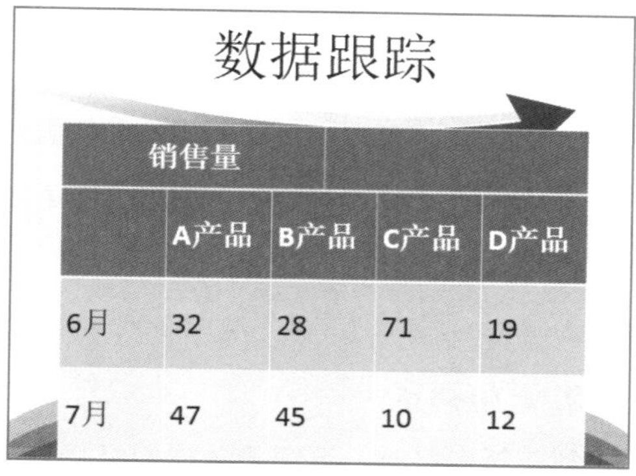

图7-22 拆分单元格

视野扩展

用户还可以在单元格上单击鼠标右键，在弹出的快捷菜单中选择“拆分单元格”选项，也可拆分单元格。

7.3.4 调整行高或列宽

创建表格时，系统将依据幻灯片的边界间的距离来自动设置行高与列宽。但这有时并不能满足用户的需求，需要手动设置行高与列宽。

1. 调整行高

行的默认高度由分配给表格的空间和表格中行数决定。因此，行数越少，行高度就越高。同一行中所有单元格的行高相同，但是同一个表格中不同的行可以有不同的行高。

在幻灯片中，如果对表格的行高要求不是很高，可以采用拖曳的方法改变行高。将鼠标指针指向需要改变行高的行边框，鼠标指针将变成上下箭头形状，按住左键拖曳鼠标时会出现一条虚线，它表明行边框的新位置，如图7-23所示。拖曳鼠标至合适位置后，释放鼠标左键，即可调整行高，效果如图7-24所示。

A产品	B产品	C产品
32	28	71
47	45	10

图7-23　拖曳边框线

A产品	B产品	C产品
32	28	71
47	45	10

图7-24　调整行高

视野扩展

用户还可以在选择的多个单元格中，单击鼠标右键，在弹出的快捷菜单中选择“合并单元格”选项，即可合并选择的单元格。另外，用户需要注意的是，只有同一行或同一列中的单元格才能进行合并。

2. 调整列宽

创建新表格时，系统将依据幻灯片左、右边界间的距离和表格的列数自动设置列宽，每列之间留有少许距离。将鼠标指针指向需要改变列宽的列边框，鼠标指针将变成左右箭头形状，按住左键拖曳鼠标时会出现一条虚线，如图7-25所示。拖曳鼠标至合适位置后，释放鼠标左键，即可调整列宽，效果如图7-26所示。

A产品	B产品	C产品
32	28	71
47	45	10

图7-25　出现一条虚线

A产品	B产品	C产品
32	28	71
47	45	10

图7-26　调整列宽

视野扩展

当用户把鼠标指针指向表格中线时，鼠标指针成竖双向箭头⟺，可以调整表格的列宽；当鼠标指针成横双向箭头⇕时，可以调整表格的行高；把鼠标放到表格右下角，则鼠标指针变为↖↘，拖曳鼠标即可改变整个表格的大小。

7.3.5 设置表格尺寸

设置表格尺寸与设置单元格大小一样，只是在设置单元格大小时会影响表格的尺寸大小。同样，在设置表格尺寸大小后，对表格中的单元格也有影响。

新手实战64——设置表格尺寸

素材文件	素材\第7章\管理人员升迁计划表.pptx	效果文件	效果\第7章\管理人员升迁计划表.pptx
视频文件	视频\第7章\管理人员升迁计划表.mp4		

步骤 01 打开演示文稿，选择要设置尺寸的表格，如图7-27所示。

步骤 02 在“布局”面板的“表格尺寸”选项板中选中“锁定纵横比”复选框，如图7-28所示。

图7-27　选择要设置尺寸的表格

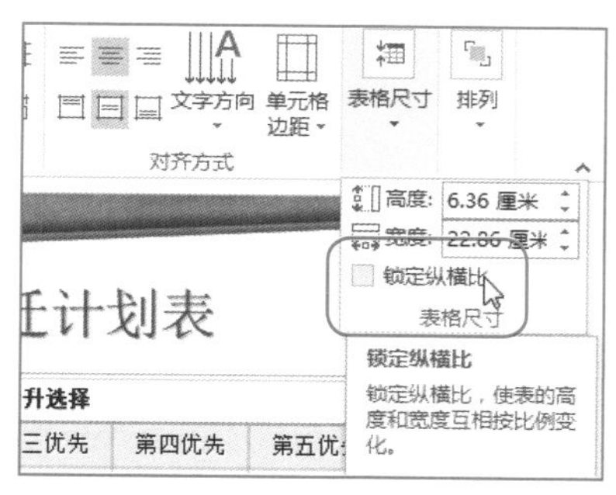

图7-28　选中“锁定纵横比”复选框

步骤 03 设置“高度”为“6厘米”，按【Enter】键，“宽度”自动设置为“21.57厘米”，如图7-29所示。

步骤 04 执行操作后，即可调整表格尺寸，然后将表格调整至合适位置，效果如图7-30所示。

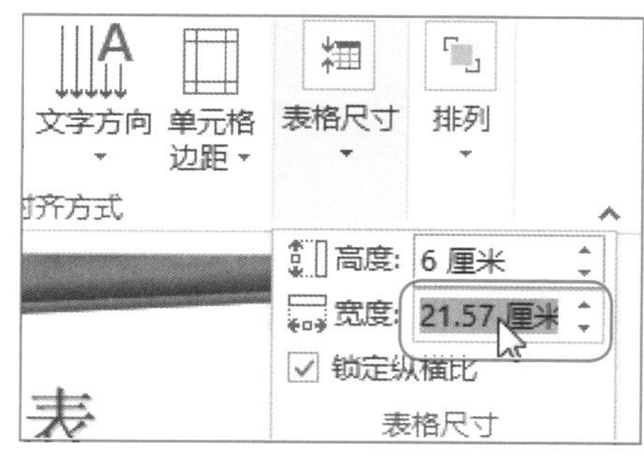

图7-29　设置“高度”和“宽度”

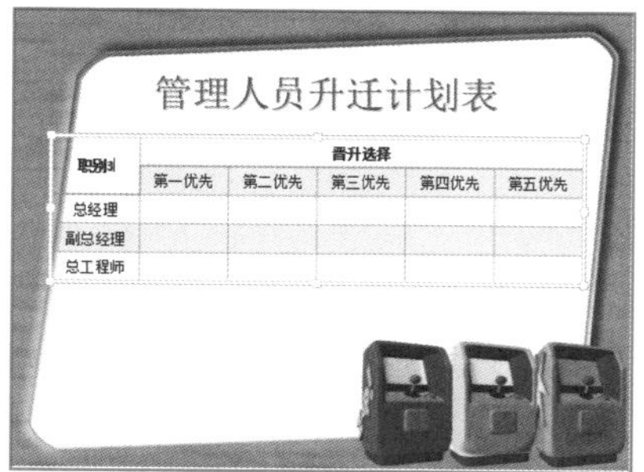

图7-30　将表格调整至合适位置

7.3.6 设置表格排列方式

在同一张幻灯片中插入了多个表格时，用户可以像设置图形和图片一样，来布局表格的排列方式。

新手实战65——设置表格排列方式

素材文件	素材\第7章\培训.pptx	效果文件	效果\第7章\培训.pptx
视频文件	视频\第7章\培训.mp4		

步骤01 打开演示文稿，选中需要设置排列方式的表格，如图7-31所示。

步骤02 在“布局”面板的“排列”选项板中单击“上移一层”下拉按钮，在弹出的列表中选择“置于顶层”选项，如图7-32所示。

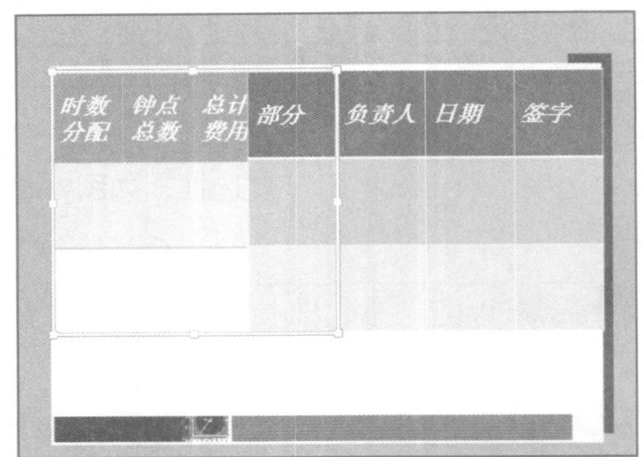

图7-31 选中表格

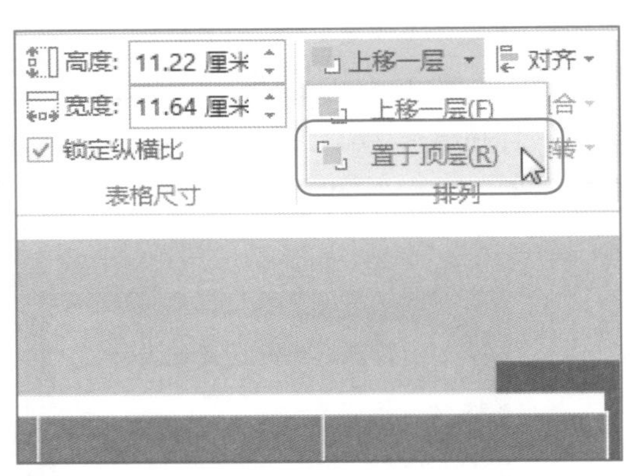

图7-32 选择“置于顶层”选项

步骤03 执行操作后，选择的表格即可置于顶层，如图7-33所示。

步骤04 在“排列”选项板中单击“下移一层”下拉按钮，在弹出的列表中选择“置于底层”选项，如图7-34所示。

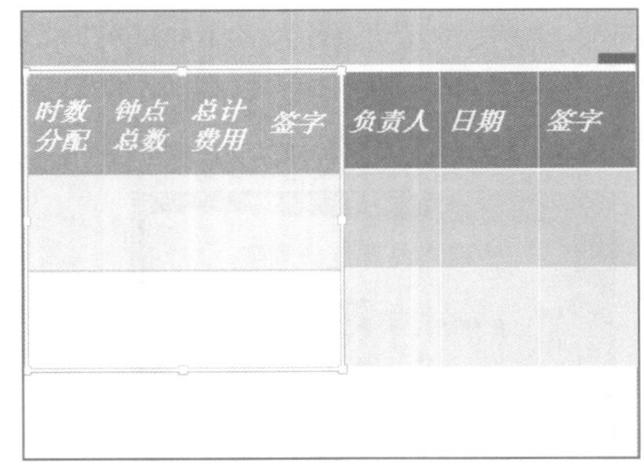

图7-33 表格置于顶层

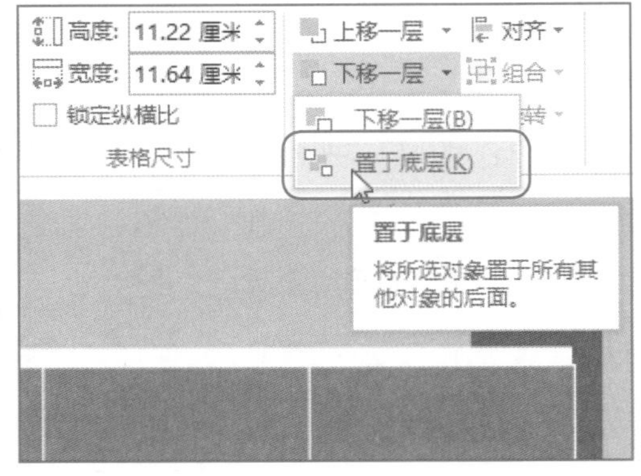

图7-34 选择“置于底层”选项

步骤05 执行操作后，即可设置表格置于底层，效果如图7-35所示。

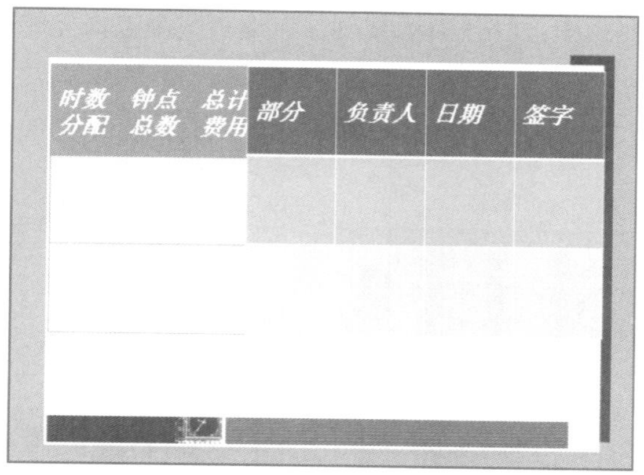

图7-35 表格置于底层

7.4 设置表格效果

插入到幻灯片中的表格，不仅可以像文本框和占位符一样被选中、移动、调整大小，还可以为其添加底纹、边框样式、边框颜色以及表格特效等。

7.4.1 设置主题样式

在“设计”面板的“表格样式”选项板中，提供了多种表格的样式图案，它能够快速更改表格的主题样式。

新手实战66——设置主题样式

素材文件	素材\第7章\费用申请表.pptx	效果文件	效果\第7章\费用申请表.pptx
视频文件	视频\第7章\费用申请表.mp4		

步骤 01 在PowerPoint 2013中，打开演示文稿，在编辑区中选择需要设置主题样式的表格，如图7-36所示。

步骤 02 切换至“表格工具”中的“设计”面板，在“表格样式”选项板中单击“其他”下拉按钮，如图7-37所示。

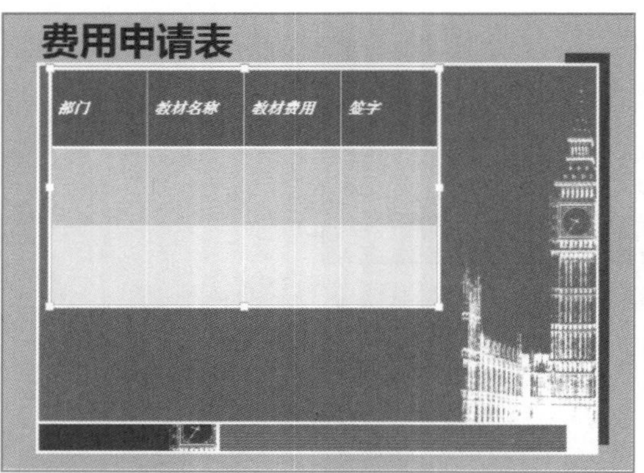

图7-36 选中表格

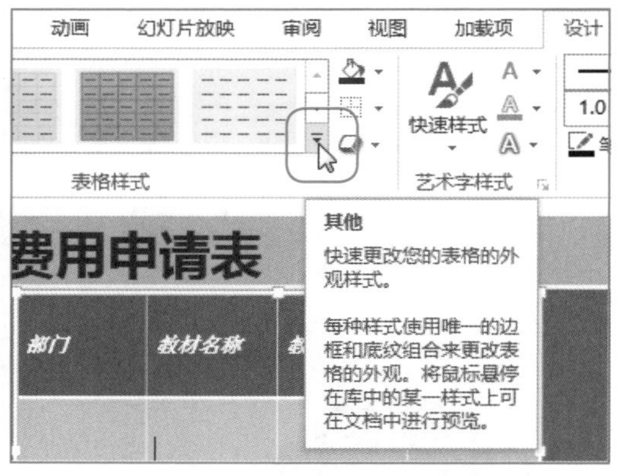

图7-37 单击“其他”下拉按钮

步骤 03 在弹出的列表框中，选择“中度样式1-强调1”选项，如图7-38所示。

步骤 04 执行操作后，即可设置主题样式，如图7-39所示。

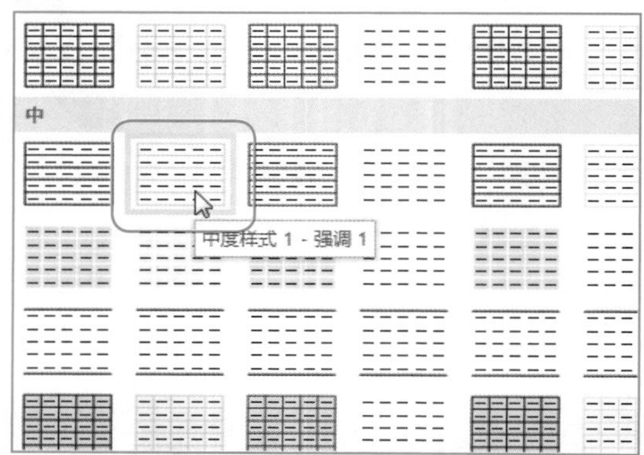

图7-38 选择“中度样式1-强调1”选项

图7-39 设置主题样式

视野扩展

还可以在“表格样式”选项板中设置表格底纹、边框颜色、宽度和线型。

7.4.2 设置文本对齐方式

用户可以根据自己的需求对表格中的文本进行设置，如设置表格中文本的对齐方式，使其看起来与表格更加协调。

新手实战67——设置文本对齐方式

素材文件	素材\第7章\晋升要求.pptx	效果文件	效果\第7章\晋升要求.pptx
视频文件	视频\第7章\晋升要求.mp4		

步骤 01 在PowerPoint 2013中，打开演示文稿，在编辑区中选择表格，如图7-40所示。

步骤 02 切换至“表格工具”中的“布局”面板，在“对齐方式”选项板中单击“居中”按钮，如图7-41所示。

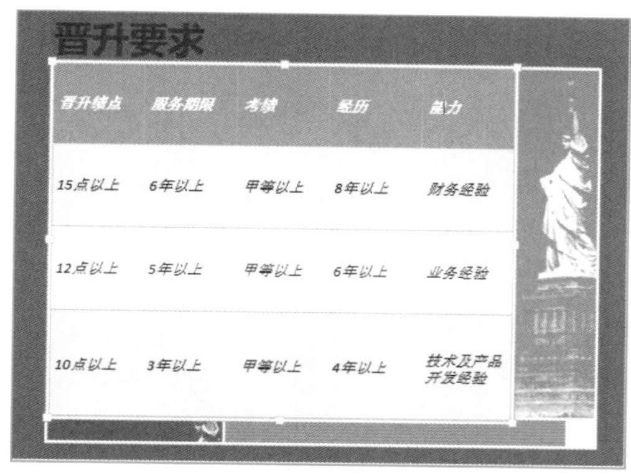

图7-40 选中表格

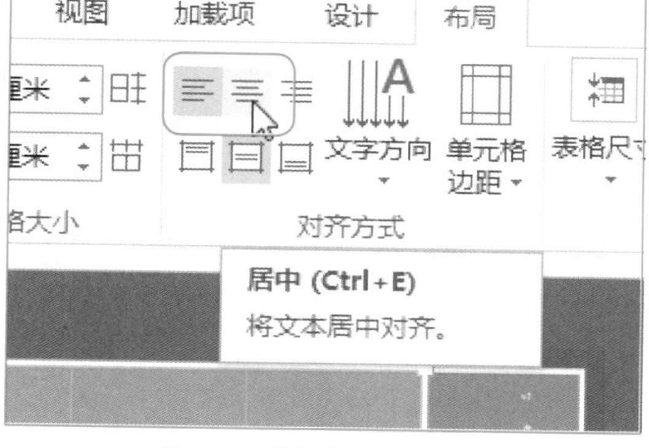

图7-41 单击“居中”按钮

步骤 03 执行操作后，即可设置文本的对齐方式，如图7-42所示。

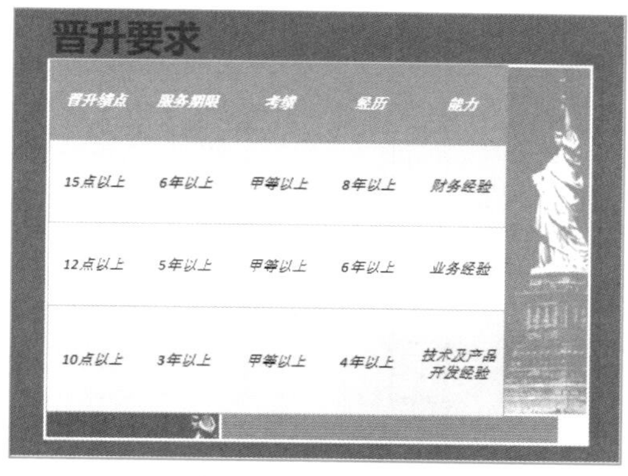

图7-42 设置文本对齐

视野扩展

在“对齐方式”选项板中，用户还可以为表格中的文本设置“顶端对齐”和“底端对齐”等对齐方式。

专家指点

在PowerPoint 2013中，用户可以在“设计”面板的“表格样式”选项板中单击“效果”下拉按钮设置表格特效。

7.5 设置表格文本样式

在PowerPoint 2013中，表格可以使用纯色、渐变、图片或纹理填充，图片填充可支持多种图片格式。

新手实战68——设置表格文本样式

素材文件	素材\第7章\培训计划.pptx	效果文件	效果\第7章\培训计划.pptx
视频文件	视频\第7章\培训计划.mp4		

步骤 01 在PowerPoint 2013中，打开演示文稿，在编辑区中选择需要设置填充的表格文本，如图7-43所示。

步骤 02 切换至“表格工具”中的“设计”面板，在“艺术字样式”选项板中单击“文本填充”下拉按钮，弹出列表框，在“标准色”选项区中选择“红色”选项，如图7-44所示。

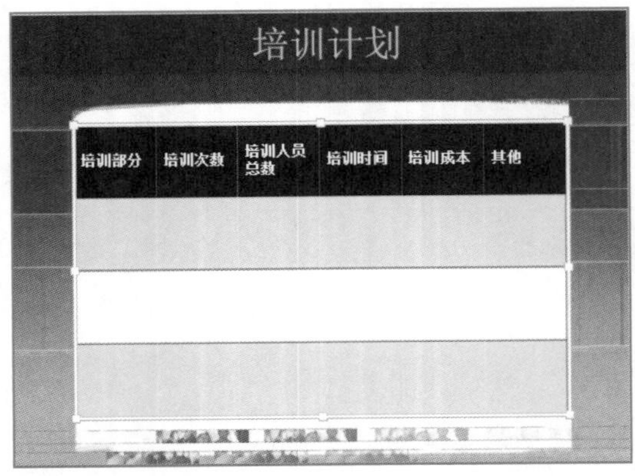

图7-43 选中表格

图7-44 选择需要的颜色

步骤 03 执行操作后，即可设置表格文本填充，效果如图7-45所示。

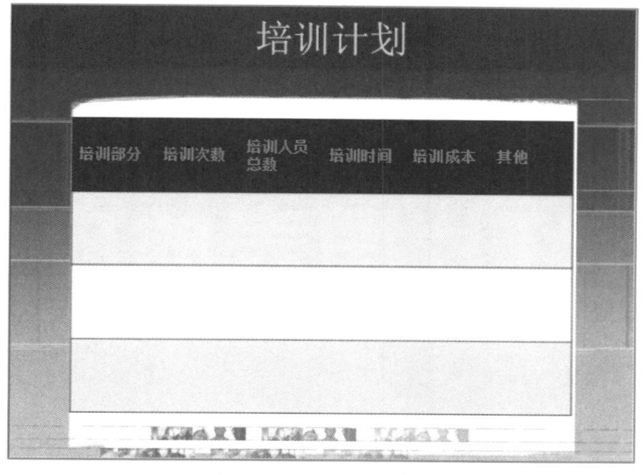

图7-45 设置文本填充

专家指点

在PowerPoint 2013中，用户可以通过切换至“表格工具”中的“设计”面板，设置文本轮廓和文本效果。

7.6 本章小结

本章主要介绍了PowerPoint 2013表格的应用，系统地学习了表格的创建、如何在表格中输入文本、如何导入外部表格，还学习了表格的编辑、设置表格效果和设置表格文本样式。

7.7 趁热打铁

在幻灯片中创建一个4×6的表格，设置文本主题样式为“深色样式1，强调5”。

第8章

幻灯片图表的应用

学习提示

图表是一种将数据可视化的视图，主要用于演示数据和比较数据，图表具有较强的说服力，能够直观地体现出数据。本章主要介绍创建图表对象、编辑图表以及设置图表布局等内容。

本章案例导航

- 新手实战69——创建柱形图
- 新手实战70——创建折线图
- 新手实战71——创建曲面图
- 新手实战72——输入数据
- 新手实战73——设置数据格式
- 新手实战74——插入行或列
- 新手实战75——删除行或列
- 新手实战76——调整数据表大小
- 新手实战77——添加图表标题
- 新手实战78——添加坐标轴标题
- 新手实战79——设置图例

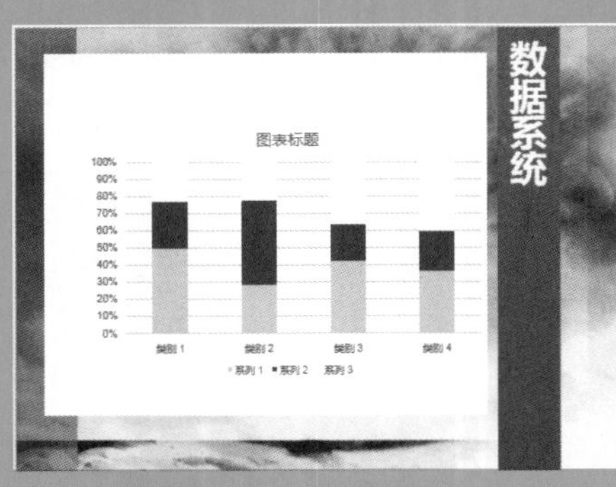

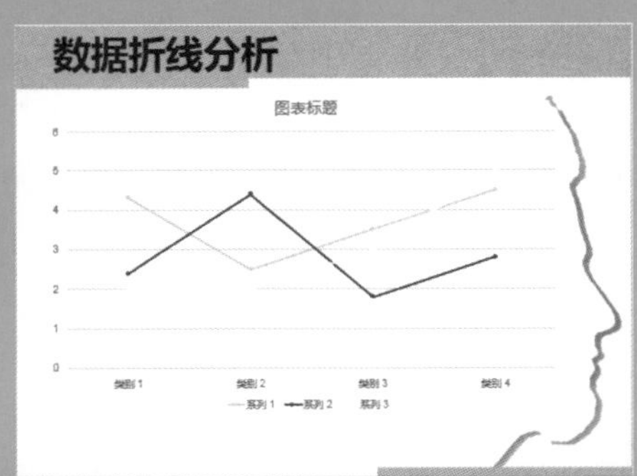

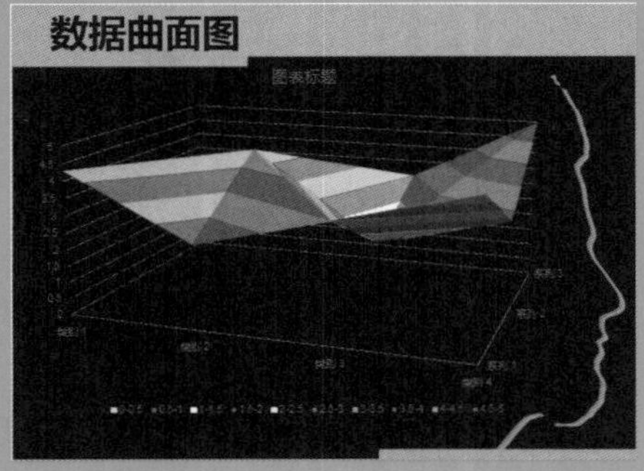

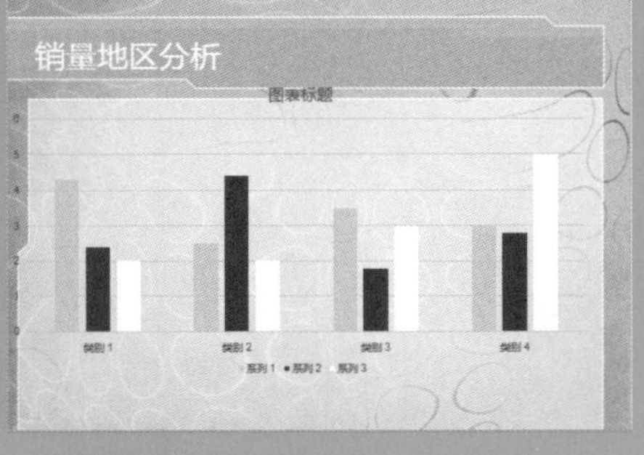

8.1 创建图表对象

图表具有较好的视觉效果，便于用户查看和分析数据，与文字内容相比，形象直观的图表更容易让人理解。

8.1.1 创建柱形图

柱形图是在垂直方向绘制出的长条图，可以包含多组的数据系列，其中分类为X轴，数值为Y轴。下面介绍创建柱形图的操作方法。

新手实战69——创建柱形图

素材文件	素材\第8章\数据系统.pptx	效果文件	效果\第8章\数据系统.pptx
视频文件	视频\第8章\数据系统.mp4		

步骤 01 在PowerPoint 2013中，打开演示文稿，切换至“插入”面板，在“插图”选项板中单击“图表”按钮，如图8-1所示。

步骤 02 弹出“插入图表”对话框，选择“柱形图”选项，在“柱形图”选项区中，选择“百分比堆积柱形图”选项，如图8-2所示。

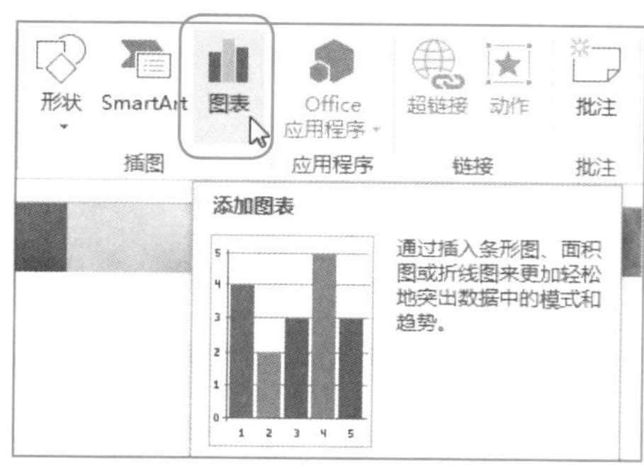

图8-1 单击“图表”按钮

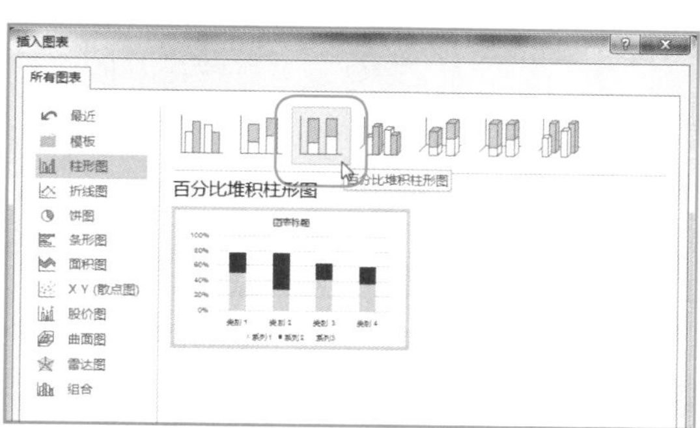

图8-2 选择“百分比堆积柱形图”

步骤 03 单击“确定”按钮，在幻灯片中插入图表，并显示Excel应用程序，如图8–3所示。

步骤 04 关闭Excel应用程序，在幻灯片中调整图表的大小与位置，如图8–4所示。

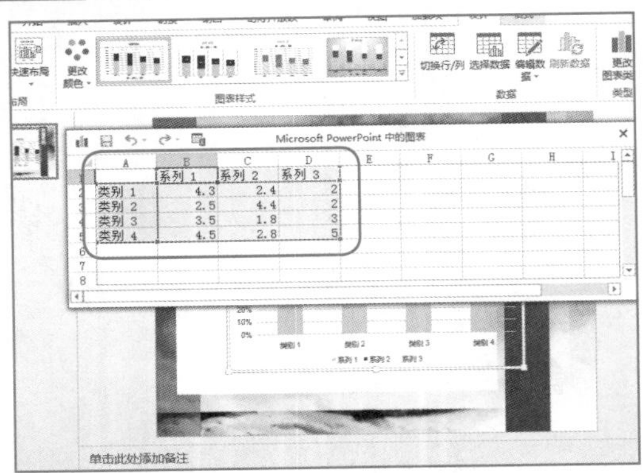

图8–3 插入图表

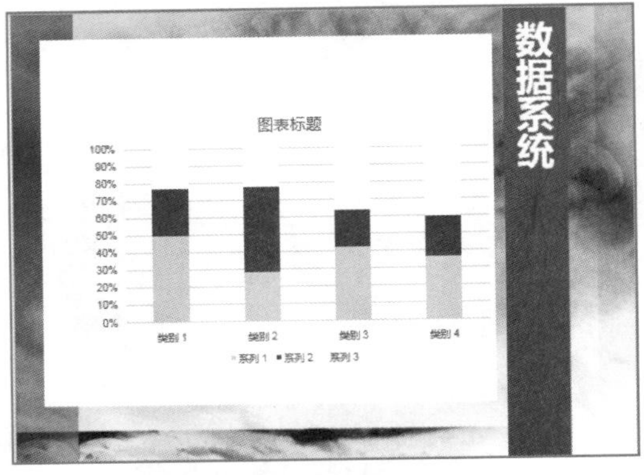

图8–4 调整图表的大小与位置

8.1.2 创建折线图

折线图主要是显示数据按均匀时间间隔变化的趋势。

新手实战70——创建折线图

素材文件	素材\第8章\数据折线分析.pptx	效果文件	效果\第8章\数据折线分析.pptx
视频文件	视频\第8章\数据折线分析.mp4		

步骤 01 在PowerPoint 2013中，打开演示文稿，切换至“插入”面板，在“插图”选项板中单击“图表”按钮，如图8–5所示。

步骤 02 弹出“插入图表”对话框，选择“折线图”选项，在“折线图”选项区中，选择“带数据标记的折线图”选项，如图8–6所示。

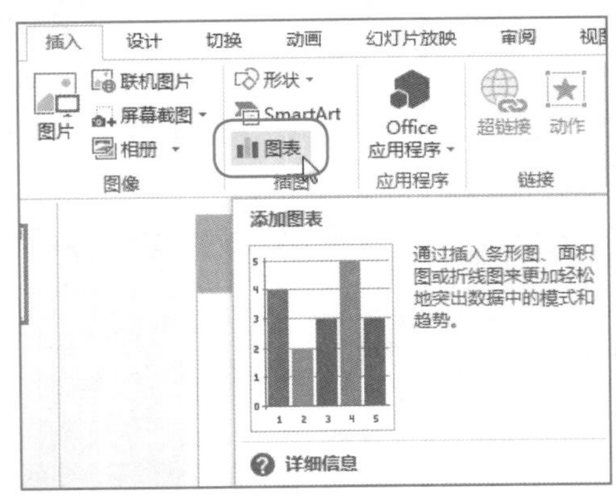

图8–5 单击“图表”按钮

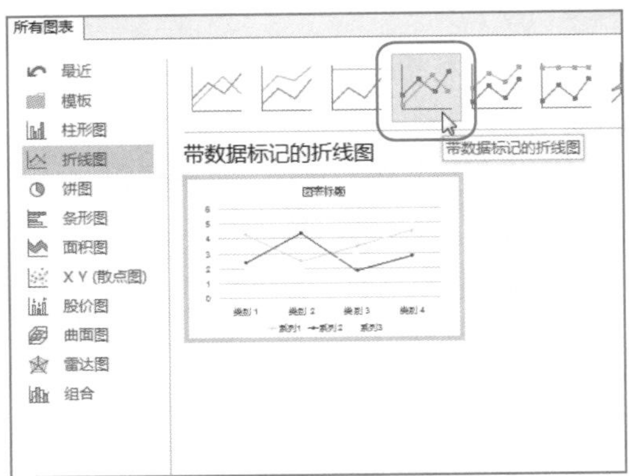

图8–6 选择“带数据标记的折线图”选项

步骤 03 单击“确定”按钮，在幻灯片中插入图表，并显示Excel应用程序。关闭Excel应用程序，在幻灯片中调整图表的大小与位置，效果如图8–7所示。

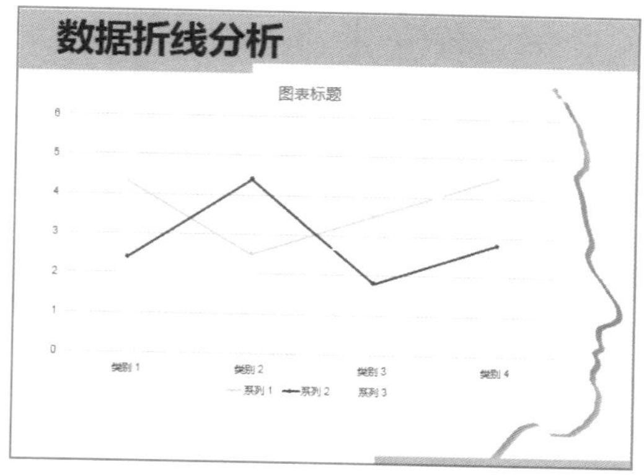

图8-7 插入并调整图表

专家指点

在“插入图表”对话框中，用户可以将经常用到的图表设置为默认图表。通过设置默认图表，在幻灯片编辑过程中可以大大节省图表编辑时间。

视野扩展

在PowerPoint 2013中，有折线图、堆积折线图、百分比堆积折线图、带数据标记的折线图、带标记的堆积折线图、带数据标记的百分比堆积折线图、三维折线图7种折线图表。

8.1.3 创建曲面图

曲面图是在连续的曲面上显示数值的趋势，三维曲面图较为特殊，主要是用来寻找两组数据之间的最佳组合。

新手实战71——创建曲面图

素材文件	素材\第8章\数据曲面图.pptx	效果文件	效果\第8章\数据曲面图.pptx
视频文件	视频\第8章\数据曲面图.mp4		

步骤 01 在PowerPoint 2013中，打开演示文稿，在“插图”选项板中，单击“图表”按钮，如图8-8所示。

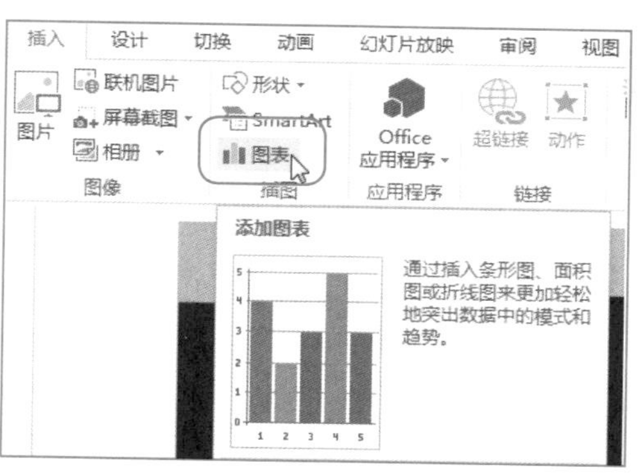

图8-8 单击“图表”按钮

步骤 02 在“曲面图”选项区中，选择“三维曲面图”选项，如图8-9所示。

步骤 03 单击“确定”按钮，系统将自动启动Excel应用程序，并在幻灯片中插入图表。关闭Excel应用程序，在幻灯片中调整图表的大小与位置，如图8-10所示。

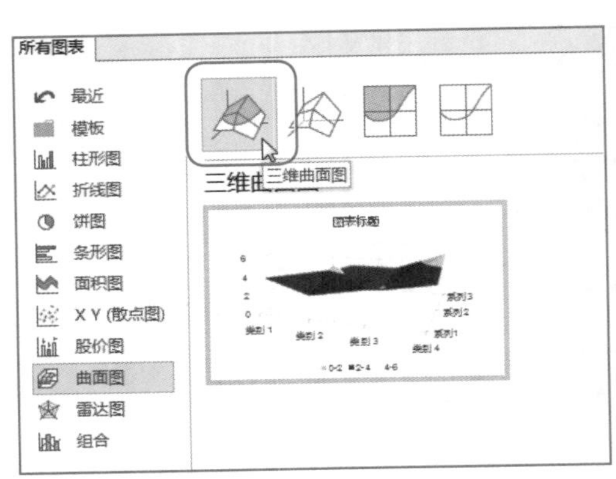

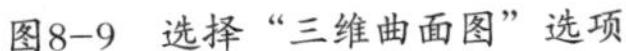
图8-9 选择“三维曲面图”选项

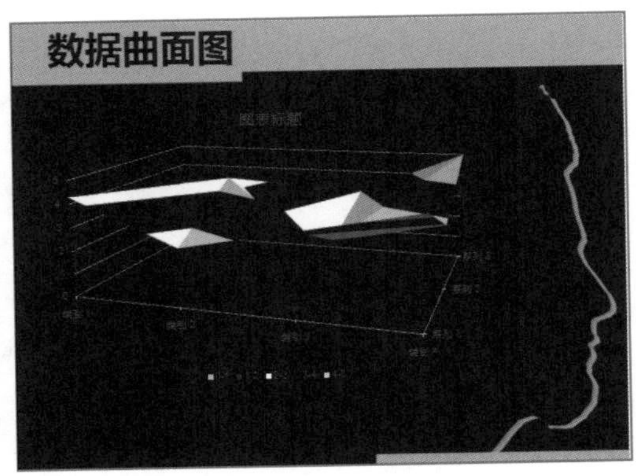

图8-10 插入并调整图表

视野扩展

在PowerPoint 2013中，用户除了可以创建曲面图以外，还可以创建饼图、面积图、股价图、雷达图等图表。

- 饼图图表包括饼图、三维饼图、复合饼图、复合条饼图、圆环图5种样式。
- 面积图表包括面积图、堆积面积图、百分比堆积面积图、三维面积图、三维堆积面积图、三维堆积百分比面积图6种样式。
- 股价图包括盘高-盘低-收盘图、开盘-盘高-盘低-收盘图、成交量-盘高-盘低-收盘图、成交量-开盘-盘高-盘低-收盘图4种样式。
- 雷达图包括雷达图、带数据雷达图、填充雷达图3种样式。

除了创建单个的图表，用户还可以创建组合图表。通过“插入图表”对话框中的“组合”选项，设置相应条件，即可插入组合图表。

博学先生，真好玩！原来PowerPoint 2013还可以创建这么多图表！

对呀，创建完图表，接下来我们就开始学习如何编辑图表，让图表变得更漂亮。

8.2 编辑图表

当样本数据表及其对应的图表出现后，用户可在系统提供的样本数据表中按自己的需要重新输入图表数据。

8.2.1 输入数据

定义完数据系列以后，即可向数据表中输入数据。输入的数据可以是标签（即分类名和数据系列名），也可以是创建图表用的实际数值，当样本数据表及其对应的图表出现后，用户可在系统提供的样本数据表中完全按自己的需要重新输入图表数据。

新手实战72——输入数据

素材文件	素材\第8章\销量地区分析.pptx	效果文件	效果\第8章\销量地区分析.pptx
视频文件	视频\第8章\销量地区分析.mp4		

步骤 01 在PowerPoint 2013中，打开演示文稿，在编辑区中选择图表，如图8-11所示。

步骤 02 切换至“图表工具”中的“设计”面板，在“数据”选项板中单击“编辑数据”下拉按钮，如图8-12所示。

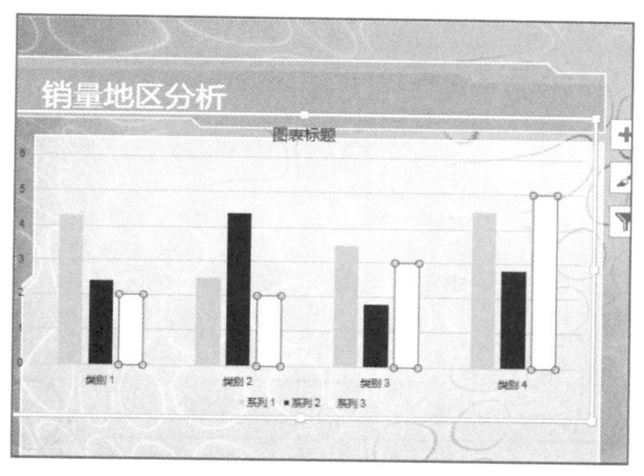

图8-11 选择图表

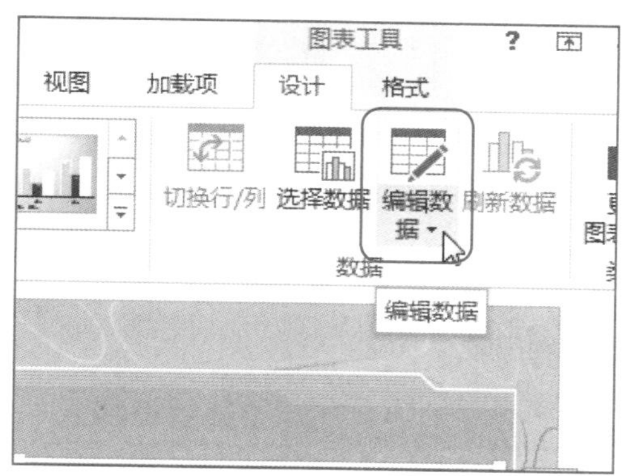

图8-12 单击“编辑数据”下拉按钮

步骤 03 在弹出的列表框中，选择“编辑数据”选项，如图8-13所示。

步骤 04 弹出数据编辑表，在数据表中输入修改的数据，如图8-14所示。

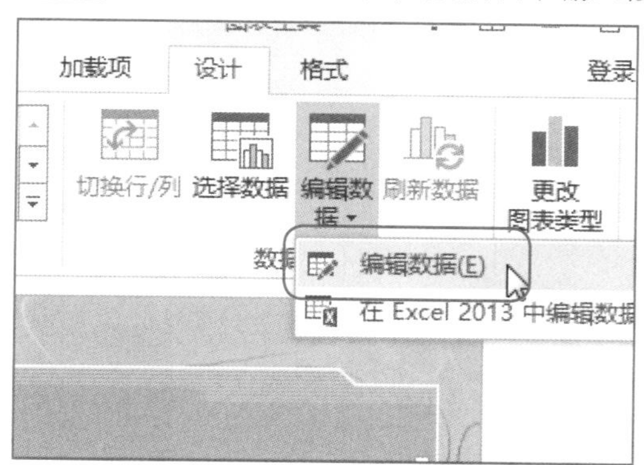

图8-13 选择“编辑数据”选项

	A	B	C
1		系列 1	系列 2
2	类别 1	4.3	2.4
3	类别 2	2.5	4.4
4	类别 3	3.5	1.8
5	类别 4		2.8

图8-14 输入修改的数据

步骤 05 按【Enter】键进行确认，关闭数据编辑表，在幻灯片中即可以显示输入的数据显示图表，效果如图8-15所示。

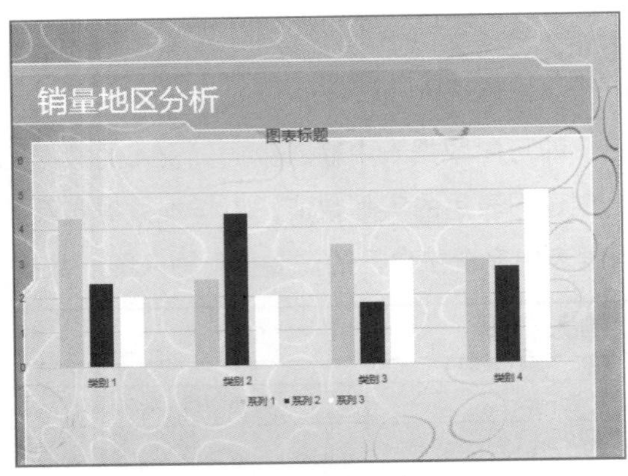

图8-15 显示图表

专家指点

如果输入的数据太长，单元格中排列不下，则尾部字符被隐藏；对过大的数值，将以指数形式显示；对过多的小数位，将依据当时的列宽进行舍入。可拖动列标题右边线扩充列宽以便查阅该数据。

8.2.2 设置数据格式

数据是图表中最重要的元素之一，用户可以在PowerPoint中直接设置数据格式，也可以在Excel中进行设置。

新手实战73——设置数据格式

素材文件	素材\第8章\季度分析.pptx	效果文件	效果\第8章\季度分析.pptx
视频文件	视频\第8章\季度分析.mp4		

步骤 01 在PowerPoint 2013中，打开演示文稿，在编辑区中选择图表，如图8-16所示。

步骤 02 切换至“图表工具”中的“设计”面板，在“图表布局”选项板中单击“添加图表元素”下拉按钮，如图8-17所示。

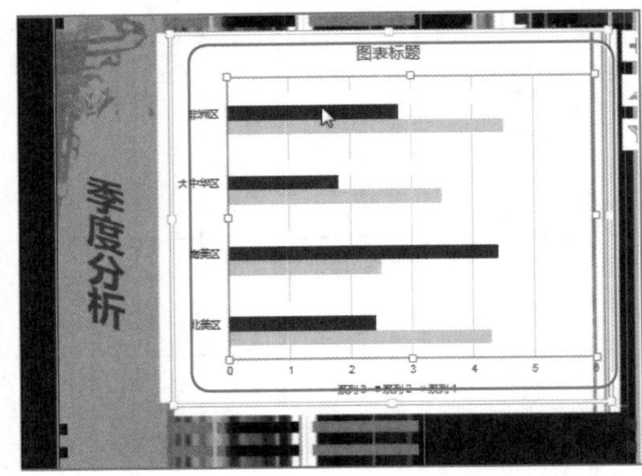

图8-16 选择图表

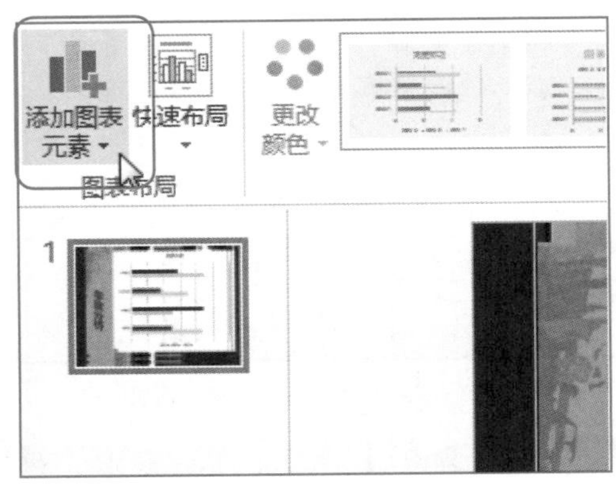

图8-17 单击“添加图表元素”下拉按钮

步骤03 在弹出的列表框中，选择“数据标签”|“其他数据标签选项”选项，如图8-18所示。

步骤04 弹出“设置数据标签格式”窗格，在“标签选项”选项区中，选中“值”和“图例项标示”复选框，如图8-19所示。

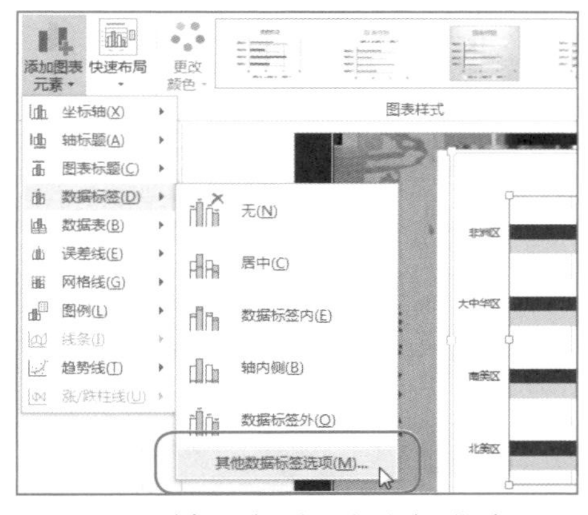

图8-18　选择“其他数据标签选项”选项

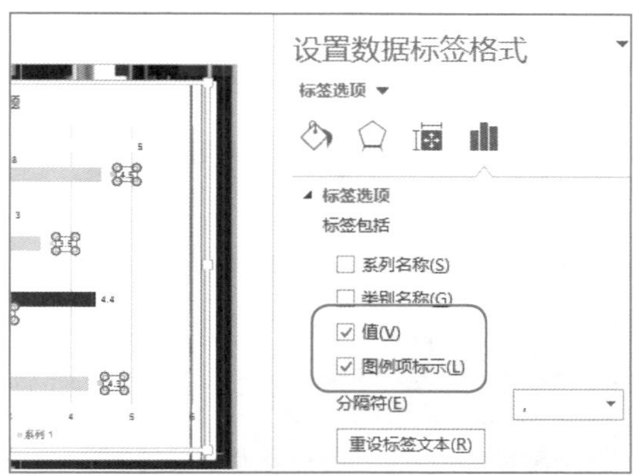

图8-19　选中相应复选框

步骤05 展开“数字”选项区，在“类别”列表中选择“货币”选项，设置“小数位数”的值为2，如图8-20所示。

步骤06 关闭“设置数据标签格式”窗格，完成设置数字格式的操作，效果如图8-21所示。

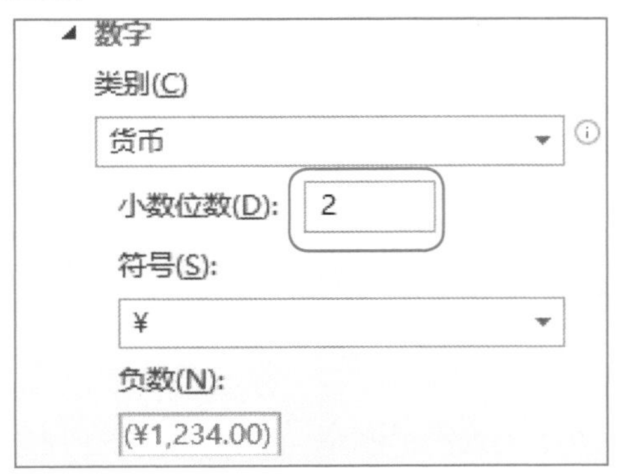

图8-20　设置相应选项

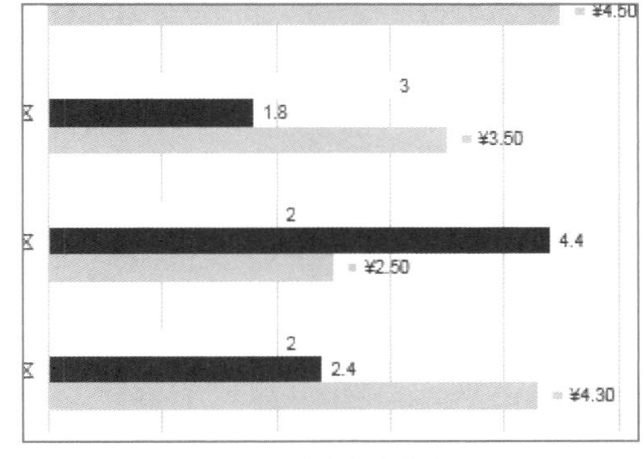

图8-21　设置数字格式

视野扩展

在“设置数据标签格式”窗格中，切换至“数字”选项卡，在“数字”选项区的“类别”列表框中，还可以设置“货币”、“会计专用”、“日期”、“时间”和“分数”等标签格式。

8.2.3　插入行或列

在PowerPoint 2013中，用户可以根据制作课件的实际需求，向图表添加或删除数据系列和分类信息。

新手实战74——插入行或列

素材文件	素材\第8章\类别分析.pptx	效果文件	效果\第8章\类别分析.pptx
视频文件	视频\第8章\类别分析.mp4		

步骤 01 在PowerPoint 2013中，打开演示文稿，在编辑区中选择图表，如图8-22所示。

步骤 02 切换至“图表工具”中的“设计”面板，在“数据”选项板中单击“选择数据”按钮，如图8-23所示。

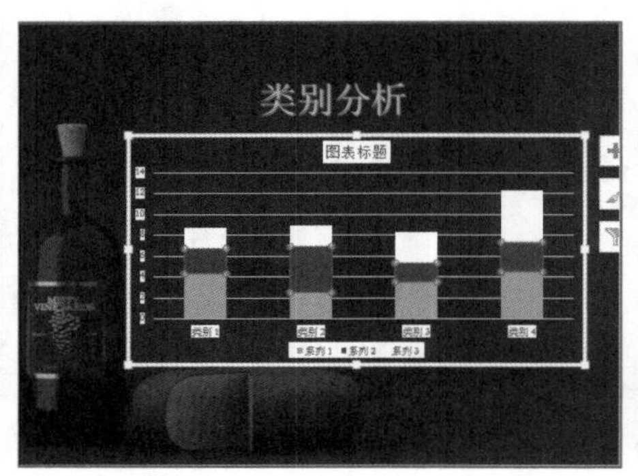

图8-22 选择图表

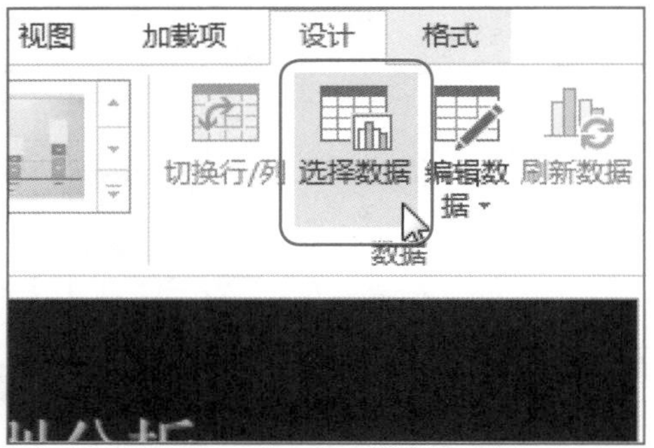

图8-23 单击“选择数据”按钮

步骤 03 启动数据编辑表，并弹出“选择数据源”对话框，如图8-24所示。

步骤 04 在“图例项（系列）”列表框中，单击“添加”按钮，如图8-25所示。

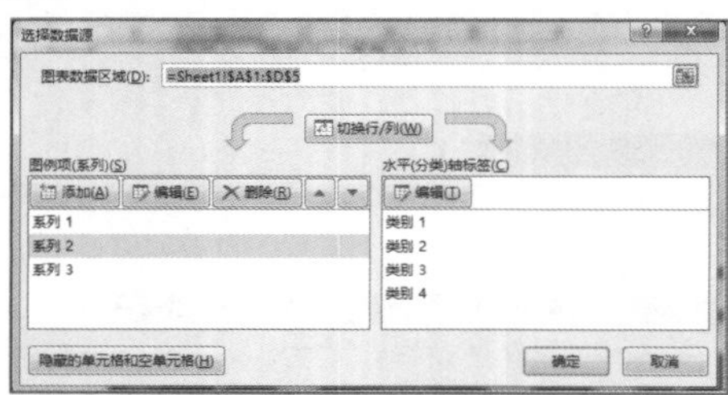

图8-24 弹出“选择数据源”对话框

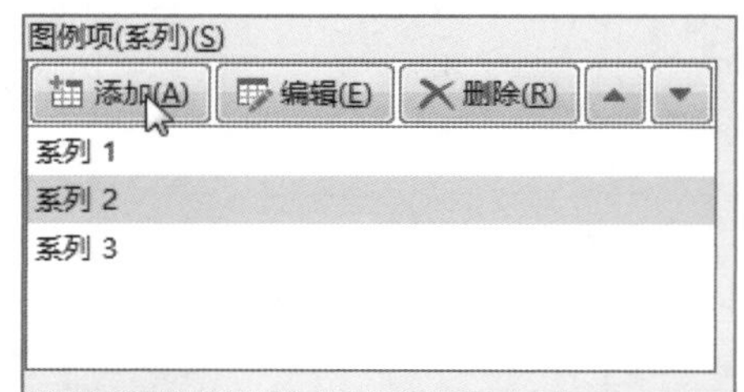

图8-25 单击“添加”按钮

步骤 05 弹出“编辑数据系列”对话框，在“系列名称”文本框中输入“类别5”，如图8-26所示。

步骤 06 依次单击“确定”按钮，关闭Excel应用程序，即可插入新行或列，效果如图8-27所示。

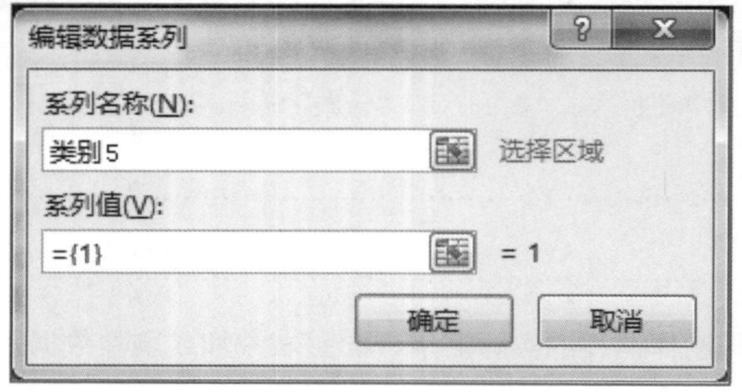

图8-26 输入“类别5”

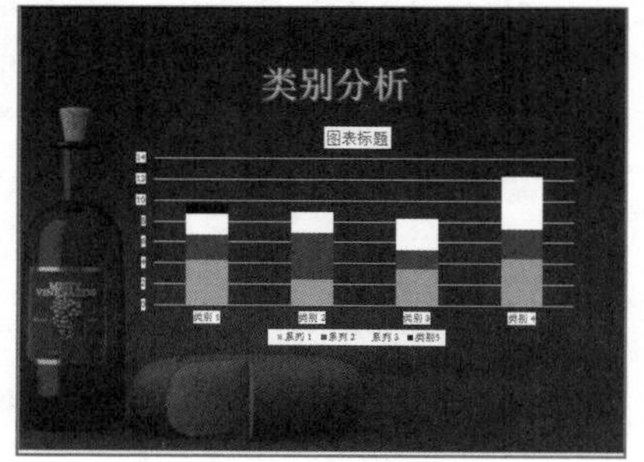

图8-27 插入新行或列

视野扩展

在一个单元格中输完数据后，按【Enter】键使下面单元格成为活动单元格，可继续输入数值。当在所选范围内输完数据后，按【Enter】键，单元格指针又返回到所选范围内的第一个单元格上。

8.2.4 删除行或列

在PowerPoint 2013中，运用在数据表中弹出的快捷菜单，可以将表格中的行或列进行删除操作。

新手实战75——删除行或列

素材文件	素材\第8章\销售目标.pptx	效果文件	效果\第8章\销售目标.pptx
视频文件	视频\第8章\销售目标.mp4		

步骤01 在PowerPoint 2013中，打开演示文稿，在编辑区中选择图表，如图8-28所示。

步骤02 在“图表工具”中的“设计”面板中，单击“数据”选项板中的“编辑数据”下拉按钮，在弹出的列表框中，选择“在Excel 2013中编辑数据”选项，如图8-29所示。

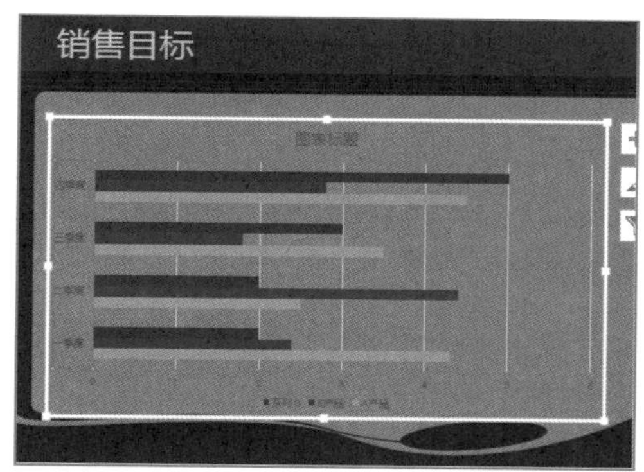

图8-28 选择图表

图8-29 选择“在Excel 2013中编辑数据”选项

步骤03 执行操作后，即可启动Excel应用程序，在数据表中选中“四季度”一行，如图8-30所示。

步骤04 单击鼠标右键，在弹出的快捷菜单中，选择“删除”|“表行”选项，如图8-31所示。

步骤05 执行操作后，即可删除选择的一行，关闭Excel应用程序，如图8-32所示。

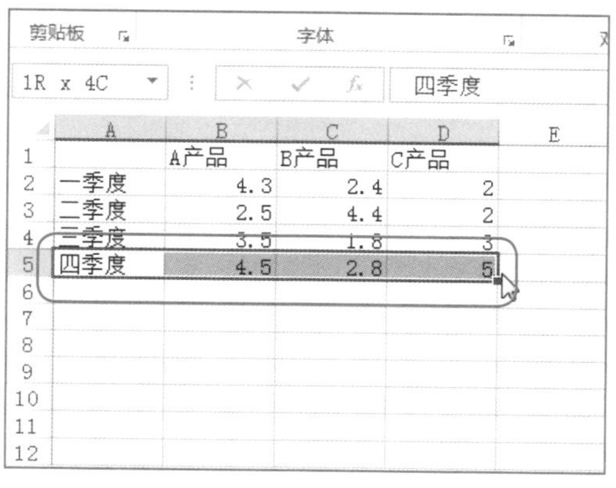

	A	B	C	D
1		A产品	B产品	C产品
2	一季度	4.3	2.4	2
3	二季度	2.5	4.4	2
4	三季度	3.5	1.8	3
5	四季度	4.5	2.8	5

图8-30 选中“四季度”一行

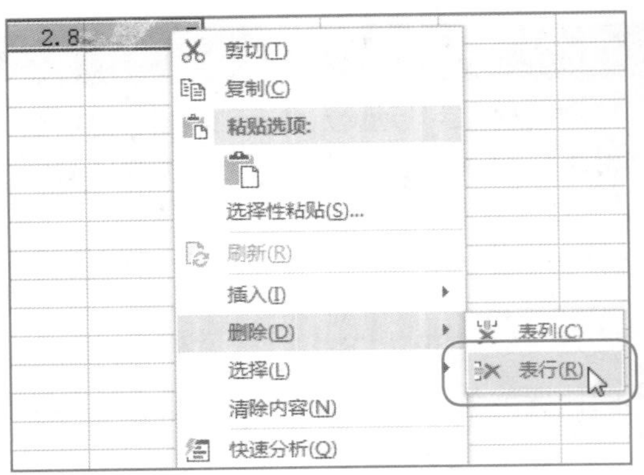

图8-31 选择“表行”选项

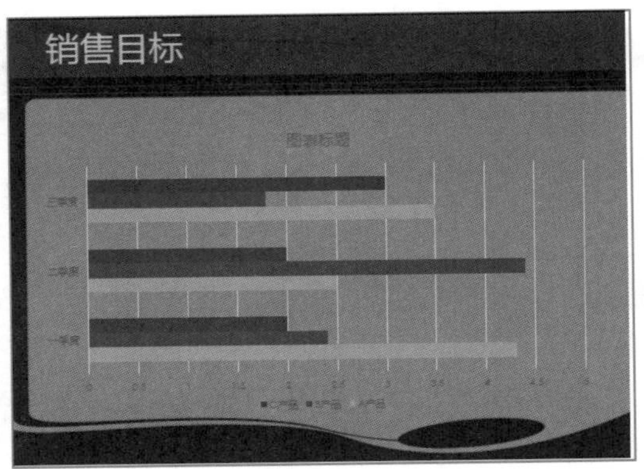

图8-32 删除行

视野扩展

除了运用以上方法删除行或列以外，用户还可以选中数据表中的行或列，然后单击鼠标右键，在弹出的快捷菜单中选择“清除内容”选项，清除所选择单元格中的数据。

8.2.5 调整数据表大小

在PowerPoint 2013中，用户还可以直接在Excel中调整数据表的大小。设置完成后，将显示在幻灯片中。

新手实战76——调整数据表大小

素材文件	素材\第8章\销售目标01.pptx	效果文件	效果\第8章\销售目标01.pptx
视频文件	视频\第8章\销售目标01.mp4		

步骤 01 在PowerPoint 2013中，打开演示文稿，在编辑区中选择图表，如图8-33所示。

步骤 02 切换至“图表工具”中的“设计”面板，单击“数据”选项板中的“编辑数据”按钮，如图8-34所示。

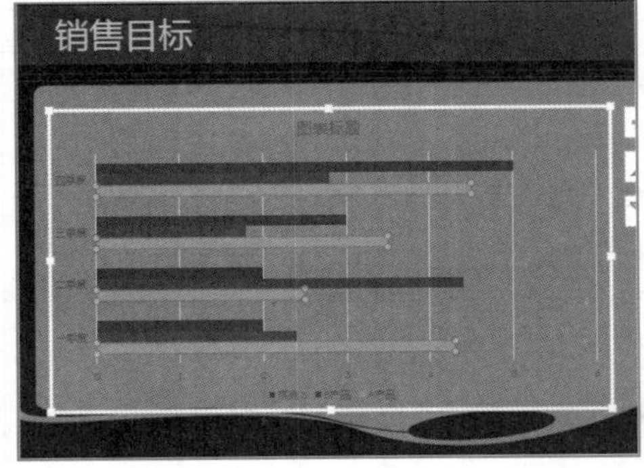

图8-33 选择图表

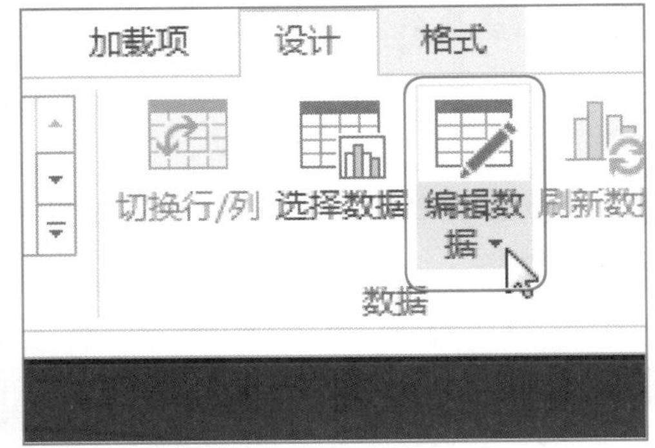

图8-34 单击“编辑数据”按钮

步骤 03 启动Excel应用程序，拖曳数据表右下角的蓝色边框线，如图8-35所示。

步骤 04 设置完成后，即可调整数据表的大小，关闭Excel应用程序，如图8-36所示。

	A产品	B产品	C产品
一季度	4.3	2.4	2
二季度	2.5	4.4	2
三季度	3.5	1.8	3
四季度	4.5	2.8	5

图8-35 拖曳蓝色边框线

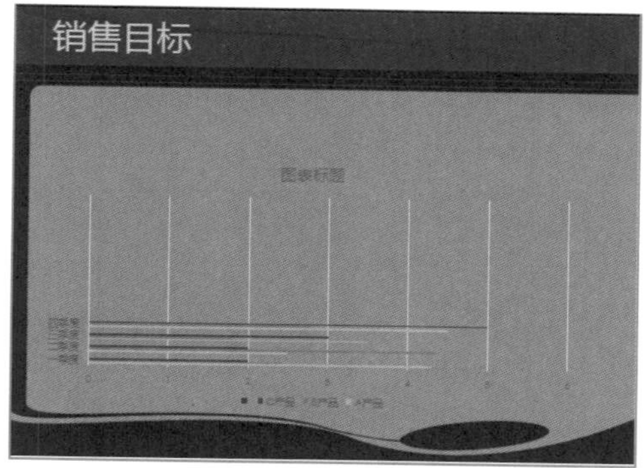

图8-36 调整数据表的大小

8.3 设置图表布局

创建图表后，用户可以更改图表的外观，可以快速将一个预定义布局和图表样式应用到现有的图表中，而无需手动添加或更改图表元素或设置图表格式。PowerPoint提供了多种预定的布局和样式（或快速布局、快速样式），用户可以从中选择。

8.3.1 添加图表标题

在PowerPoint 2013中，用户在创建完图表后，可以添加或更改图表标题。下面介绍添加图表标题的方法。

新手实战77——添加图表标题

素材文件	素材\第8章\目标完成情况.pptx	效果文件	效果\第8章\目标完成情况.pptx
视频文件	视频\第8章\目标完成情况.mp4		

步骤01 在PowerPoint 2013中，打开演示文稿，在编辑区中选择需要添加标题的图表，如图8-37所示。

步骤02 切换至“图表工具”中的“设计”面板，在“图表布局”选项板中单击“添加图表元素”下拉按钮，如图8-38所示。

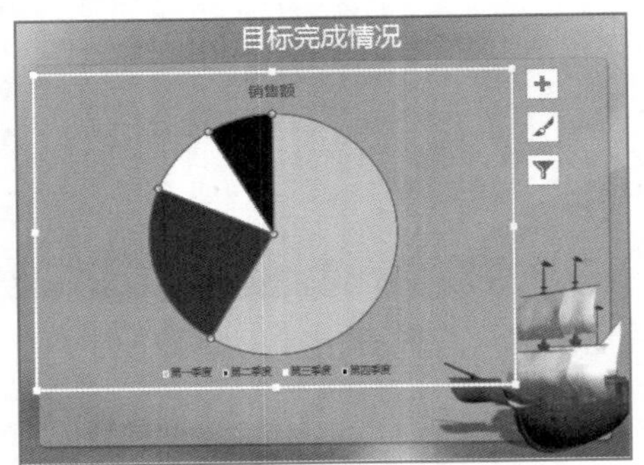

图8-37　选择需要添加标题的图表

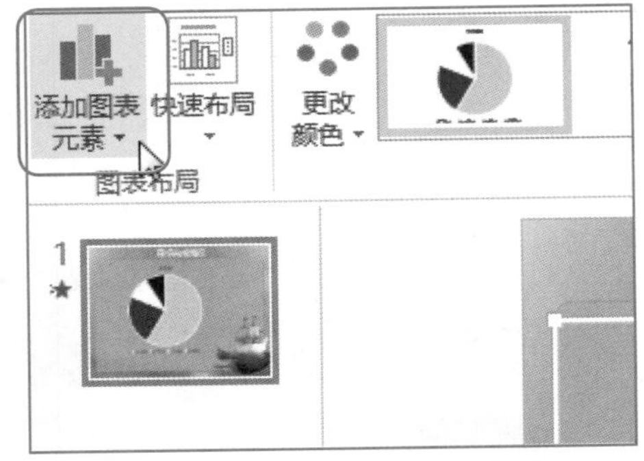

图8-38　单击“添加图表元素”下拉按钮

步骤03 在弹出的列表框中，选择“图表标题”|“图表上方”选项，如图8-39所示。

步骤04 执行操作后，即可显示标题。更改标题文本，调整标题位置，效果如图8-40所示。

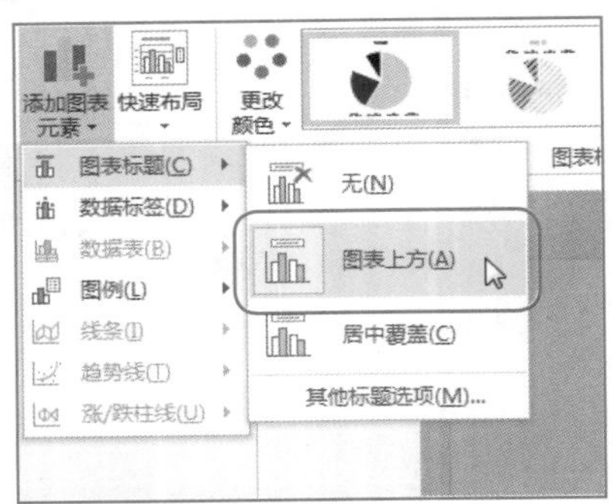

图8-39　选择“图表上方”选项

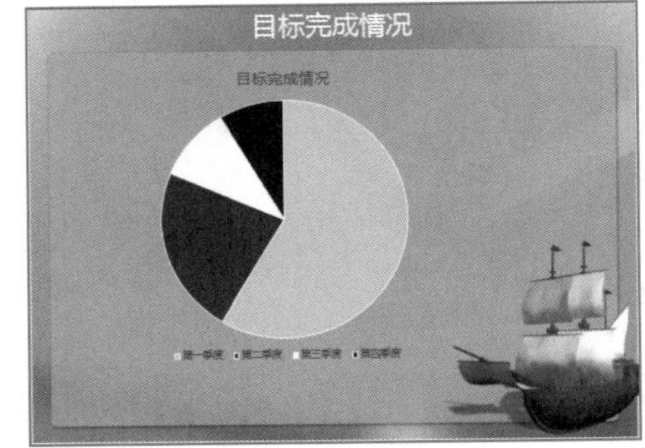

图8-40　显示标题

专家指点

选择“图表标题”|“其他标题选项”选项，弹出“其他标题选项”面板，用户可以根据需要在其中设置相应的标题。

8.3.2　添加坐标轴标题

在PowerPoint 2013中，用户在创建图表后，可以对坐标轴标题进行设置。

新手实战78——添加坐标轴标题

素材文件	素材\第8章\类别分析01.pptx	效果文件	效果\第8章\类别分析01.pptx
视频文件	视频\第8章\类别分析01.mp4		

步骤01 在PowerPoint 2013中，打开演示文稿，在编辑区中选择需要添加坐标轴标题的图表，如图8-41所示。

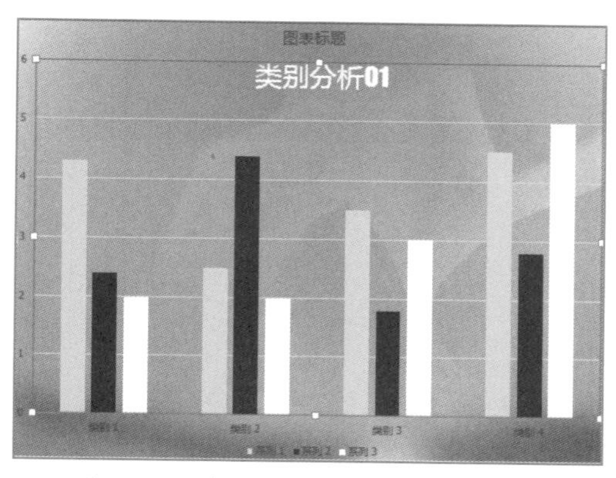

图8-41 选择需要添加坐标轴标题的图表

步骤02 切换至“表格工具”中的“设计”面板，在“图表布局”选项板中单击“添加图表元素”下拉按钮，在弹出的列表框中选择“轴标题”|“主要横坐标轴”选项，如图8-42所示。

步骤03 执行操作后，即可添加坐标轴标题。在坐标轴文本框中输入文字，并设置文本“字号”为32，如图8-43所示。

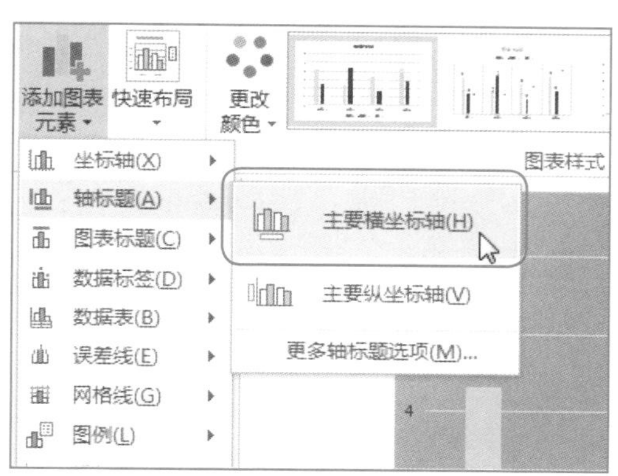

图8-42 选择“主要横坐标轴”选项

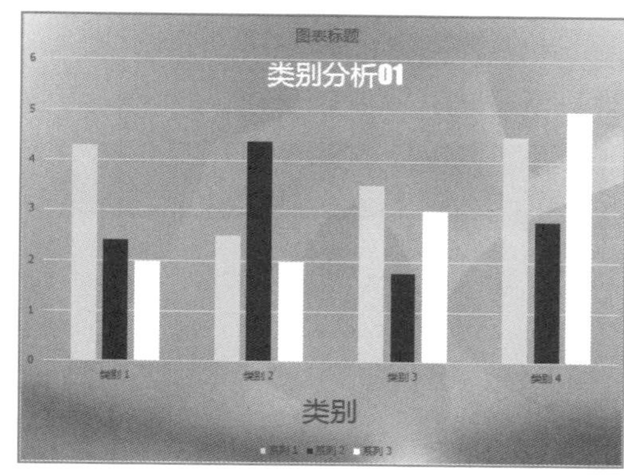

图8-43 添加坐标轴标题

视野扩展

图表数据表中允许用户导入其他软件生成的数据或电子表格。用户可以根据自己的需要选择导入文件的类型，以制作符合需求的图表。

8.3.3 设置图例

图例位于图表中适当位置处的一个方框，内含各个数据系列名。数据系列名称左侧有一个标识数据系列的小方块，称为图例项标识。

新手实战79——设置图例

素材文件	素材\第8章\生产量与销量对比.pptx	效果文件	效果\第8章\生产量与销量对比.pptx
视频文件	视频\第8章\生产量与销量对比.mp4		

步骤01 在PowerPoint 2013中，打开演示文稿，在编辑区中选择需要设置图例的图表，如图8-44所示。

步骤 02 切换至“表格工具”中的“设计”面板，在“图表布局”选项板中，单击“添加图表元素”下拉按钮，在弹出的列表框中，选择“图例”|“左侧”选项，如图8-45所示。

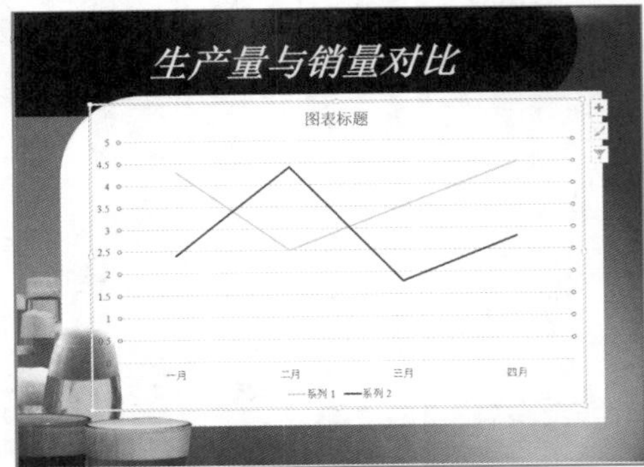

图8-44 选择需要设置图例的图表

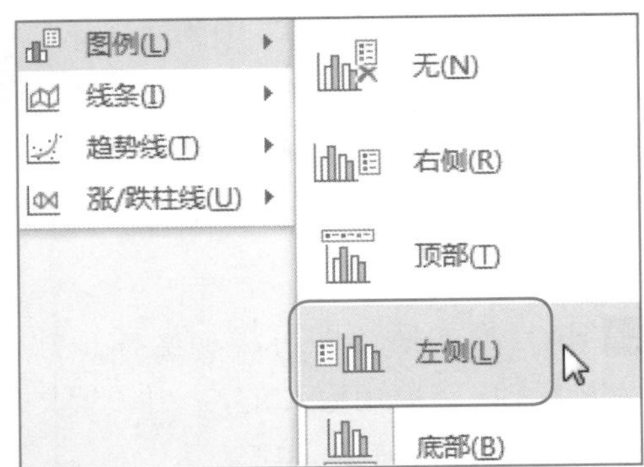

图8-45 选择“左侧”选项

步骤 03 执行操作后，即可在左侧显示图例，如图8-46所示。

步骤 04 双击图例，弹出“设置图例格式”窗格，如图8-47所示。

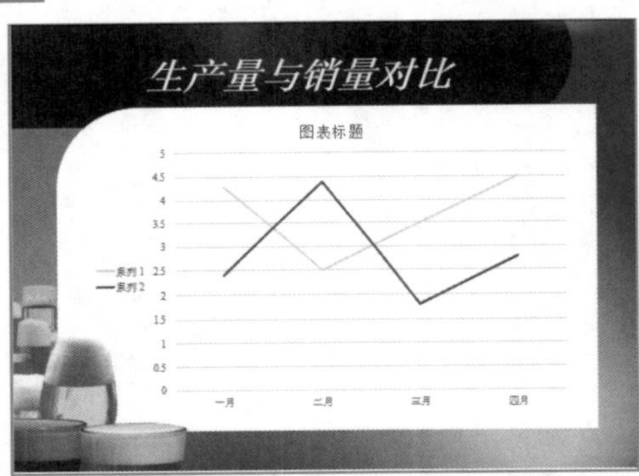

图8-46 在左侧显示图例

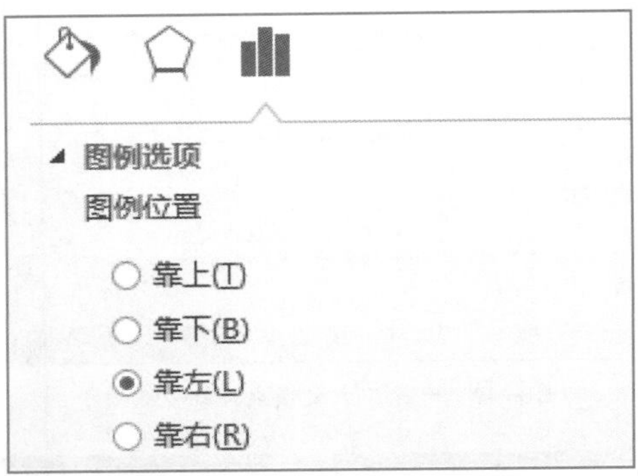

图8-47 弹出“设置图例格式”窗格

步骤 05 单击“填充线条”标签，在下方展开的“填充”选项区中，单击“纯色填充”单选按钮，如图8-48所示。

步骤 06 单击下方的“颜色”右侧的下拉按钮，在弹出的面板中，选择“黄色”选项，如图8-49所示。

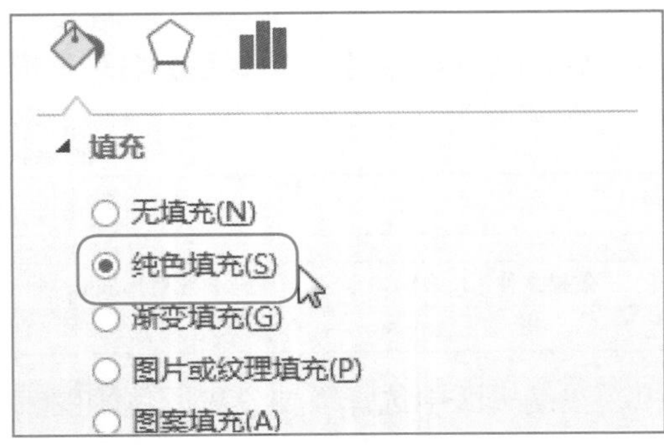

图8-48 选中“纯色填充”单选按钮

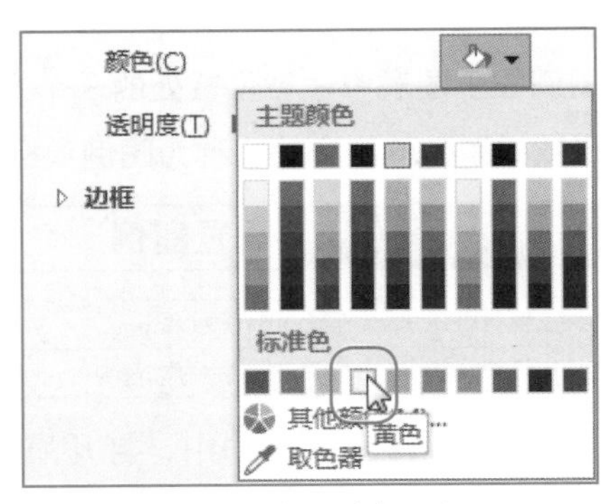

图8-49 选择“黄色”选项

步骤 07 执行操作后，关闭“设置图例格式”窗格，完成图例的设置，效果如图8-50所示。

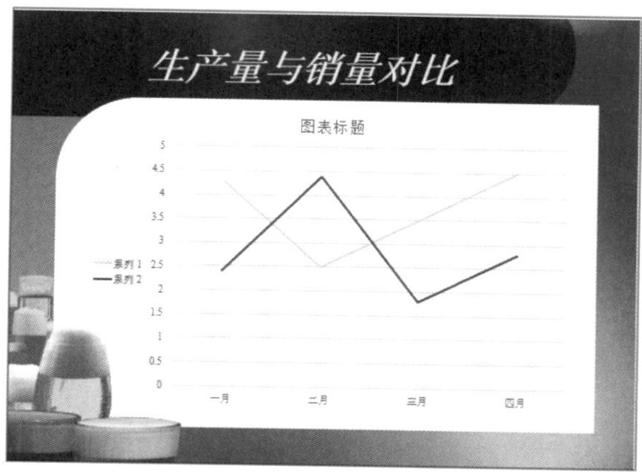

图8-50 设置图例效果

视野扩展

在PowerPoint 2013中，选择幻灯片中的表格，单击鼠标右键，在弹出的快捷菜单中，选择“设置图表区域格式”选项，也可弹出“设置图表区格式”窗格，然后在其中对图例进行相应设置。

专家指点

在“表格工具”中的“设计”面板“图表布局”选项板，用户还可以添加数据标签、数据表和趋势线。

- 数据标签是指将数据表中具体的数值添加到图表的分类系列上，使用此功能可以方便地设置坐标轴上的显示内容。
- 数据表是数据库中一个非常重要的对象，是其他对象的基础。用户可以将Excel中的数据表添加到图表中，以便于用户查看图表信息和数据。
- 趋势线是用来分析数据的常见线条。在二维面积图、条形图、柱形图、折线图以及XY散点图中，可以增加趋势线，用以描述数据系列中数据值的总趋势，并可基于已存在的数据预见最近的将来数据点的情况。趋势线是数据趋势的图形表示形式，可用于分析、预测数据变化趋势。

8.4 本章小结

本章主要介绍了PowerPoint 2013图表的应用，学习了创建柱形图、折线图、曲面图等图表。通过编辑图表和设置图表布局，能让图表更美观耐看。

8.5 趁热打铁

创建一个股价图，添加图表标题为“股价分析”，设置坐标轴标题为“月份”。

第9章 幻灯片母版和设计模板的应用

学习提示

在PowerPoint 2013中，提供了大量的模板预设格式，通过这些格式，可以轻松制作出具有专业效果的演示文稿。如果用户想使演示文稿的显示效果更加生动精彩、引人入胜，可以根据实际需要来设置演示文稿。本章主要向读者介绍设置幻灯片背景、编辑幻灯片母版和应用幻灯片视图的基本操作。

本章案例导航

- 新手实战80——设置纯色背景
- 新手实战81——设置渐变背景
- 新手实战82——复制幻灯片母版
- 新手实战83——设置项目符号
- 新手实战84——插入占位符
- 新手实战85——设置占位符属性
- 新手实战86——更改幻灯片母版背景
- 新手实战87——设置页眉和页脚
- 新手实战88——应用母版视图
- 新手实战89——设置内置主题模板
- 新手实战90——将主题应用到选定幻灯片
- 新手实战91——设置主题模板颜色
- 新手实战92——设置主题字体特效

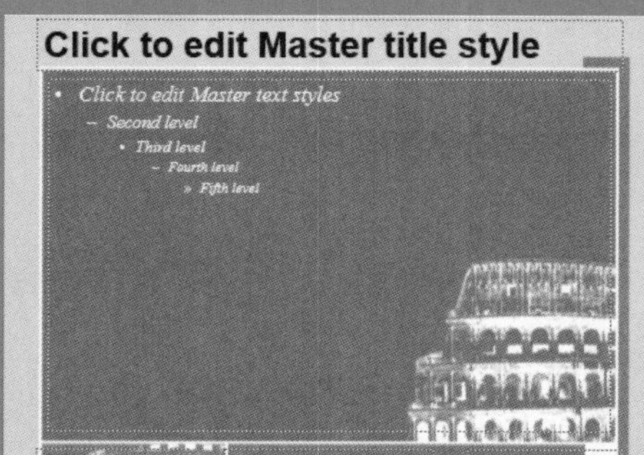

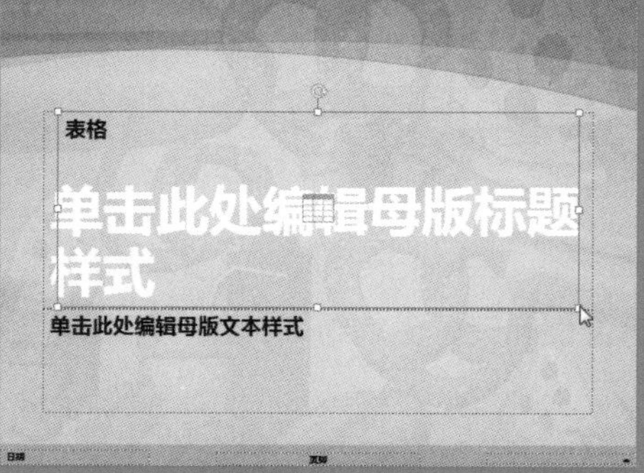

9.1 设置幻灯片背景

在设计演示文稿时，除了通过使用主题来美化演示文稿以外，还可以通过设置演示文稿的背景来制作具有观赏性的演示文稿。

9.1.1 设置纯色背景

设置幻灯片母版的背景可以统一演示文稿中幻灯片的板式。应用主题后，用户还可以根据自己的喜好更改主题背景颜色。

新手实战80——设置纯色背景

素材文件	素材\第9章\媒体发展的三个阶段.pptx	效果文件	效果\第9章\媒体发展的三个阶段.pptx
视频文件	视频\第9章\媒体发展的三个阶段.mp4		

步骤 01 打开演示文稿，切换至“设计”面板，单击“背景”选项板中的“背景样式”下拉按钮，在弹出的列表中选择“设置背景格式”选项，如图9-1所示。

步骤 02 弹出“设置背景格式”对话框，在“填充”选项卡中选中“纯色填充”单选按钮，单击“颜色”右侧的下拉按钮，在弹出的面板中选择相应选项，如图9-2所示。

步骤 03 单击“关闭”按钮，即可设置纯色背景，效果如图9-3所示。

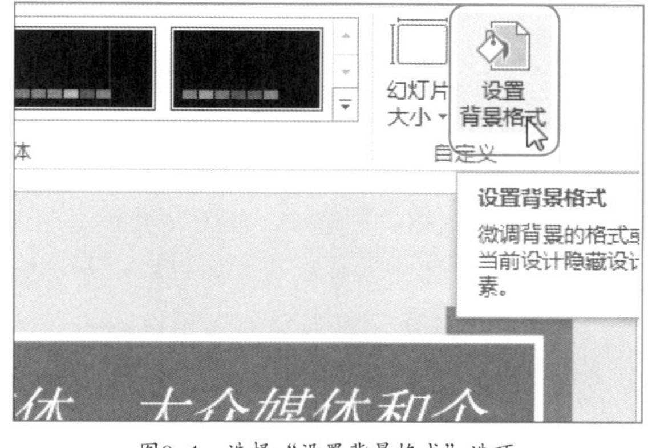

图9-1 选择“设置背景格式”选项

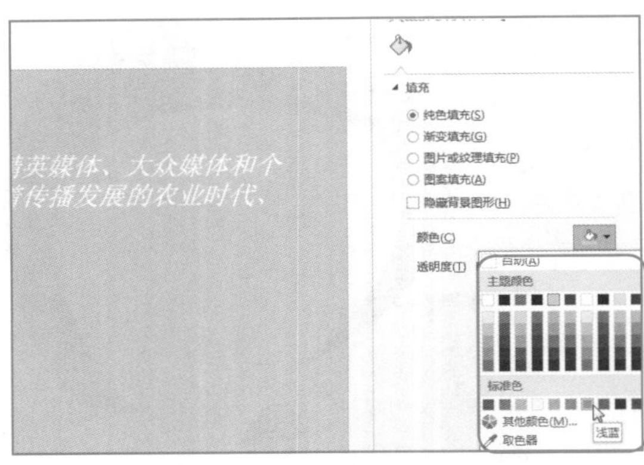

图9-2　选择相应选项

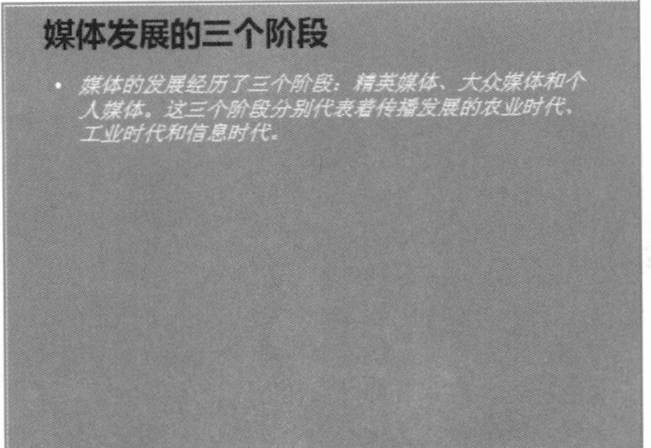

图9-3　设置纯色背景

视野扩展

在“设置背景格式”对话框中调整“透明度”滑块，或在文本框中输入数值，即可改变背景底纹的不透明度。

专家指点

在“设置背景格式”对话框，“艺术”选项卡中，用户可以设置粉笔素描、浅色屏幕、发光边缘、混凝土等23种艺术效果。

在“设置背景格式”对话框，“图片”选项卡中，用户可以设置“图片更色”和“图片颜色”。

9.1.2　设置渐变背景

背景主题不仅能运用纯色背景，还可以运用渐变色对幻灯片进行填充。应用渐变填充可以丰富幻灯片的视觉效果。

新手实战81——设置渐变背景

素材文件	素材\第9章\媒体发展的三个阶段01.pptx	效果文件	效果\第9章\媒体发展的三个阶段01.pptx
视频文件	视频\第9章\媒体发展的三个阶段01.mp4		

步骤 01 打开演示文稿，切换至“设计”面板，单击“背景样式”下拉按钮，在弹出的列表中选择“设置背景格式”选项，如图9-4所示。

步骤 02 弹出“设置背景格式”对话框，在“填充”选项卡中选中“渐变填充”单选按钮，单击“预设渐变”右侧的下拉按钮，在弹出的面板中选择相应选项，如图9-5所示。

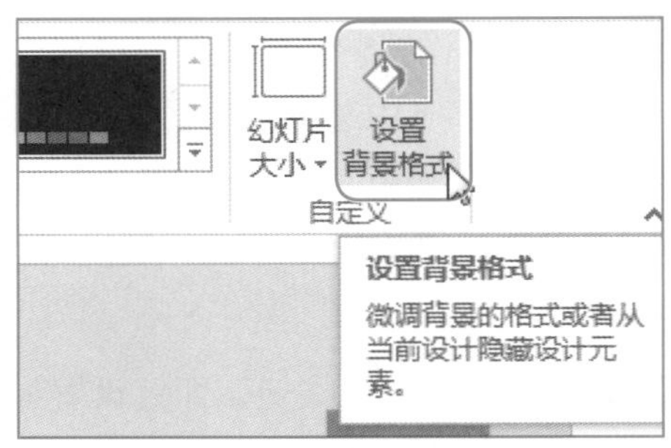

图9-4　选择“设置背景格式”选项

步骤 03 单击“关闭”按钮，即可设置渐变背景，效果如图9-6所示。

图9-5 选择相应选项

媒体发展的三个阶段

• 媒体的发展经历了三个阶段：精英媒体、大众媒体和个人媒体。这三个阶段分别代表着传播发展的农业时代、工业时代和信息时代。

图9-6 设置渐变背景

视野扩展

在“设置背景格式”对话框中选中“渐变填充”单选按钮，然后在下方的“渐变光圈”选项区中，用户可以自行设置渐变色。

专家指点

用户还可以通过“背景样式”下拉按钮设置图案填充背景。除了使用颜色作为幻灯片的背景外，用户还可以使用图片对背景进行装饰，一个精美的设计模板少不了背景图片的修饰。

9.2 编辑幻灯片母版

进入幻灯片母版以后，用户还可以对幻灯片母版进行编辑，如复制幻灯片母版、设置项目符号、编辑占位符以及自定义幻灯片母版等。

9.2.1 复制幻灯片母版

设置幻灯片母版的背景可以统一演示文稿中幻灯片的版式。应用主题后，用户还可以根据自己的喜好更改主题背景颜色。

新手实战82——复制幻灯片母版

素材文件	素材\第9章\复制母版.pptx	效果文件	效果\第9章\复制母版.pptx
视频文件	视频\第9章\复制母版.mp4		

步骤 01 启动PowerPoint 2013，切换至“视图”面板，在“演示文稿视图”选项板中单击“幻灯片母版”按钮，如图9–7所示。

步骤 02 进入“幻灯片母版”面板，在第一张幻灯片中单击鼠标右键，在弹出的快捷菜单中选择“复制幻灯片母版”选项，如图9–8所示。

步骤 03 执行操作后，即可复制幻灯片母版，效果如图9–9所示。

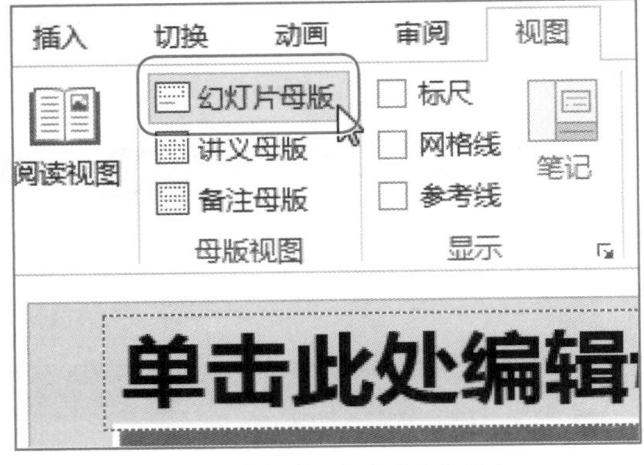

图9–7 单击“幻灯片母版”按钮

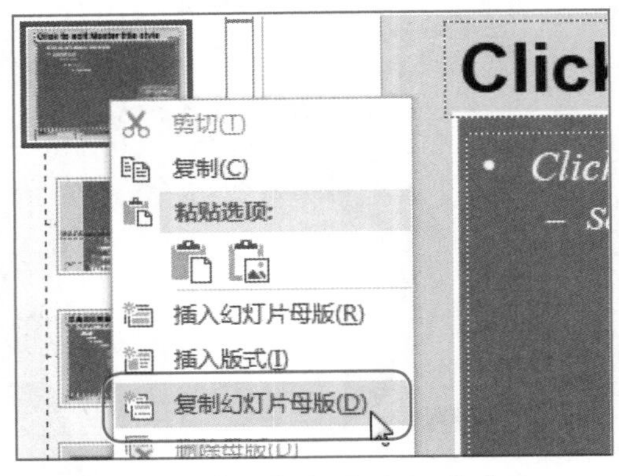

图9–8 选择“复制幻灯片母版”选项

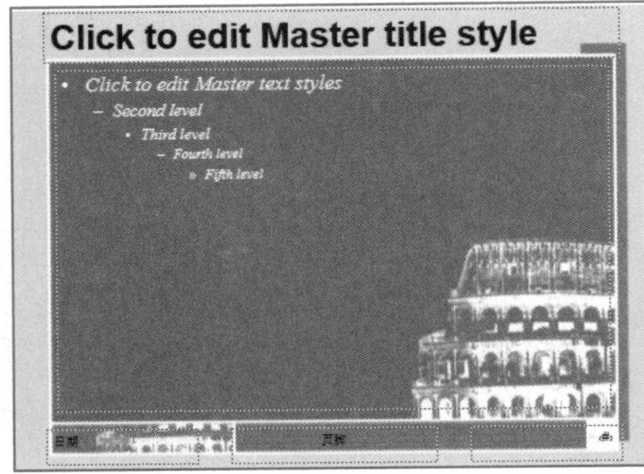

图9–9 复制幻灯片母版

9.2.2 设置项目符号

项目符号是文本中经常用到的，在幻灯片母版中同样可以设置项目符号。

新手实战83——设置项目符号

素材文件	素材\第9章\商业人脉.pptx	效果文件	效果\第9章\商业人脉.pptx
视频文件	视频\第9章\商业人脉.mp4		

步骤01 打开演示文稿，切换至“视图”面板，单击“母版视图”选项板中的“幻灯片母版”按钮，如图9-10所示。

步骤02 进入“幻灯片母版”面板，在左侧结构图中，选择相应幻灯片，如图9-11所示。

步骤03 选中幻灯片中的文本，单击鼠标右键，在弹出的快捷菜单中选择“项目符号”|“箭头项目符号”选项，执行操作后，即可设置项目符号，如图9-12所示。

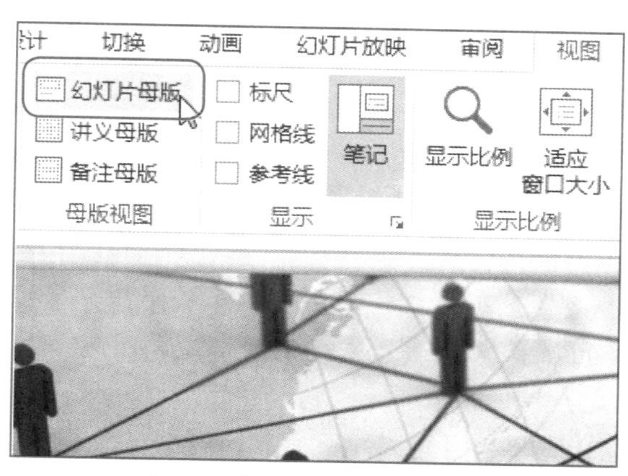

图9-10 单击“幻灯片母版”按钮

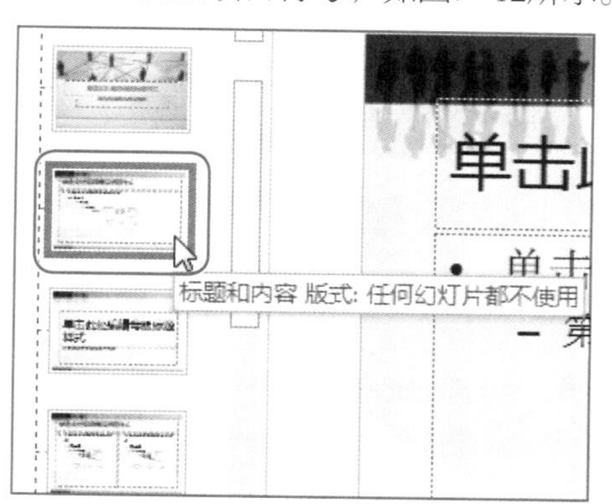

图9-11 选择幻灯片

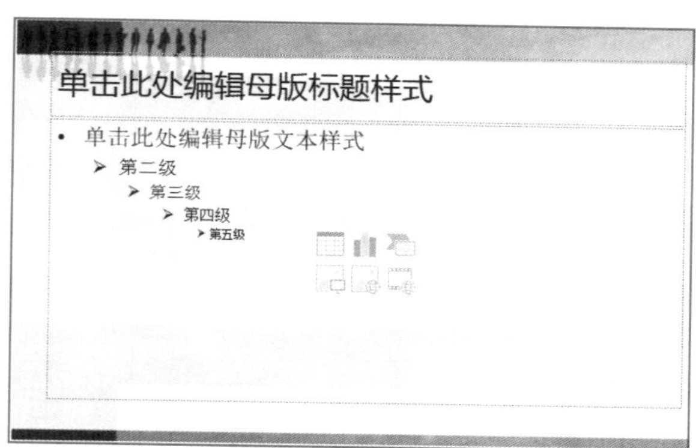

图9-12 设置项目符合

9.2.3 编辑占位符

在幻灯片母版中的幻灯片都含有默认版式，这些版式主要就包括一些特定的占位符。占位符是PowerPoint中特有的内容，是一种带提示性的线框，用户可以根据占位符提示在其中插入各种对象，如标题文字、正文文字、表格、图形、声音、影片和图表等。

1. 插入占位符

在幻灯片母版中，当用户选择了母版版式以后，会发现母版都是自带了占位符格式的。如果用户不满意程序所带的占位符格式，可以自己修改格式并保存。

新手实战84——插入占位符

素材文件	素材\第9章\食品销售.pptx	效果文件	效果\第9章\食品销售.pptx
视频文件	视频\第9章\食品销售.mp4		

步骤01 打开演示文稿，进入“幻灯片母版”面板，选择要插入占位符的幻灯片母版，如图9-13所示。

步骤02 在“母版版式”选项板中单击“插入占位符”下拉按钮，在弹出的列表中选择“表格”选项，如图9-14所示。

步骤03 此时鼠标指针呈十字形状，在幻灯片中按住鼠标左键并拖曳，至合适位置后释放鼠标左键，即可插入占位符，效果如图9-15所示。

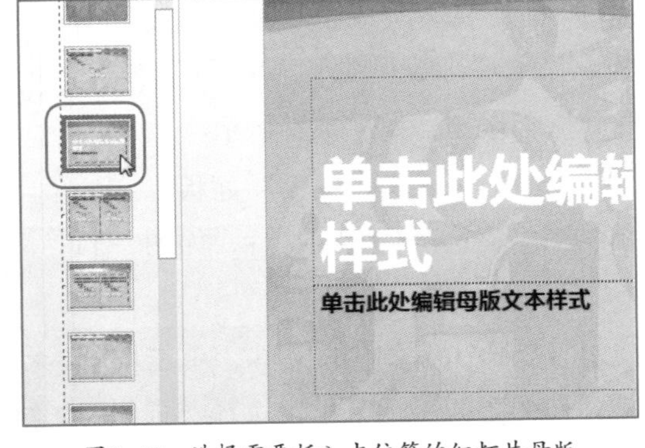

图9-13 选择需要插入占位符的幻灯片母版

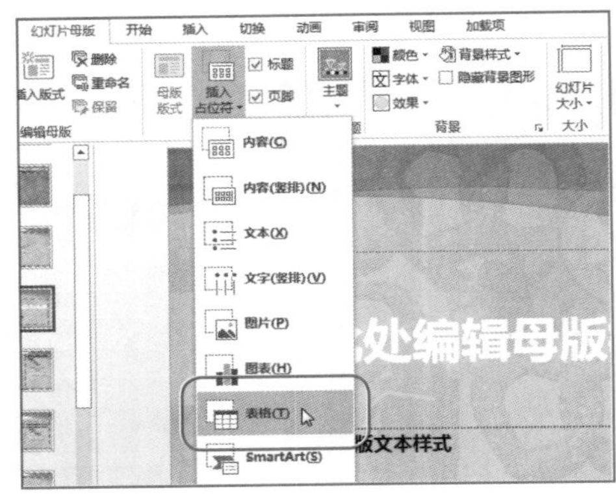

图9-14 选择“表格”选项

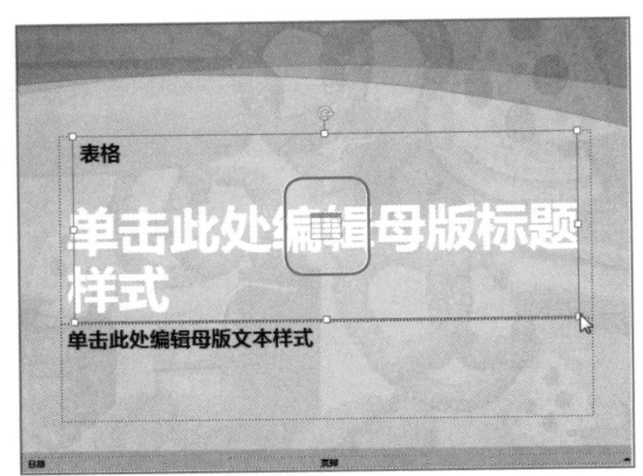

图9-15 插入占位符

2. 设置占位符属性

在PowerPoint 2013中，占位符、文本框以及自选图形对象具有相似的属性，如大小、填充颜色和线型等，属性的设置操作也是相似的。

视野扩展

如果要忽略其中的背景图形，在“幻灯片母版”面板“背景”选项板选中“隐藏背景图形”复选框即可。

新手实战85——设置占位符属性

素材文件	素材\第9章\食品销售01.pptx	效果文件	效果\第9章\食品销售01.pptx
视频文件	视频\第9章\食品销售01.mp4		

步骤01 打开演示文稿，进入“幻灯片母版”面板，选择要编辑占位符的幻灯片母版，如图9-16所示。

步骤02 在选中的标题占位符中单击鼠标右键，在弹出的快捷菜单中选择“设置形状格式”选项，如图9-17所示。

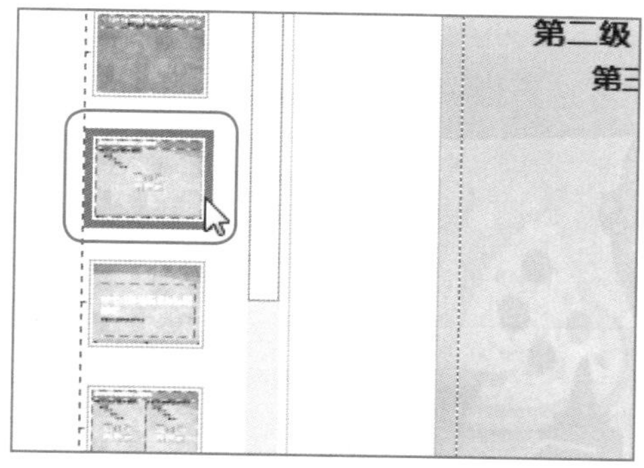

图9-16 选择需要编辑占位符的幻灯片母版

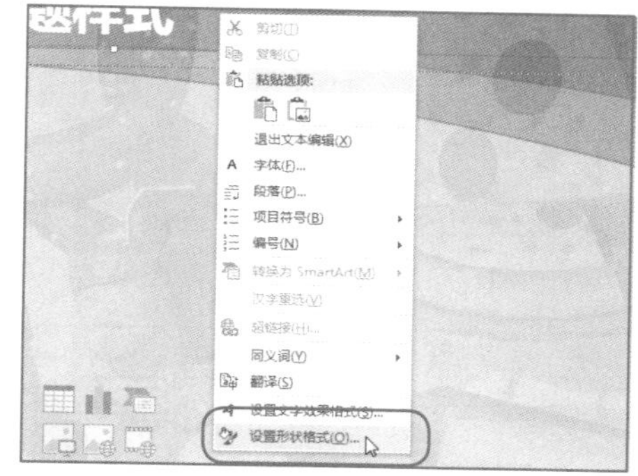

图9-17 选择“设置形状格式”选项

步骤 03 弹出“设置形状格式”对话框，在“填充”选项卡中选中“纯色填充”单选按钮，设置“颜色”为红色，如图9-18所示。

步骤 04 单击“关闭”按钮，即可设置占位符属性，效果如图9-19所示。

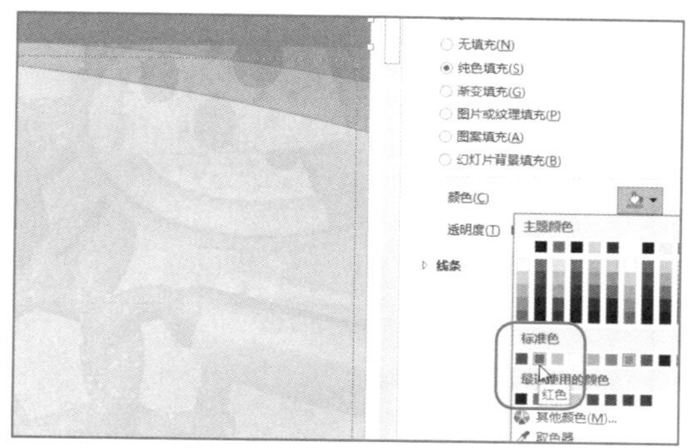

图9-18 选择“红色”选项

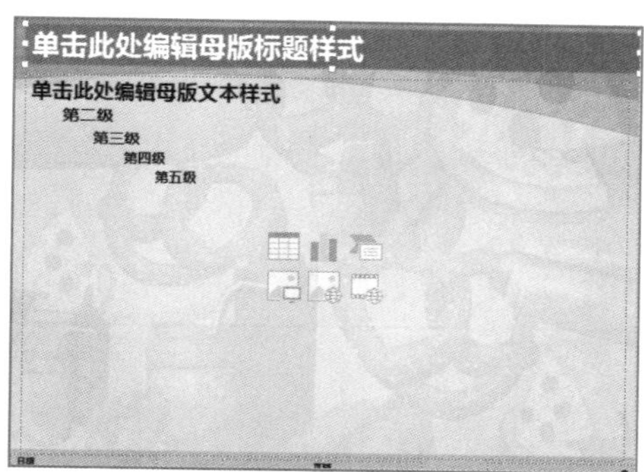

图9-19 设置占位符属性

9.2.4 自定义母版幻灯片

幻灯片母版决定着幻灯片的外观，用于设置幻灯片的标题、正文文字等，这些版式决定了占位符、文本框、图片以及图表等内容在幻灯片中的位置，用户可以根据自己的需求修改幻灯片母版的版式和背景。

1. 更改幻灯片母版背景

更改幻灯片母版背景时，对单张幻灯片进行更改后，修改的母版将被保留。在应用该设计模板时，会在演示文稿上添加幻灯片母版，通常模板也包含标题母版，可以在标题母版上更改具有“标题幻灯片”版式的幻灯片。

新手实战86——更改幻灯片母版背景

素材文件	素材\第9章\现代婚礼背后的商机.pptx	效果文件	效果\第9章\现代婚礼背后的商机.pptx
视频文件	视频\第9章\现代婚礼背后的商机.mp4		

步骤 01 打开演示文稿后，切换至“视图”面板，单击“母版视图”选项板中的“幻灯片母版”按钮，进入“幻灯片母版”面板，单击“背景”选项板中的“背景样式”下拉按钮，如图9–20所示。

步骤 02 弹出列表框，选择“设置背景格式”选项，弹出“设置背景格式”窗格，在“填充”选项区中，选中“图片或纹理填充”单选按钮，如图9–21所示。

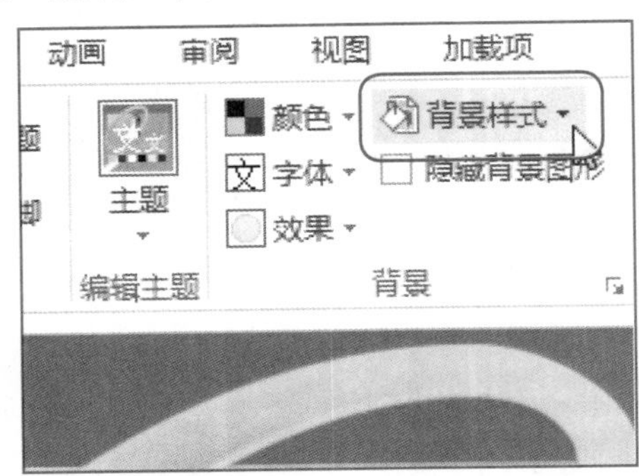

图9–20 单击“背景样式”下拉按钮

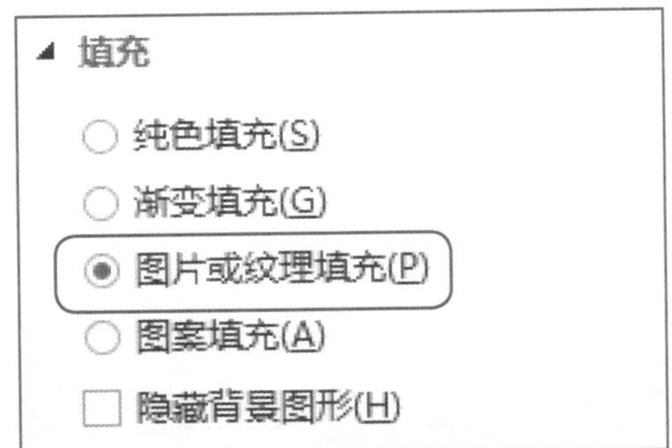

图9–21 选中“图片或纹理填充”单选按钮

步骤 03 单击“纹理”右侧的下拉按钮，在弹出的列表框中选择“粉色面巾纸”选项，如图9–22所示。

步骤 04 关闭“设置形状格式”窗格，即可设置幻灯片母版背景，如图9–23所示。

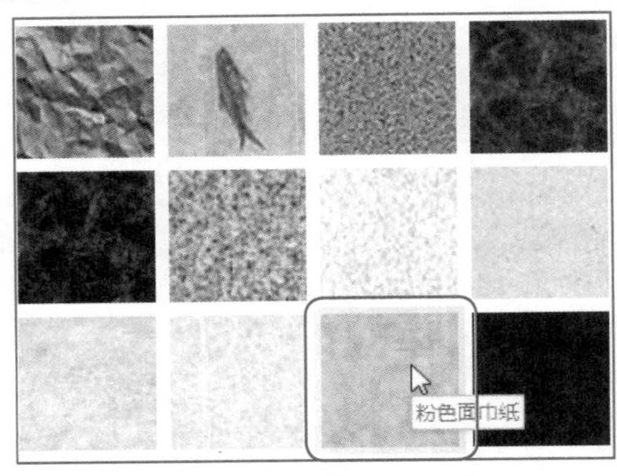

图9–22 选择“粉色面巾纸”选项

图9–23 设置幻灯片母版背景

2. 设置页眉和页脚

在幻灯片母版中，还可以添加页眉和页脚。页眉是幻灯片文本内容上方的信息，页脚是指在幻灯片文本内容下方的信息，用户可以利用页眉和页脚来为每张幻灯片添加日期、时间、编号和页码等。

新手实战87——设置页眉和页脚

素材文件	素材\第9章\现代婚礼背后的商机01.pptx	效果文件	效果\第9章\现代婚礼背后的商机01.pptx
视频文件	视频\第9章\现代婚礼背后的商机01.mp4		

步骤 01 打开演示文稿，切换至“插入”面板，单击“文本”选项板中的“页眉和页脚”按钮，弹出“页眉和页脚”对话框，如图9−24所示。

步骤 02 选中“日期和时间”复选框，选中“幻灯片编号”复选框和“页脚”复选框，并在“页脚”文本框中输入“婚庆公司”文本，然后选中“标题幻灯片中不显示”复选框，如图9−25所示。

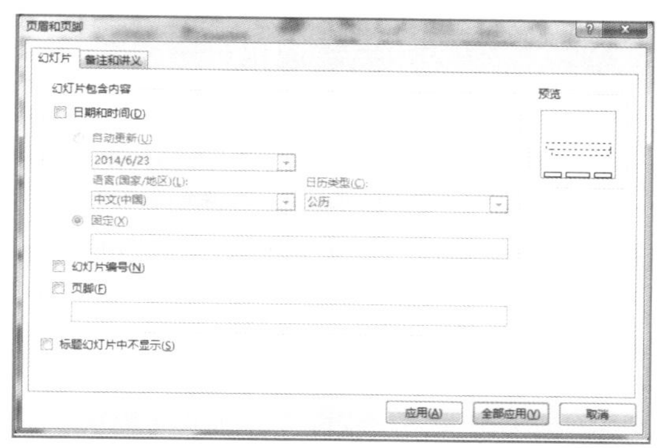

图9−24 “页眉和页脚”对话框

步骤 03 单击“全部应用”按钮，即可为所有的幻灯片设置页眉页脚，效果如图9−26所示。

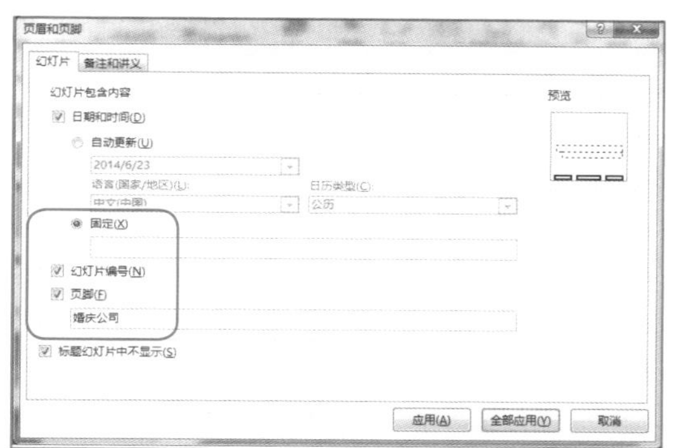

图9−25 输入“婚庆公司”文本

图9−26 设置页眉和页脚

9.3 应用母版视图

母版是一种特殊的幻灯片，它用于设置演示文稿中每张幻灯片的预设格式，母版控制演示文稿中的所有元素，如字体、字行和背景等。

新手实战88——应用母版视图

素材文件	素材\第9章\公司制度规范.pptx	效果文件	效果\第9章\公司制度规范.pptx
视频文件	视频\第9章\公司制度规范.mp4		

步骤01 打开演示文稿，切换至“视图”面板，在“演示文稿视图”选项板中单击“讲义母版”按钮，如图9-27所示。

步骤02 进入“讲义母版”面板，在“页面设置”选项板中单击“讲义方向”下拉按钮，在弹出的列表中选择“横向”选项，如图9-28所示。

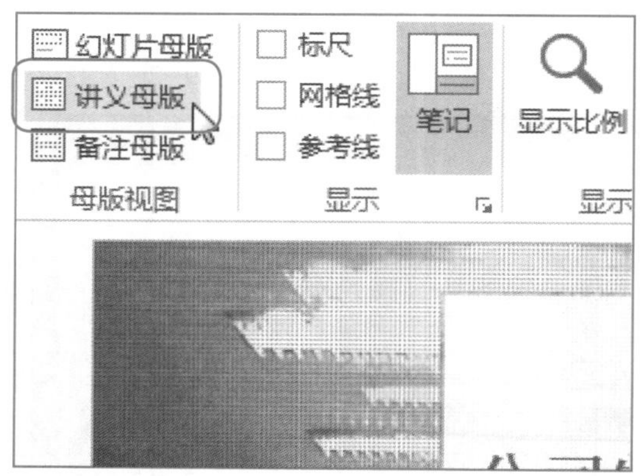

图9-27　单击“讲义母版”按钮

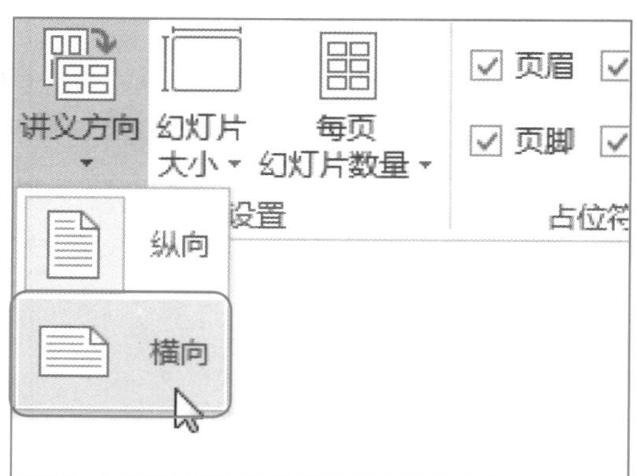

图9-28　选择“横向”选项

步骤03 执行操作后，即可设置讲义方向，如图9-29所示。

步骤04 单击“页面设置”选项板中的“每页幻灯片数量”下拉按钮，在弹出的列表中选择“4张幻灯片”选项，如图9-30所示。

图9-29　设置讲义方向

图9-30　选择“4张幻灯片”选项

步骤05 执行操作后，即可设置每页幻灯片数量，效果如图9-31所示。

图9-31 设置每页幻灯片数量

视野扩展

PowerPoint还可以应用备注母版视图。

备注母版主要是用来设置幻灯片的备注格式，用来作为演示者在演示时的提示和参考，备注栏中的内容还可以单独打印出来。

PowerPoint为每张幻灯片都设置了一个备注页，供演讲人添加备注。备注母版用于控制报告人注释的显示内容和格式，使多数注释有统一的外观。

9.4 设置幻灯片主题

在PowerPoint 2013中提供了很多种幻灯片主题，用户可以直接在演示文稿中应用这些主题。色彩漂亮且与演示文稿内容协调是评判幻灯片是否成功的标准之一，所以用幻灯片配色来烘托主题是制作演示文稿的一个重要操作。

9.4.1　设置内置主题模板

在制作演示文稿时，用户如果需要快速设置幻灯片的主题，可以直接使用PowerPoint中自带的主题效果。

新手实战89——设置内置主题模板

素材文件	素材\第9章\调查报告.pptx	效果文件	效果\第9章\调查报告.pptx
视频文件	视频\第9章\调查报告.mp4		

步骤01 打开演示文稿，切换至“设计”面板，单击“主题”选项板中的“其他”按钮，在弹出的“所有主题”列表框中选择“环保”选项，如图9-32所示。

步骤02 执行操作后，即可应用内置主题，效果如图9-33所示。

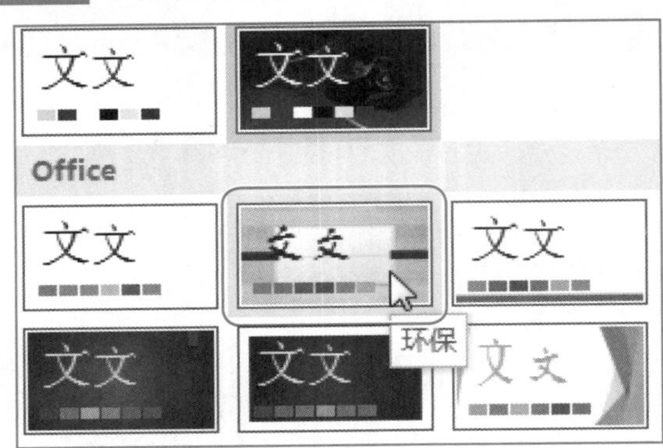

图9-32　选择“环保”选项

图9-33　应用内置主题

视野扩展

在“主题”下拉列表框中，包含了10种内置主题样式，用户可以根据制作幻灯片的实际需求，选择相应的内置主题。在制作演示文稿时，用户还可以选择存储在硬盘中的幻灯片模板。

9.4.2　将主题应用到选定幻灯片

在一般情况下，用户选定主题后，演示文稿中所有的幻灯片都将应用该主题。如果只需要某一张幻灯片应用该主题，可以设置将主题应用到选定的幻灯片中。

新手实战90——将主题应用到选定幻灯片

素材文件	素材\第9章\调查报告01.pptx	效果文件	效果\第9章\调查报告01.pptx
视频文件	视频\第9章\调查报告01.mp4		

步骤01 打开演示文稿，切换至“设计”面板，单击“主题”选项板中的“其他”按钮，在

弹出的列表框中的“内置”选项区中选择“平面”选项，如图9-34所示。

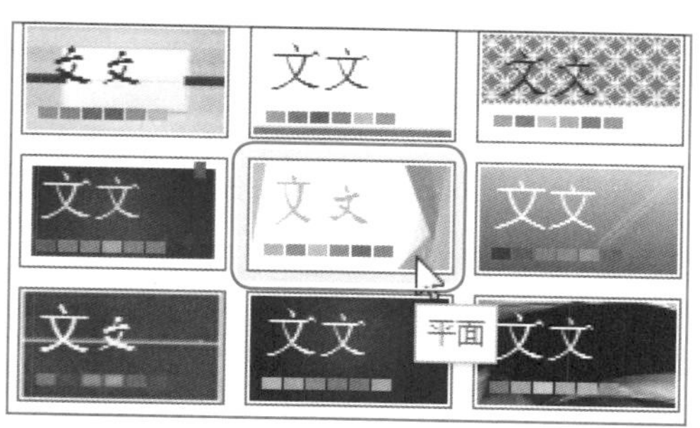

图9-34 选择“平面”选项

步骤02 单击鼠标右键，在弹出的快捷菜单中选择“应用于选定幻灯片”选项，如图9-35所示。

步骤03 执行操作后，即可将主题应用到选定幻灯片，效果如图9-36所示。

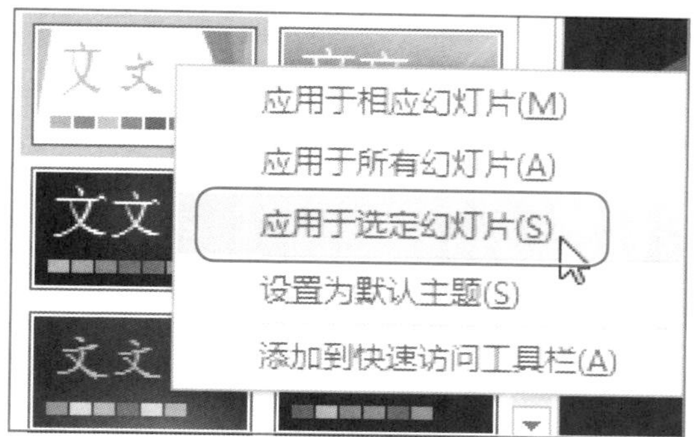

图9-35 选择“应用于选定幻灯片”选项

图9-36 将主题应用到选定的幻灯片

视野扩展

单击“保存”按钮，即可保存主题。如果用户需要查看保存的主题文件，只需再次打开“保存当前主题”对话框，即可查看。

9.5 设置主题模板颜色和字体特效

PowerPoint为每种设计模板提供了几十种颜色，用户可以根据自己的要求选择不同的颜色来设计演示文稿。

9.5.1 设置主题模板颜色

在PowerPoint 2013中，用户可以设置主题模板颜色。

新手实战91——设置主题模板颜色

素材文件	素材\第9章\自我意识尺度.pptx	效果文件	效果\第9章\自我意识尺度.pptx
视频文件	视频\第9章\自我意识尺度.mp4		

步骤 01 在PowerPoint 2013中，打开演示文稿，如图9-37所示。

步骤 02 切换至“设计”面板，在“主题”选项板中，单击“其他”下拉按钮，在弹出的列表框中选择“丝状”选项，如图9-38所示。

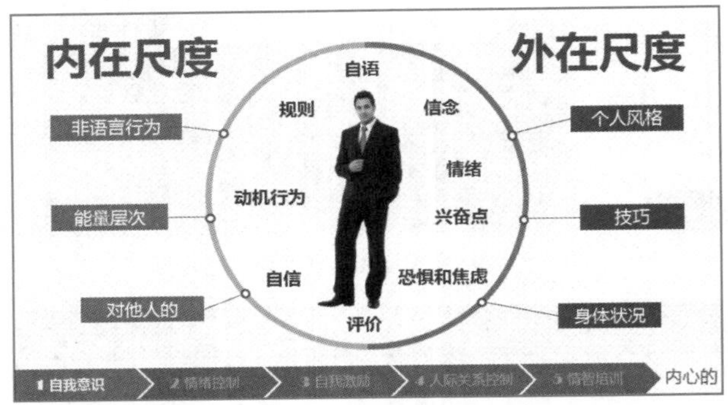

图9-37 打开演示文稿

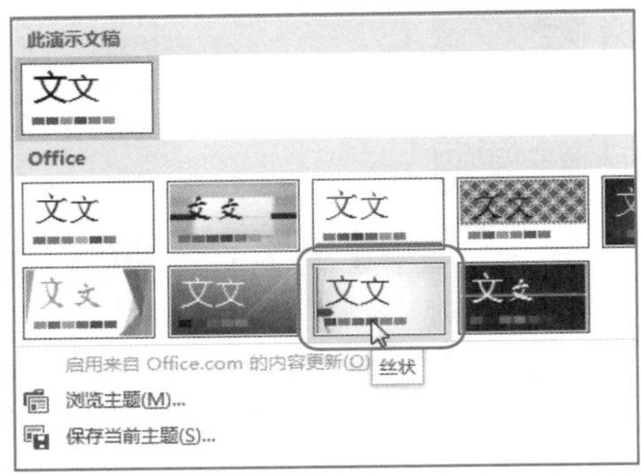

图9-38 选择“丝状”选项

步骤 03 执行操作后，即可将主题设置为丝状，如图9-39所示。

步骤 04 在“变体”选项板中，选择相应选项，如图9-40所示。

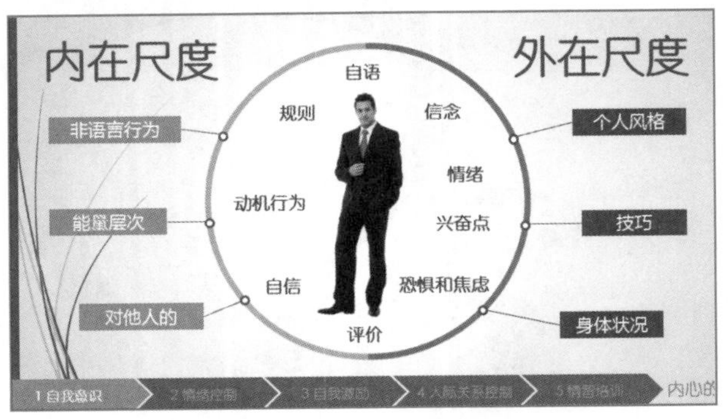

图9-39 设置主题为丝状

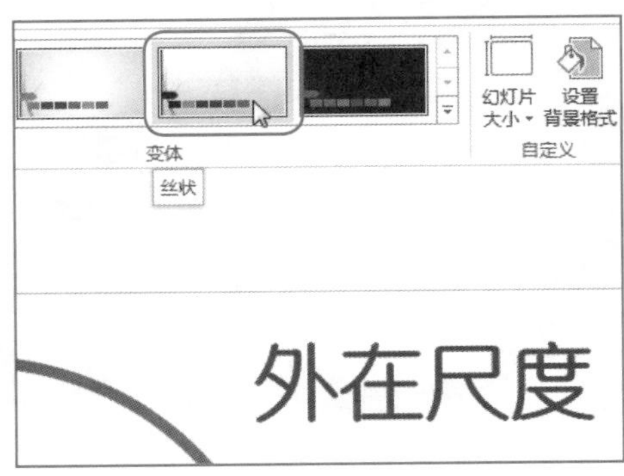

图9-40 选择相应选项

步骤 05 执行操作后，即可设置主题变体，效果如图9-41所示。

步骤 06 单击“变体”右侧的下拉按钮，弹出列表框，选择“颜色”|“博大精深”选项，如图9-42所示。

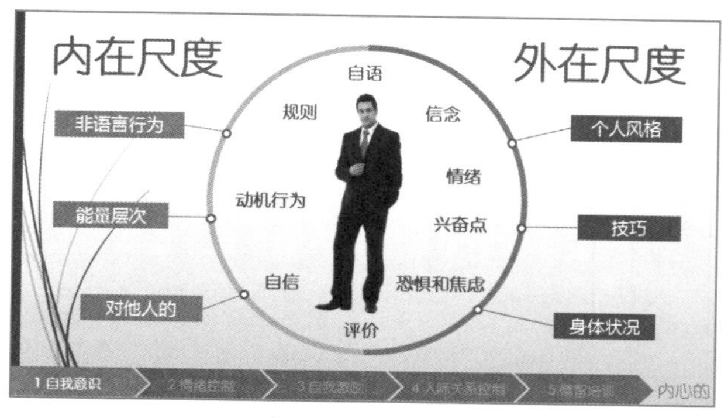

图9-41 设置主题变体

图9-42 选择“博大精深”选项

步骤07 执行操作后，即可设置主题颜色，效果如图9-43所示。

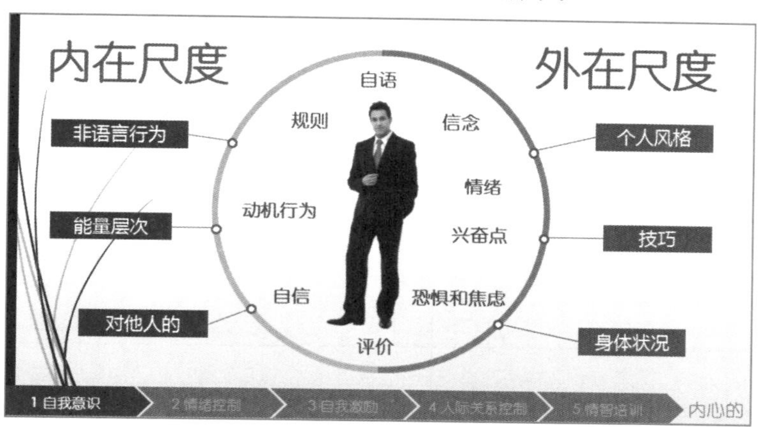

图9-43 设置主题颜色

视野扩展

用户还可以设置灰度、蓝色暖调、中性、纸张、字幕、气流、视点等24种主题模板颜色。

9.5.2 设置主题字体特效

在“主题”选项板中，用户可以设置幻灯片中的各种字体特效，其中包括沉稳型的方正姚体、暗香扑面型的微软雅黑和活力型的幼圆等，另外用户还能够新建主题字体。

新手实战92——设置主题字体特效

素材文件	素材\第9章\情商.pptx	效果文件	效果\第9章\情商.pptx
视频文件	视频\第9章\情商.mp4		

步骤01 在PowerPoint 2013中，打开演示文稿，如图9-44所示。

步骤02 选中文本，切换至“设计”面板，在“变体”选项板中，单击右侧的“其他”下拉按钮，如图9-45所示。

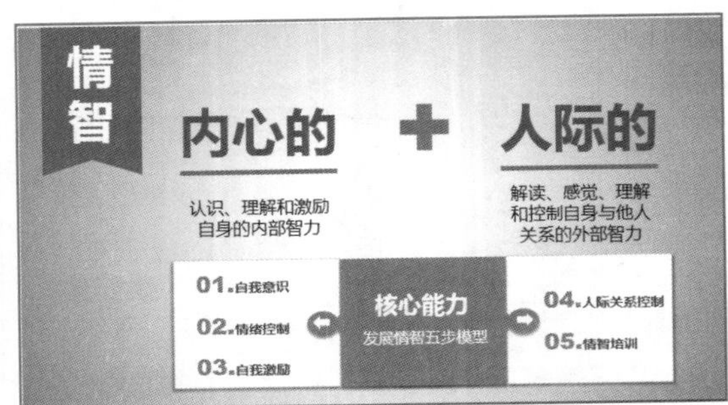

图9-44　打开演示文稿

图9-45　单击“其他”下拉按钮

步骤 03 弹出列表框，选择“字体”|“方正舒体”选项，如图9-46所示。

步骤 04 执行操作后，即可设置主题字体为方正舒体，效果如图9-47所示。

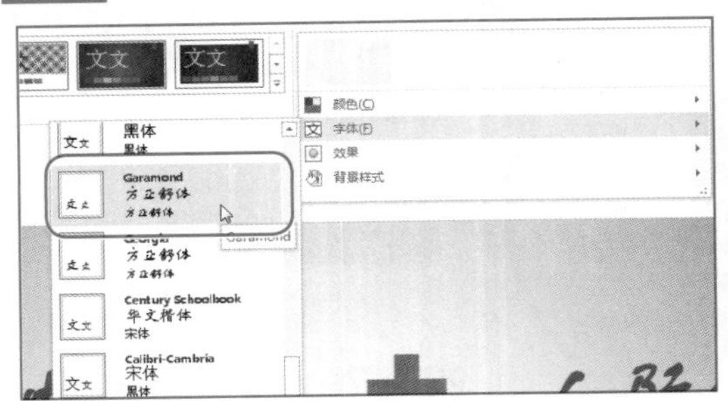

图9-46　选择“方正舒体”选项

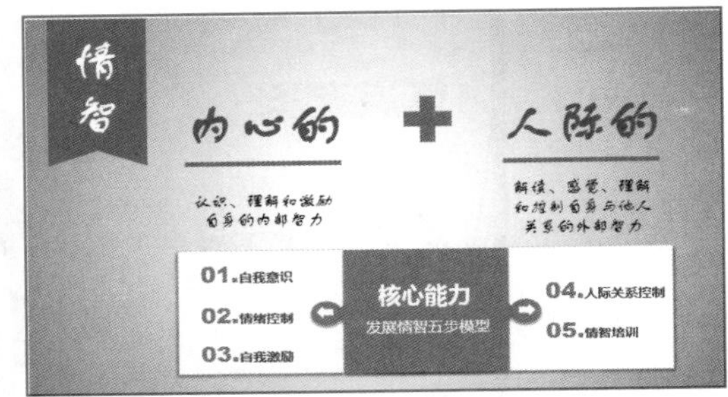

图9-47　设置主题字体

9.6　本章小结

本章介绍了PowerPoint 2013幻灯片母版和设计模板的应用，通过设置纯色背景和设置渐变背景学习如何设置幻灯片背景，介绍了编辑幻灯片母版的方法主要有复制幻灯片母版、设置项目符号、编辑占位符和自定义模板幻灯片，学习了如何应用母版，以及设置幻灯片主题、设置主题模板颜色和字体特效。

9.7　趁热打铁

设置主题模板为“离子”，主题颜色为“蓝色Ⅱ”，设置主题字体特效为“华文新魏”。

第10章 插入声音和视频

PPT

学习提示

在PowerPoint 2013中，除了在演示文稿中插入图片、形状以及表格以外，还可以在演示文稿中插入声音和视频。本章主要向读者介绍添加各类声音、设置声音属性、添加视频、设置视频属性以及插入和剪辑动画等内容。

本章案例导航

- 新手实战93——插入文件中的声音
- 新手实战94——插入录制的声音
- 新手实战95——添加文件中的视频
- 新手实战96——设置视频样式
- 新手实战97——设置视频亮度和对比度
- 新手实战98——设置视频颜色
- 新手实战99——添加Flash动画
- 新手实战100——放映Flash动画

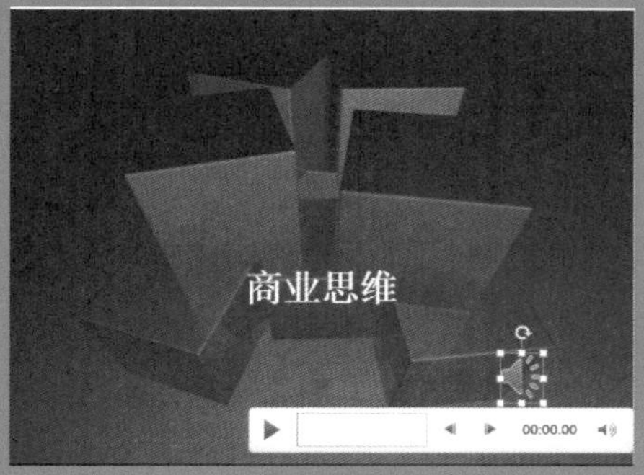

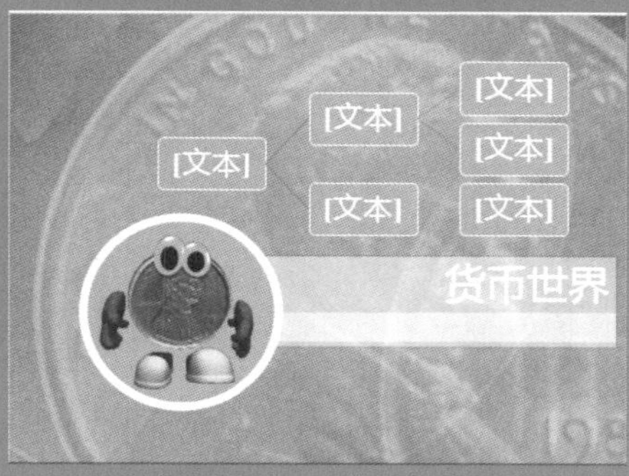

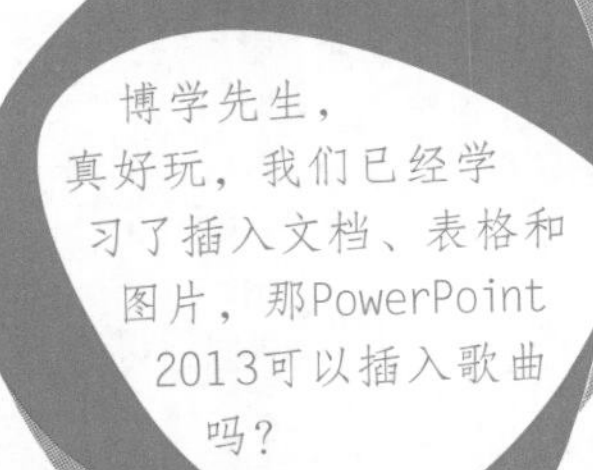

10.1 插入和剪辑声音

在制作演示文稿的过程中，特别是在制作宣传演示文稿时，可以为幻灯片添加一些适当的声音。添加的声音可以配合图文，使演示文稿变得有声有色，更具感染力。

10.1.1 插入文件中的声音

添加文件中的声音就是将电脑中已存在的声音插入到演示文稿中，也可以从其他的声音文件中添加用户需要的声音。

新手实战93——插入文件中的声音

素材文件	素材\第10章\商业思维.pptx	效果文件	效果\第10章\商业思维.pptx
视频文件	视频\第10章\商业思维.mp4		

步骤 01 打开演示文稿，切换至“插入”面板，在“媒体”选项板中，单击“音频”下拉按钮，在弹出的列表框中选择“PC上的音频”选项，如图10-1所示。

步骤 02 弹出“插入音频”对话框，选择需要插入的声音文件，如图10-2所示。

步骤 03 单击“插入”按钮，即可插入声音。调整声音图标至合适位置，如图10-3所示，在播放幻灯片时即可听到插入的声音。

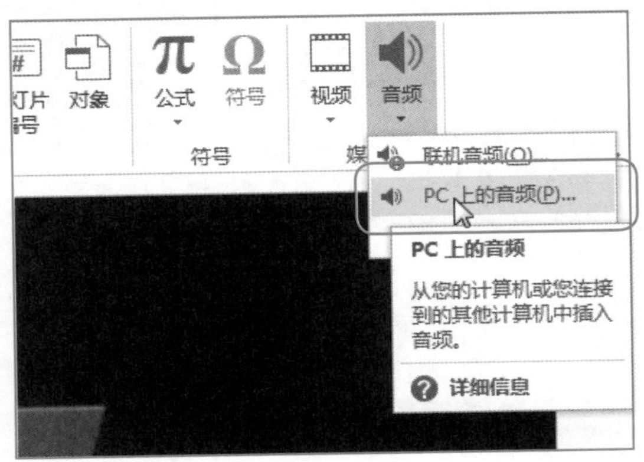

图10-1 选择“PC上的音频”选项

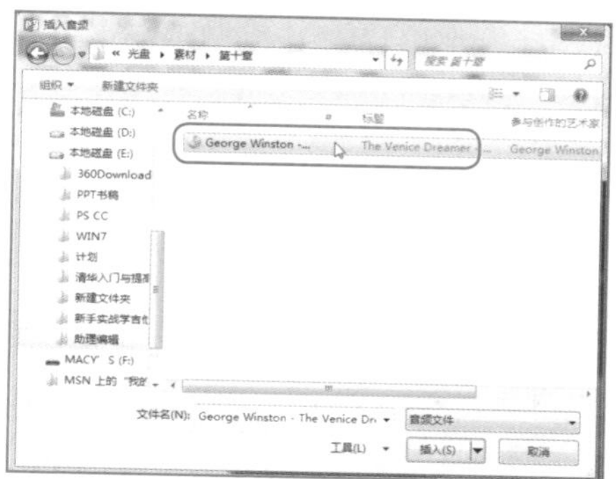

图10-2 选择需要的声音文件

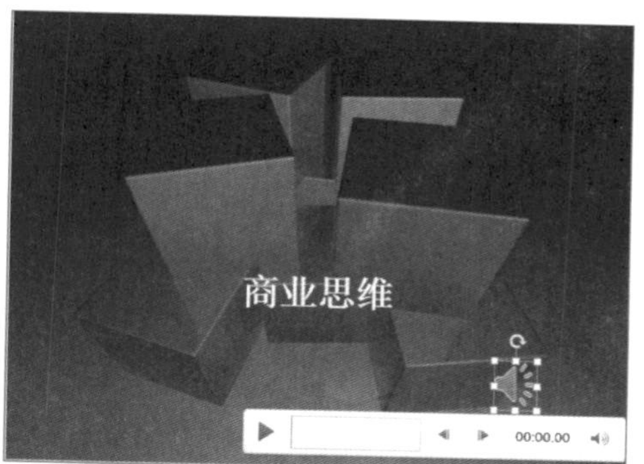

图10-3 插入声音文件

专家指点

双击声音图标，可以预听声音内容，单击声音图标以外的空白区域，就会停止播放。

视野扩展

在PowerPoint 2013中，用户除了添加文件中的声音外，还可以插入联机音频。切换至“插入”面板，在“媒体”选项板中，单击“音频”下拉按钮，在弹出的列表框中选择“联机音频”选项，选择相应的搜索网站后输入关键字，用户浏览自己需要的音频，选定后即可添加联机音频。

10.1.2 插入录制的声音

如果用户需要插入录制的声音，可以选择“声音”列表框中的“录制声音”选项，即可实现。

新手实战94——插入录制的声音

素材文件	素材\第10章\商业金字塔.pptx	效果文件	效果\第10章\商业金字塔.pptx
视频文件	视频\第10章\商业金字塔.mp4		

步骤 01 在PowerPoint 2013中，打开演示文稿，切换至“插入”面板，在“媒体”选项板中单击“音频”下拉按钮，在弹出的“音频”列表框中选择“录制音频”选项，如图10-4所示。

步骤 02 弹出“录制声音”对话框，在“名称”文本框中输入名称“外来声音”，单击“开始录制”按钮，如图10-5所示。

图10-4 选择“录制音频”选项

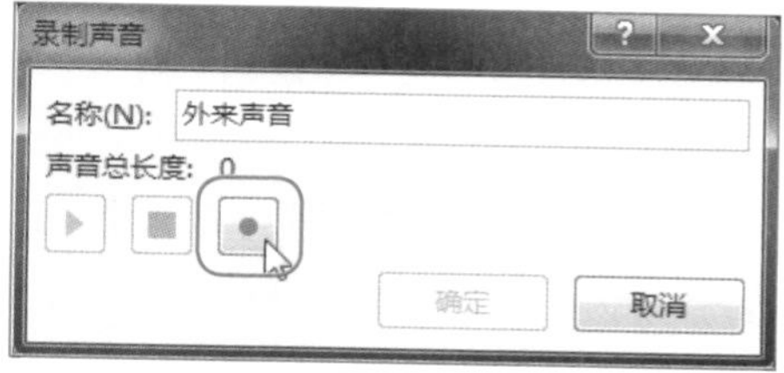

图10-5 单击“录制”按钮

步骤03 录制声音完成后，单击“停止”按钮，然后单击“确定”按钮，如图10–6所示。

步骤04 执行操作后，即可在幻灯片中添加录制的声音，效果如图10–7所示。

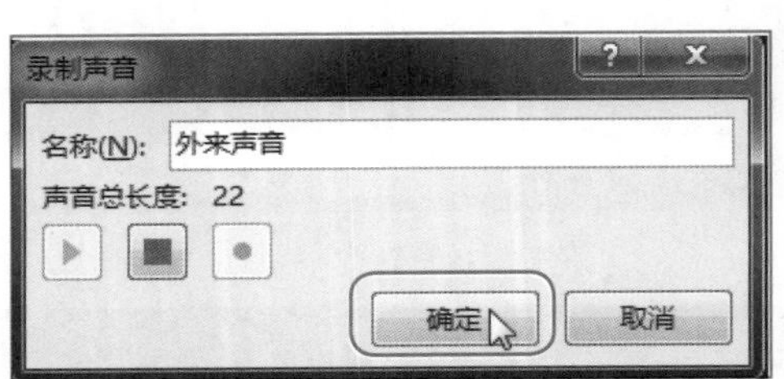

图10–6 单击“确定”按钮

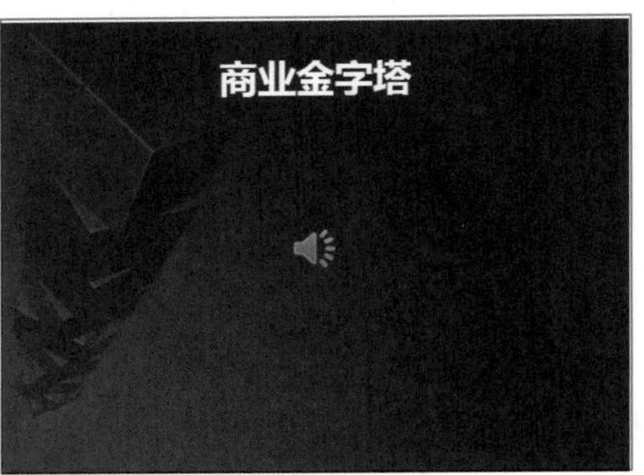

图10–7 添加录制的声音

视野扩展

当录音完成后，在幻灯片中也会出现声音图标。与插入剪辑中的声音一样，可以调整图标的大小与位置，还可以切换到“播放”面板，对插入的声音进行播放设置。

10.1.3 设置声音连续播放

在PowerPoint 2013中，在幻灯片中选中声音图标，切换至“播放”面板，选中“音频选项”选项板中的“循环播放，直到停止”复选框，如图10–8所示。这样在放映幻灯片的过程中会自动循环播放，直到放映下一张幻灯片或停止放映为止。

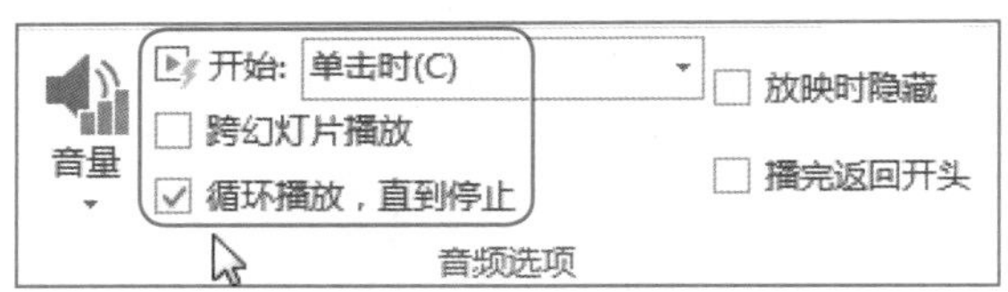

图10–8 选中“循环播放，直到停止”复选框

10.1.4 设置声音音量

设置声音播放音量，只需要选中声音图标，切换至“音频工具”中的“播放”面板，单击“音频”选项板中的“音量”下拉按钮，通过弹出的音量选项设置音量大小，如图10–9所示。

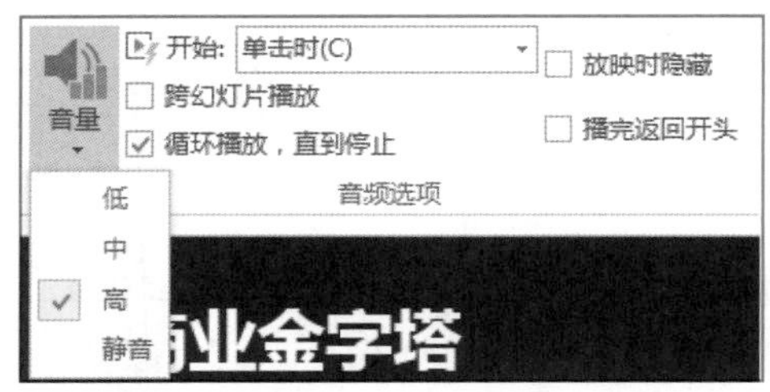

图10–9 选择音量大小

专家指点

“音量”下拉按钮中包括4个选项，分别是“低”、“中”、“高”和“静音”。用户只需勾选对应的音量，即可设置声音音量。

10.2 插入和剪辑视频

PowerPoint中的视频包括视频和动画，可以在幻灯片中插入的视频格式有十多种。PowerPoint支持的视频格式会随着媒体播放器的不同而不同，用户可根据剪辑管理器或是从外部文件夹中添加视频。

10.2.1 添加文件中的视频

大多数情况下，PowerPoint剪辑管理器中的视频不能满足用户的需求，此时就可以选择插入来自文件中的视频。

新手实战95——添加文件中的视频

素材文件	素材\第10章\电话营销.pptx	效果文件	效果\第10章\电话营销.pptx
视频文件	视频\第10章\电话营销.mp4		

步骤 01 在PowerPoint 2013中，打开演示文稿，切换至“插入”面板，单击“媒体”选项板中的“视频”下拉按钮，弹出列表框，选择“PC上的视频”选项，如图10-10所示。

步骤 02 弹出“插入视频文件”对话框，在计算机上的合适位置选择视频文件，如图10-11所示。

图10-10　选择“PC上的视频”选项

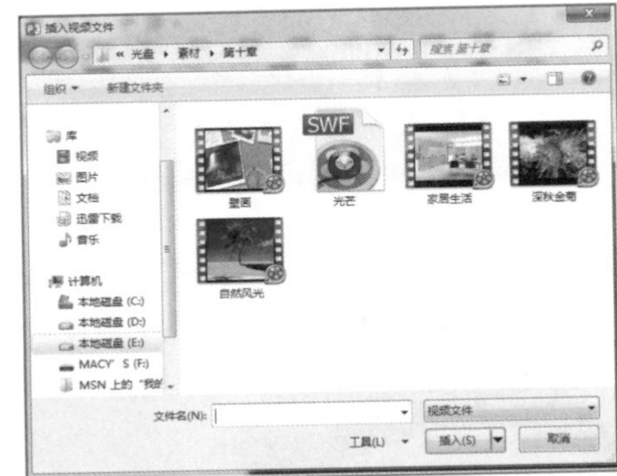

图10-11　选择视频文件

步骤03 单击“插入”按钮，即可将视频文件插入到幻灯片中，调整视频大小，如图10-12所示。

步骤04 切换至“视频工具”中的“播放”面板，在“预览”选项板中，单击“播放”按钮播放视频文件，效果如图10-13所示。

图10-12　插入视频文件

图10-13　播放视频文件

视野扩展

播放视频文件，除了单击“预览”选项板中的“播放”按钮以外，单击“视频文件”下方播放导航条上的“播放/暂停”按钮，也可播放视频。

专家指点

切换至“插入”面板，单击“媒体”选项板中的“视频”下拉按钮，弹出列表框，选择“联机视频”选项，可以添加联机视频。

10.2.2　设置视频属性选项

在幻灯片中选中插入的影片，功能区就将出现“影片选项”选项板。在该选项板中，用户可以根据自己的需求对插入的影片进行相关的设置。

选中视频，切换至“播放”面板，在“视频选项”选项板中，用户可以根据自己的需要对插入的视频进行相关的设置操作。

1. 设置播放和暂停效果用于自动或单击时

设置播放和暂停效果为自动播放，只需要单击“视频选项”选项板中的“开始”下拉按钮，在弹出的列表框中选择“自动”选项，如图10-14所示，即可设置自动播放视频。

设置播放和暂停效果为单击时播放，只需要单击“视频选项”选项板中的“开始”下拉按钮，在弹出的列表框中选择“单击时”选项即可，如图10-15所示。

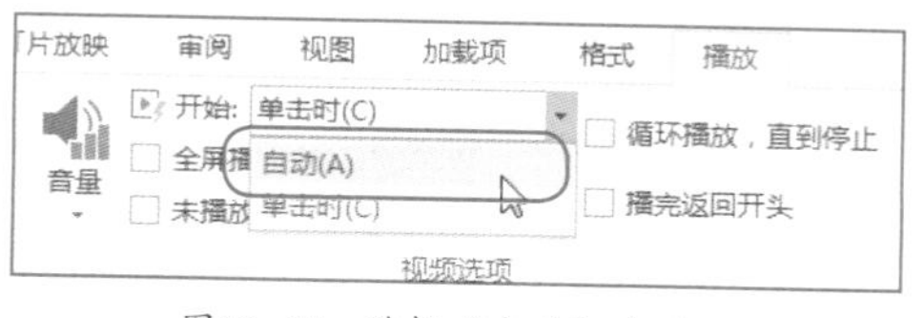

图10-14 选择“自动”选项

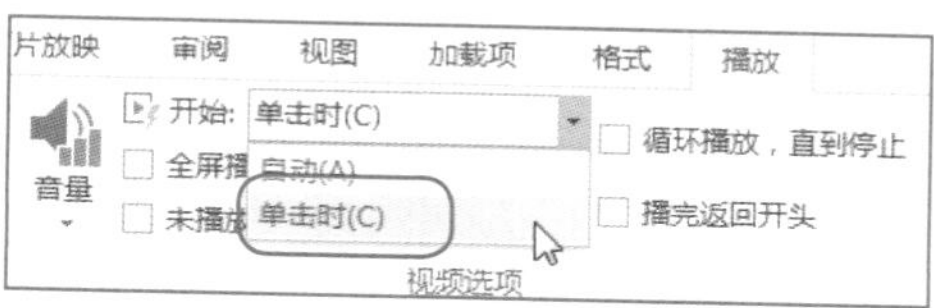

图10-15 选择“单击时”选项

2. 调整视频尺寸

调整视频尺寸的方法有两种：选中视频，切换至“格式”面板，在“大小”选项板中直接输入宽度和高度的具体数值，即可设置视频的大小，如图10-16所示。单击“大小”选项板右下角的扩展按钮，弹出“设置视频格式”对话框，在“大小”选项区中，输入宽度和高度的具体数值，即可设置视频的大小。

3. 设置全屏播放视频

在“视频选项”选项板中，选中“全屏播放”复选框，如图10-17所示，在播放时PowerPoint会自动将视频显示为全屏模式。

图10-16 设置视频大小

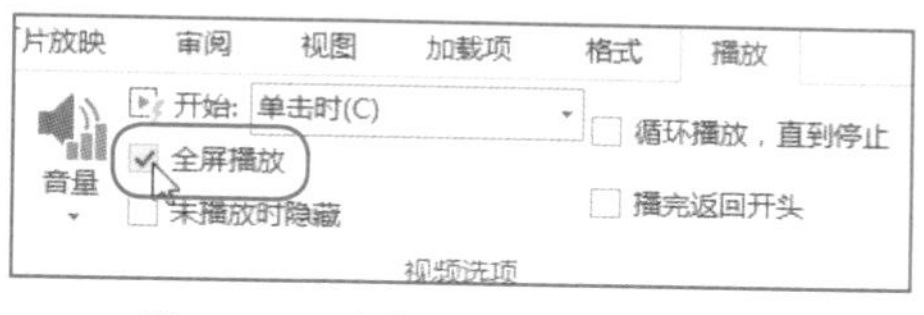

图10-17 选中“全屏播放”复选框

4. 设置视频音量

在“音量”下拉列表中，用户可以根据需要选择“低”、“中”、“高”和“静音”4个选项，对音量进行设置，如图10-18所示。

5. 设置视频倒带

将视频设置为播放后倒带，视频将自动返回到第一张幻灯片，并在播放一次后停止，只需要选中“视频选项”选项板中的“播完返回开头”复选框即可，如图10-19所示。

6. 快速设置视频循环播放

在“视频选项”选项板中，选中“循环播放，直到停止”复选框，在放映幻灯片时，视频会自动循环播放，直到下一张幻灯片才停止放映。

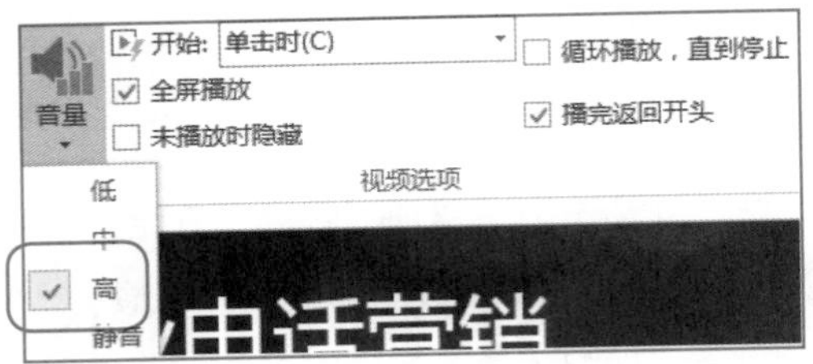

图10-18 “音量”列表框

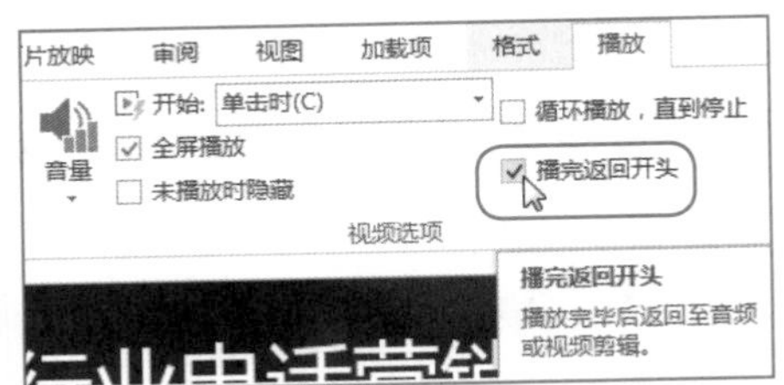

图10-19 选中“播完返回开头”复选框

10.2.3 设置视频样式

与图表及其他对象一样，PowerPoint也为视频提供了视频样式，视频样式可以使视频应用不同的视频样式效果、视频形状和视频边框等。下面向读者介绍设置视频样式的操作方法。

新手实战96——设置视频样式

素材文件	素材\第10章\旅游经济.pptx	效果文件	效果\第10章\旅游经济.pptx
视频文件	视频\第10章\旅游经济.mp4		

步骤01 在PowerPoint 2013中，打开演示文稿，在编辑区中选择需要设置样式的视频，如图10-20所示。

步骤02 切换至“视频工具”中的“格式”面板，在“视频样式”选项板中，单击“其他”下拉按钮，如图10-21所示。

图10-20 选择视频

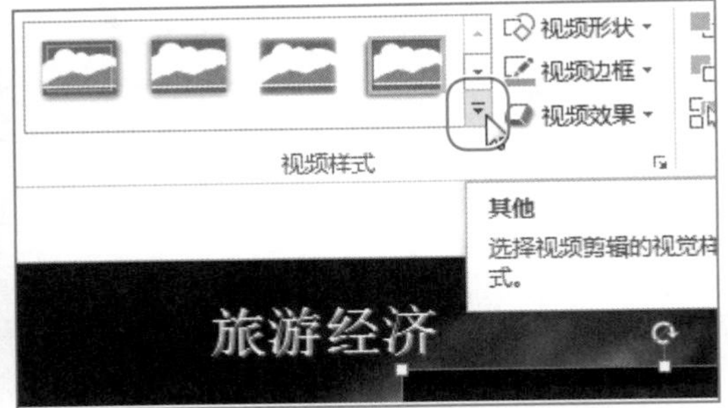

图10-21 单击“其他”下拉按钮

步骤03 在弹出的列表框中的“中等”选项区中，选择“圆形对角，白色”选项，如图10-22所示。

步骤04 执行操作后，即可应用视频样式，如图10-23所示。

步骤05 在“视频样式”选项板中，单击“视频边框”右侧的下拉按钮，弹出列表框，在“标准色”选项区中，选择“橙色”选项，如图10-24所示。

步骤06 设置完成后，视频将以设置的样式显示，效果如图10-25所示。

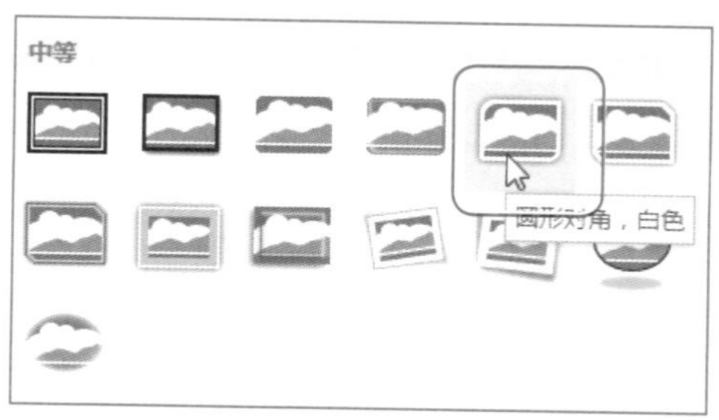

图10-22 选择“圆形对角，白色”选项

图10-23 应用视频样式

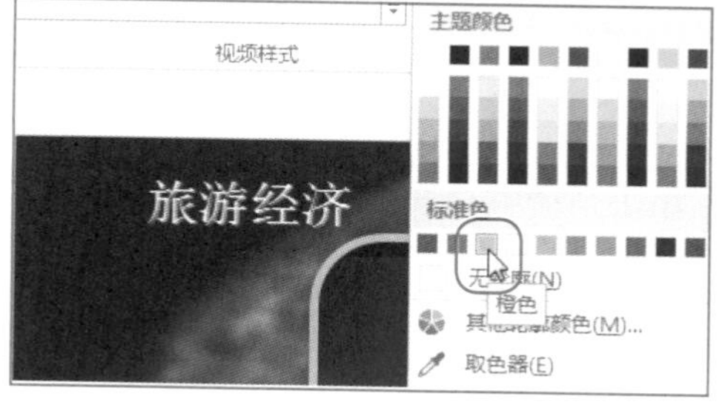

图10-24 选择“橙色”选项

图10-25 设置视频样式效果

视野扩展

影片都是以链接的方式插入的。如果要在另一台计算机上播放，则需要在复制演示文稿的同时复制它所链接的影片文件。

10.3 设置视频效果

对于插入到幻灯片中的视频，不仅可以调整其位置、大小和播放模式，用户还可以进行亮度、对比度以及颜色的调整等操作。

10.3.1 设置视频亮度和对比度

当导入的视频在拍摄过程中太暗或太亮时，用户可以运用“调整”选项板中的相关操作对视频进行修复处理。

新手实战97——设置视频亮度和对比度

素材文件	素材\第10章\旅游经济01.pptx	效果文件	效果\第10章\旅游经济01.pptx
视频文件	视频\第10章\旅游经济01.mp4		

步骤 01 在PowerPoint 2013中，打开演示文稿，在编辑区中，选择需要调整亮度和对比度的视频，如图10-26所示。

步骤 02 切换至“视频工具”中的“格式”面板，单击“调整”选项板中的“更正”下拉按钮，如图10-27所示。

图10-26　选择视频

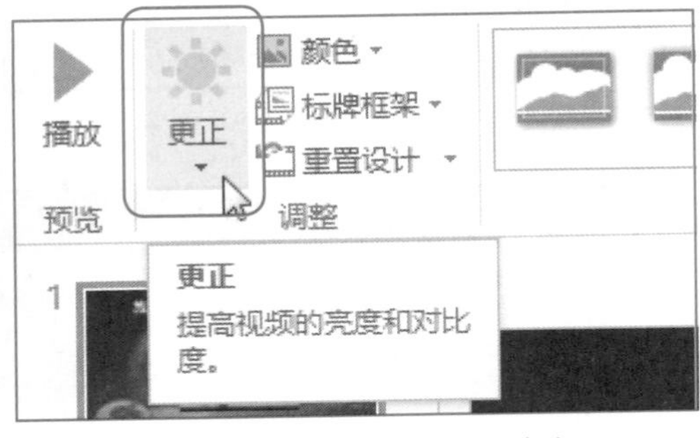

图10-27　单击“更正”下拉按钮

步骤 03 在弹出的列表框中，选择相应选项，如图10-28所示。

步骤 04 执行操作后，即可调整视频的亮度和对比度，如图10-29所示。

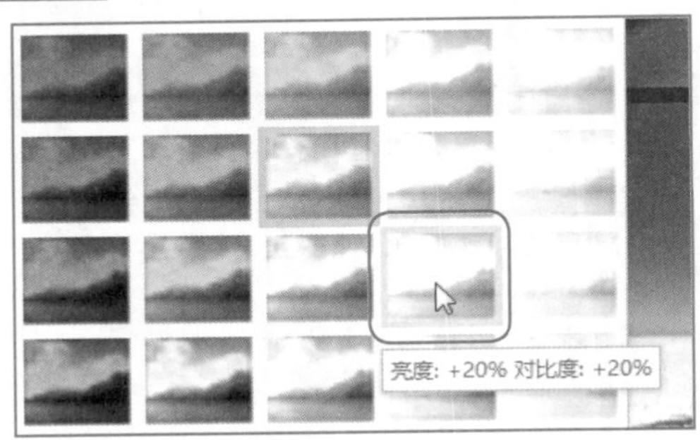

图10-28　选择相应选项

图10-29　调整视频的亮度和对比度

视野扩展

在弹出的“更正”列表框中包括25种亮度和对比度模式，用户可以根据添加的视频效果，选择合适的模式，对视频进行调整。

10.3.2 设置视频颜色

若用户需要进行改变视频颜色操作时，可通过“颜色”列表框中的各选项进行设置。

新手实战98——设置视频颜色

素材文件	素材\第10章\旅游经济02.pptx	效果文件	效果\第10章\旅游经济02.pptx
视频文件	视频\第10章\旅游经济02.mp4		

步骤 01 在PowerPoint 2013中，打开演示文稿，在编辑区中选择需要设置颜色的视频，如图10-30所示。

步骤 02 切换至“视频工具”中的“格式”面板，单击“调整”选项板中的“颜色”下拉按钮，如图10-31所示。

图10-30 选择视频

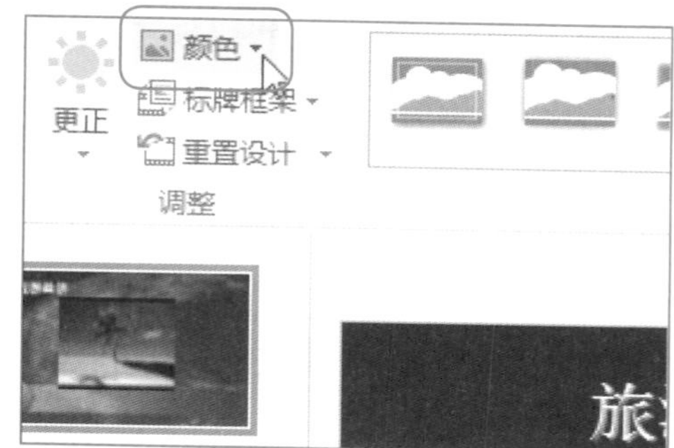

图10-31 单击“颜色”下拉按钮

步骤 03 在弹出的列表框中，选择“褐色”选项，如图10-32所示。

步骤 04 执行操作后，即可设置视频的颜色，如图10-33所示。

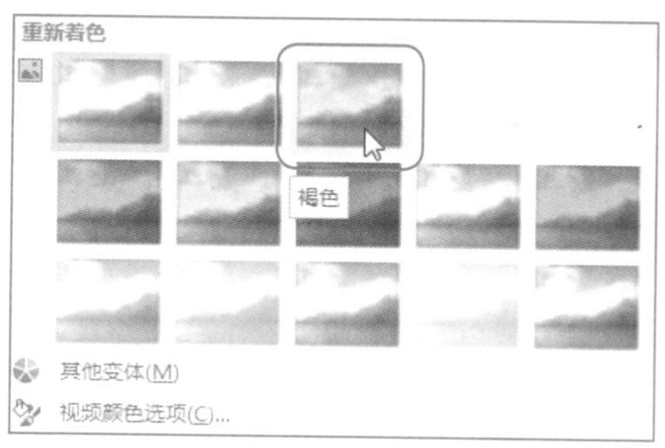

图10-32 选择“褐色”选项

图10-33 设置视频的颜色

视野扩展

在弹出的“颜色”列表框中，用户还可以选择“视频颜色选项”选项，在弹出的“设置视频格式”对话框中，用户可以对视频的属性进行设置。

10.4 插入和剪辑动画

在PowerPoint 2013中还可以插入MP4格式的Flash文件，能正确插入和播放Flash动画的前提是电脑中应安装最新版本的Flash Player，以便注册Shockware Flash Object。

10.4.1 添加Flash动画

插入Flash动画的基本方法，是先在演示文稿中添加一个ActiveX控件，然后创建一个从该控件指向Flash动画文件的链接。

新手实战99——添加Flash动画

素材文件	素材\第10章\公司年报.pptx	效果文件	效果\第10章\公司年报.pptx
视频文件	视频\第10章\公司年报.mp4		

步骤01 在PowerPoint 2013中，打开演示文稿，在“开始”面板中的功能区上单击鼠标右键，在弹出的快捷菜单中，选择“自定义功能区”选项，如图10-34所示。

步骤02 在弹出的“PowerPoint选项”对话框中，选中“开发工具”复选框，如图10-35所示。

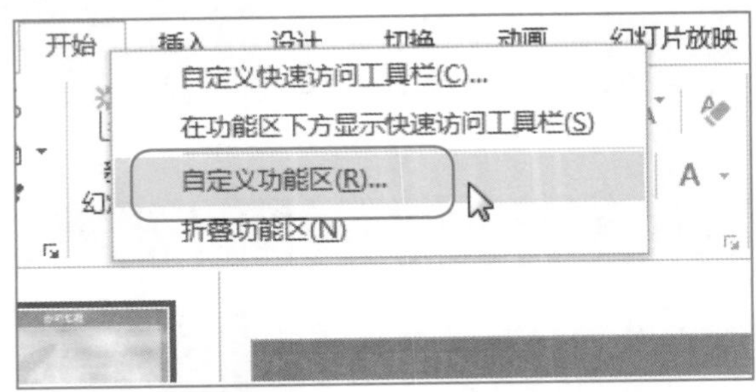

图10-34 选择“自定义功能区”选项

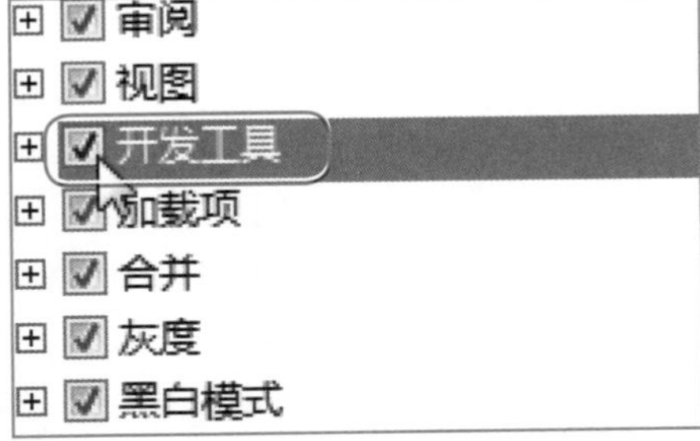

图10-35 选中“开发工具”复选框

步骤03 单击“确定”按钮，即可在功能区中显示“开发工具”面板，如图10-36所示。

步骤04 新建一张空白幻灯片，切换至“开发工具”面板，单击“控件”选项板中的“其他控件”按钮，如图10-37所示。

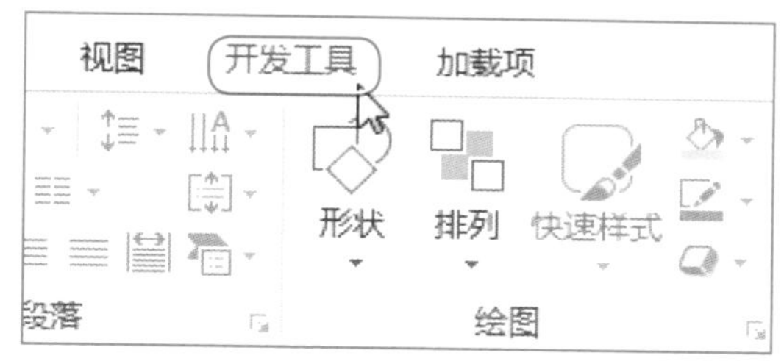

图10-36 显示“开发工具”面板

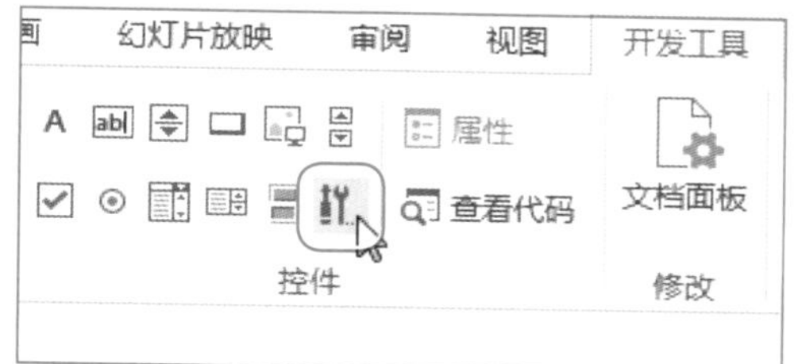

图10-37 单击“其他控件”按钮

步骤05 弹出“其他控件”对话框，在该对话框中选择相应选项，如图10-38所示。

步骤06 单击“确定”按钮，然后在幻灯片上拖曳鼠标，绘制一个长方形的Shockware Flash Object控件，如图10-39所示。

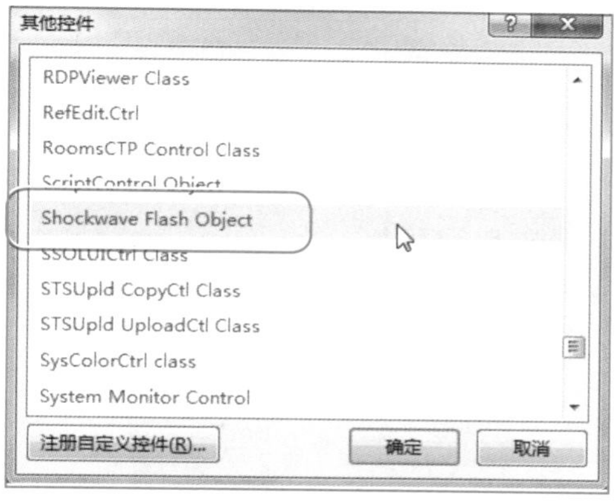

图10-38 选择相应选项

图10-39 绘制一个长方形控件

专家指点

在“开发工具”面板“控件”选项板中还有以下工具。

- “标签”按钮A：单击“标签”按钮，即可在幻灯片中插入标签控件。
- “文本框”按钮abl：单击“文本框”按钮，即可在幻灯片中插入文本框控件。
- “数值调节钮”按钮：单击“数值调节钮”按钮，即可在幻灯片中插入数值调节钮控件。
- “命令”按钮：单击“命令”按钮，即可在幻灯片中插入命令控件。
- “图像”按钮：单击“图像”按钮，即可在幻灯片中插入图像控件。
- “滚动条”按钮：单击“滚动条”按钮，即可在幻灯片中插入滚动条控件。
- “复选框”按钮：单击“复选框”按钮，即可在幻灯片中插入复选框控件。
- “选项按钮”按钮：单击“选项按钮”按钮，即可在幻灯片中插入选项按钮控件。
- “组合框”按钮：单击“组合框”按钮，即可在幻灯片中插入组合框控件。
- “列表框”按钮：单击“列表框”按钮，即可在幻灯片中插入列表框控件。
- “切换”按钮：单击“切换”按钮，即可在幻灯片中插入切换按钮控件。

步骤07 在绘制的Shockware Flash Object控件上，单击鼠标右键，在弹出的快捷菜单中选择“属性表”选项，如图10-40所示。

步骤08 执行操作后，弹出“属性”面板，选择Movie选项，如图10-41所示。

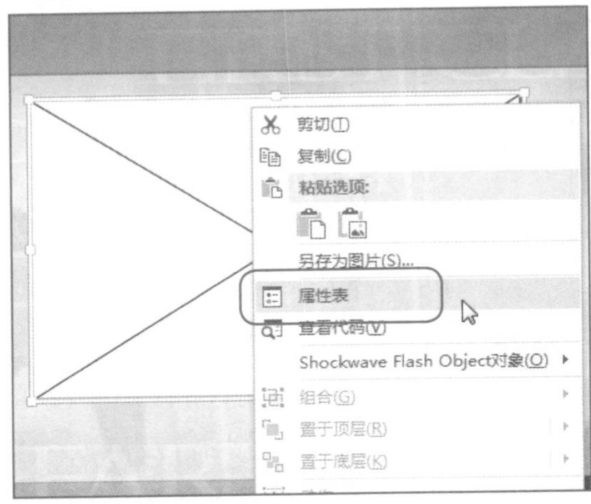

图10-40 选择“属性表”选项

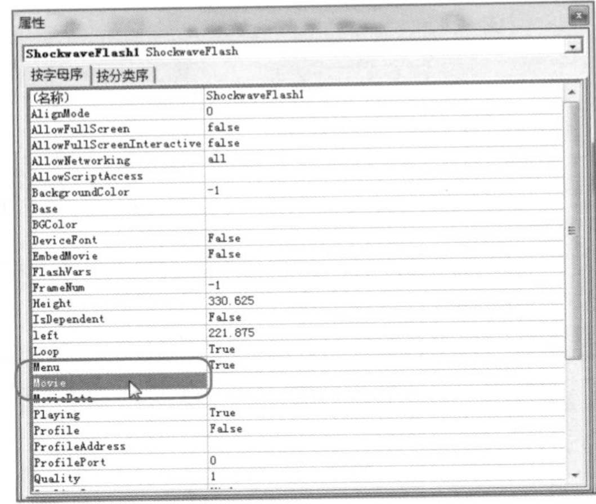

图10-41 选择Movie选项

步骤09 在Movie选项右侧的空白文本框中，输入需要插入的Flash文件路径和文件名，如图10-42所示。

步骤10 关闭“属性”对话框，即可插入Flash动画，如图10-43所示。

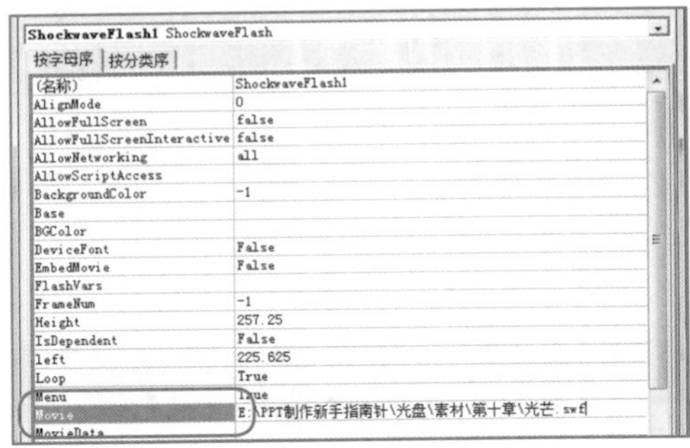

图10-42 输入文件路径和文件名

图10-43 插入Flash动画

视野扩展

要在显示幻灯片时自动播放动画，还应该将Playing属性设置为True。如果不希望重复播放动画，则应将Loop属性设置为False。添加Flash动画后，它只有在幻灯片放映视图中可见。

10.4.2 放映Flash动画

在幻灯片中插入Flash动画以后，用户还可以在“幻灯片放映”面板中设置Flash动画的放映。

新手实战100——放映Flash动画

效果文件	效果\第10章\公司年报.pptx	视频文件	视频\第10章\公司年报01.mp4

步骤 01 打开10.4.1小节的效果文件，进入第2张幻灯片，如图10-44所示。

步骤 02 在幻灯片底部的备注栏中，单击"幻灯片放映"按钮，如图10-45所示。

步骤 03 执行操作后，即可放映Flash动画，效果如图10-46所示。

图10-44　进入第2张幻灯片

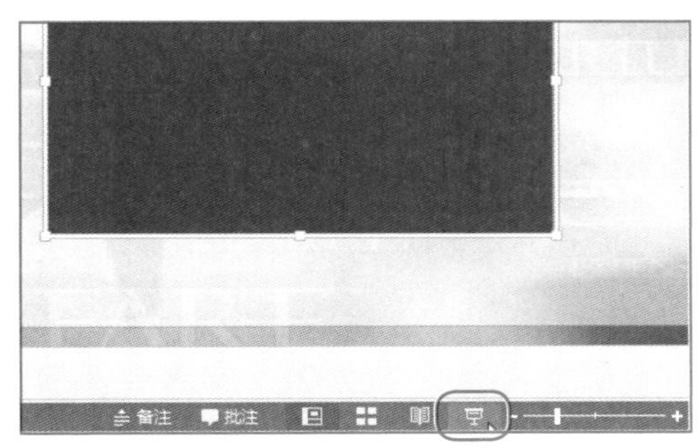

图10-45　单击"幻灯片放映"按钮

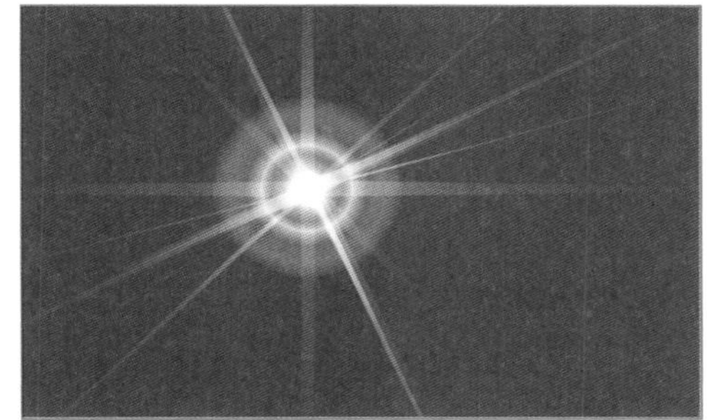

图10-46　放映Flash动画

视野扩展

如果要退出幻灯片放映状态并返回到普通视图，只需要按【Esc】键。预览动画效果后，Shockware Flash Object控件将显示为动画的一帧动画。

10.5 本章小结

本章主要介绍了在PowerPoint 2013中插入声音和视频的方法。首先介绍了插入和剪辑声音操作，可以插入文件中的声音包括录制的声音，可以通过"音频工具"中的"播放"面板设置声音播放方式和声音音量。然后介绍了如何插入和剪辑视频，包括插入文件中的视频和插入联机视频。最后介绍了在"视频样式"选项板中设置视频样式、颜色等效果，以及如何插入和剪辑动画。

10.6 趁热打铁

新建一个演示文稿，在第1页插入录制中的声音，命名为"音乐世界"。

第 11 章

图形的立体效果 SmartArt图

学习提示

SmartArt 图形是信息和观点的视觉表示形式。可以通过从多种不同布局中进行选择来创建 SmartArt 图形，从而快速、轻松、有效地传达信息。本章主要向读者介绍插入SmartArt图形、编辑SmartArt文本框和管理SmartArt图形的基本操作。

本章案例导航

- 新手实战101——插入列表图形
- 新手实战102——插入流程图形
- 新手实战103——插入循环图形
- 新手实战104——插入结构层次图形
- 新手实战105——插入关系图形
- 新手实战106——插入矩阵图形
- 新手实战107——插入凌锥图图形
- 新手实战108——在文本窗格中输入文本
- 新手实战109——添加形状
- 新手实战110——更改图形布局
- 新手实战111——设置SmartArt图形样式
- 新手实战112——将文本转化为SmartArt图形

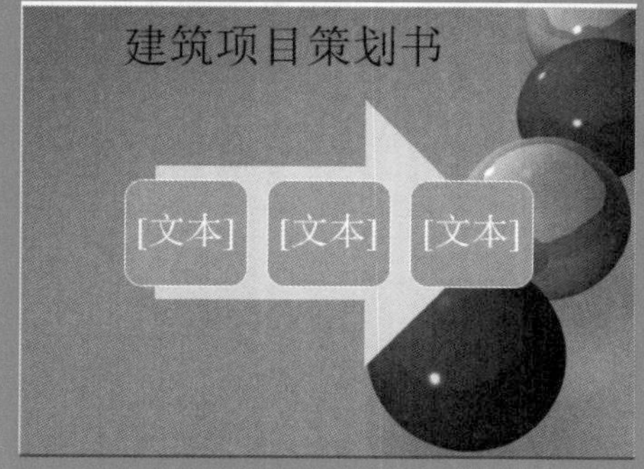

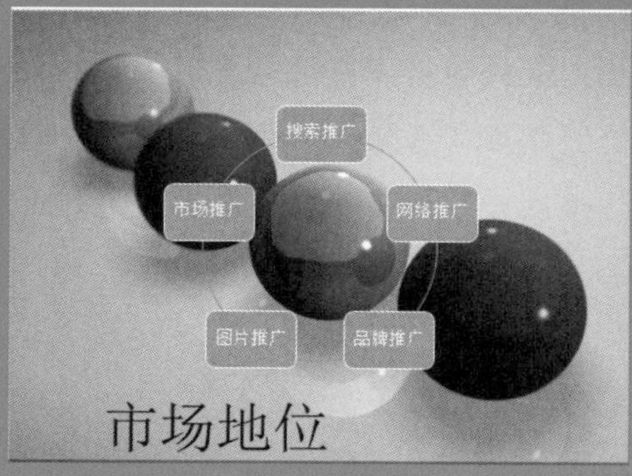

11.1　插入SmartArt图形

SmartArt图形是信息和观点的视觉表示形式。创建SmrartArt图形可以非常直观地说明层级关系、附属关系、并列关系、以及循环关系等各种常见的关系，而且制作出来的图形漂亮精美，具有很强的立体感和画面感。

11.1.1　插入列表图形

在PowerPoint 2013中，插入列表图形控件可以将分组信息或相关信息显示出来，接下来将介绍制作列表图形的操作方法。

新手实战101——插入列表图形

素材文件	素材\第11章\设计公司定位.pptx	效果文件	效果\第11章\设计公司定位.pptx
视频文件	视频\第11章\设计公司定位.mp4		

步骤 01 在PowerPoint 2013中，打开演示文稿，切换至“插入”面板，然后在“插图”选项板中，单击SmartArt按钮，如图11-1所示。

步骤 02 弹出“选择SmartArt图形”对话框，切换至“列表”选项卡，在中间的下拉列表框中，选择“垂直框列表”选项，如图11-2所示。

步骤 03 单击“确定”按钮，即可插入列表图形，效果如图11-3所示。

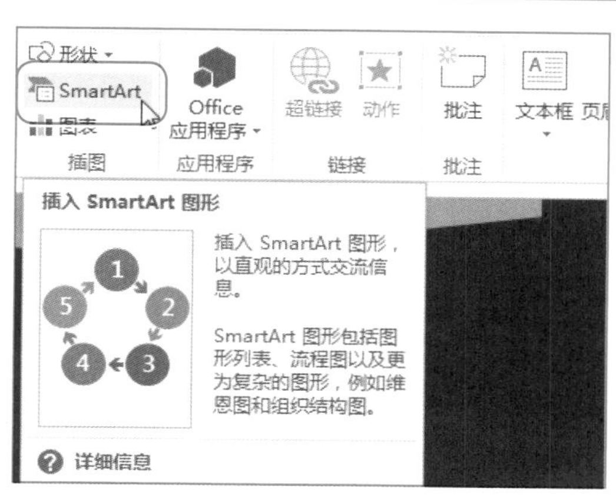

图11-1　单击SmartArt按钮

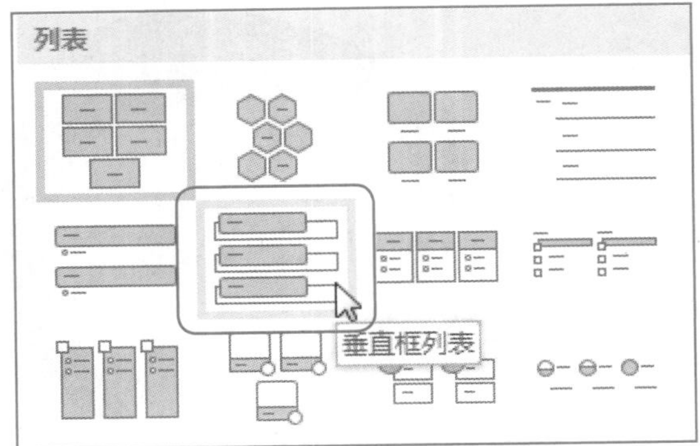

图11-2 选择“垂直框列表”选项

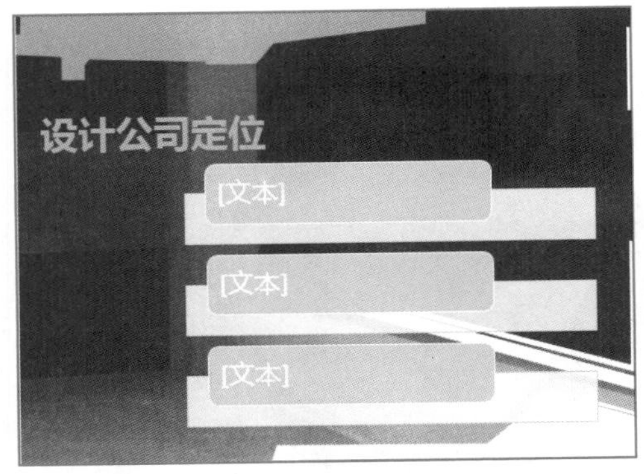

图11-3 插入列表图形

视野扩展

将SmartArt图形保存为图片格式，只需要选中SmartArt图形并单击鼠标右键，在弹出的快捷菜单中选择“另存为图片”选项，在弹出的“另存为”对话框中选择要保存的图片格式，再单击“保存”按钮即可。

专家指点

在PowerPoint 2013中，提供了列表图形、流程图形、循环图形、插入结构层次类型等7种图形，其187种样式。

- 列表图形：用于显示非有序信息块或者分组信息块，可最大化形状的水平和垂直显示空间。
- 流程图形：用于显示行进，或者任务、流程、工作流中的顺序步骤。
- 循环图形：用于以循环流程表示阶段、任务或事件的连续序列。强调阶段或步骤，而不是连接箭头或流程。只能对级别1文本发挥最大作用。
- 插入结构层次类型：用于显示组织中的分层信息或上下级关系。此布局包含辅助形状和组织结构图悬挂布局。
- 关系图形：用于显示从上到下构建的信息组，以及每个组内的层次结构。此布局不包含连接线。
- 矩阵图形：用于以象限的方式显示部分与整体的关系。各个象限中显示前四行级别1文本。未使用的文本不会显示，但是如果切换布局，这些文本仍将可用。
- 棱锥图图形：用于显示比例关系、互连关系或层次关系，最大的部分置于底部，向上渐窄。级别1文本显示在棱锥段中，级别2文本显示在每个段旁边的形状中。
- 图片图形：用于居中显示以图片表示的结构，相关的结构显示在旁边。中间的图片上显示最高层的级别1文本，其他级别1形状对应的文本显示在较小的圆形图片旁。该布局也适用于没有文本的情况。

11.1.2 插入流程图形

在PowerPoint 2013中，流程图形主要用于显示非有序信息块或者分组信息块，可最大化形状的水平和垂直显示空间。

新手实战102——插入流程图形

素材文件	素材\第11章\建筑项目策划书.pptx	效果文件	效果\第11章\建筑项目策划书.pptx
视频文件	视频\第11章\建筑项目策划书.mp4		

步骤 01 在PowerPoint 2013中，打开演示文稿，切换至“插入”面板，在“插图”选项板中，单击SmartArt按钮，弹出“选择SmartArt图形”对话框，切换至“流程”选项卡，在中间的下拉列表框中选择“连续块状流程”选项，如图11-4所示。

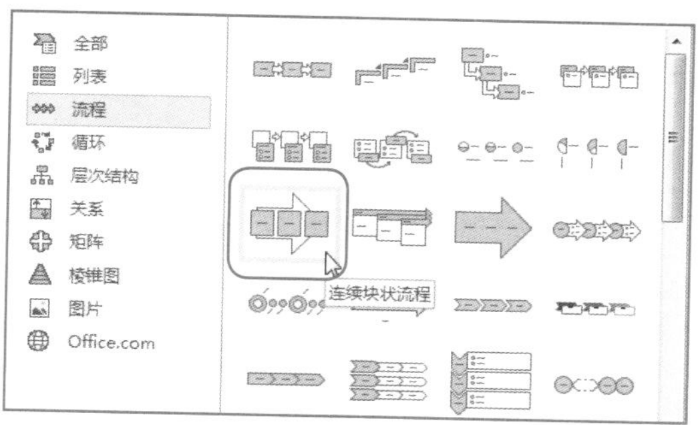

图11-4 选择“连续块状流程”选项

步骤 02 在右侧列表框中，单击“确定”按钮，如图11-5所示。

步骤 03 执行操作后，即可制作流程图形，效果如图11-6所示。

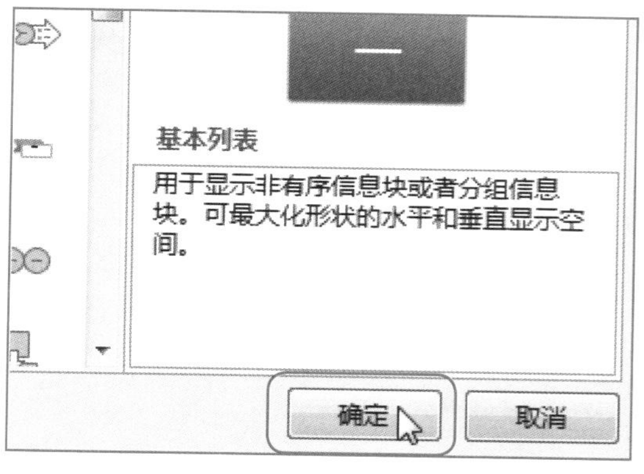

图11-5 单击“确定”按钮

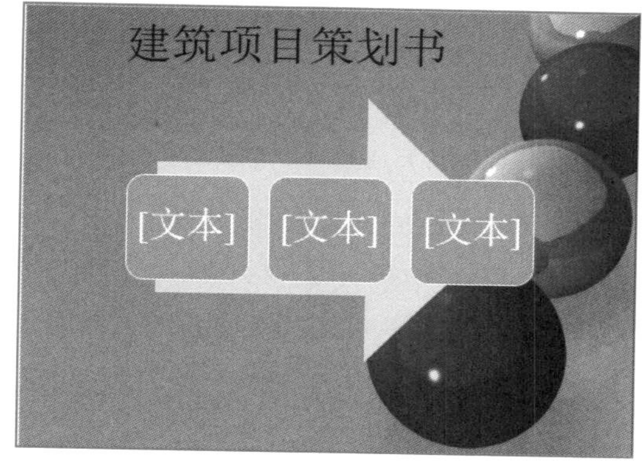

图11-6 插入流程图形

视野扩展

在流程图形中包含了两个公式图形。

- 公式：用于显示描述计划或结果的顺序步骤或任务。最后一行级别 1 文本在等号（=）后显示。仅在与级别 1 文本一起使用时才能达到最佳效果。
- 垂直公式：用于显示描述计划或结果的顺序步骤或任务。最后一行级别 1 文本在箭头后显示。仅在与级别 1 文本一起使用时才能达到最佳效果。

11.1.3 插入循环图形

循环图形常用于以循环流程表示阶段、任务或事件的连续序列，另外基本射线循环图形则用于显示循环中外环与中心观点的关系。在制作演示文稿过程中，用户可以根据演示文稿主题的需要，适当插入循环图形。

新手实战103——插入循环图形

素材文件	素材\第11章\市场定位.pptx	效果文件	效果\第11章\市场定位.pptx
视频文件	视频\第11章\市场定位.mp4		

步骤 01 打开演示文稿，切换至“插入”面板，在“插图”选项板中单击SmartArt按钮，弹出“选择SmartArt图形”对话框，切换至“循环”选项卡，在中间的列表框中选择“不定向循环”选项，如图11-7所示。

步骤 02 单击“确定”按钮，即可在幻灯片中插入循环图形，如图11-8所示。

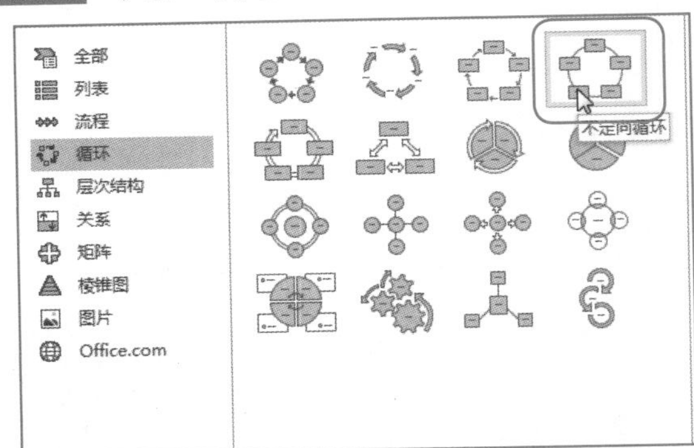

图11-7 选择“不定向循环”选项

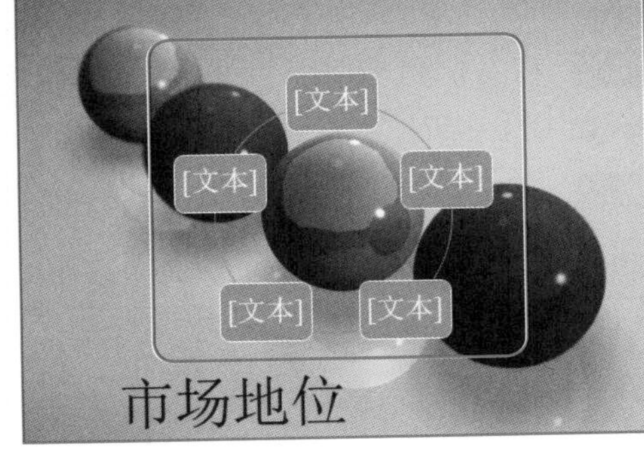

图11-8 插入循环图形

步骤 03 单击SmartArt图形中的文本占位符，此时图形呈编辑状态，如图11-9所示。

步骤 04 在图形中输入文本“搜索推广”。然后用同样的方法在其他图形中输入文字，效果如图11-10所示。

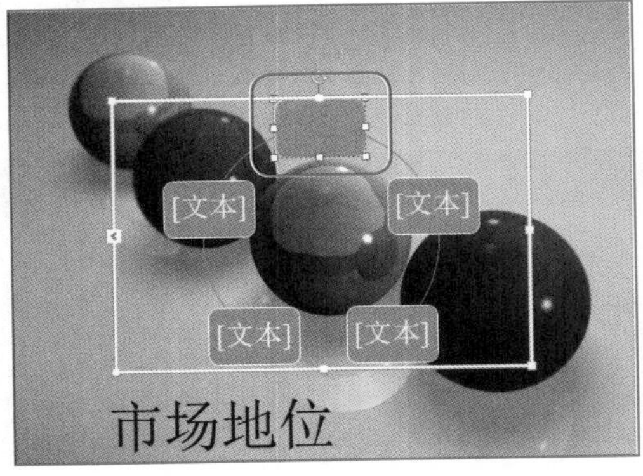

图11-9 图形呈编辑状态

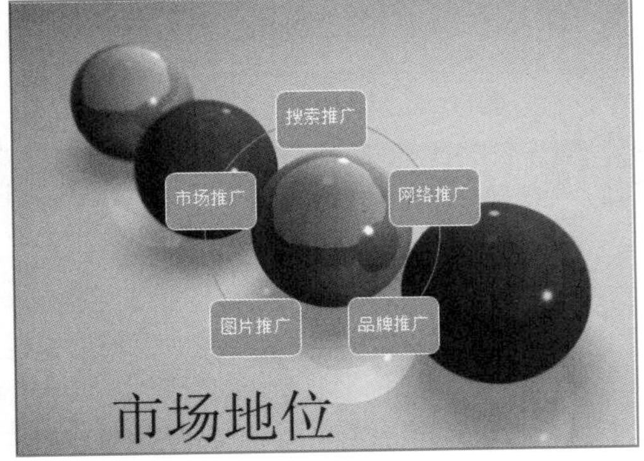

图11-10 在其他图形中输入文字

视野扩展

在循环图形中主要分为循环图和射线图两种类型。

- 循环图：用于以循环流程表示阶段、任务或事件的连续序列。
- 射线图：用于显示循环中外环与中心观点的关系。第一行级别1文本与中心形状相对应，级别2文本则与环绕的圆形相对应。未使用的文本不会显示，但是如果切换布局，这些文本仍将可用。

11.1.4 插入结构层次图形

在PowerPoint 2013中，水平层次结构图形主要用于水平显示层次关系递进，最适用于决策树。下面介绍插入层次结构图形的操作方法。

新手实战104——插入结构层次图形

素材文件	素材\第11章\货币世界.pptx	效果文件	效果\第11章\货币世界.pptx
视频文件	视频\第11章\货币世界.mp4		

步骤 01 在PowerPoint 2013中，打开演示文稿，在“插图”选项板中，调出“选择SmartArt图形”对话框，切换至“层次结构”选项卡，如图11-11所示。

步骤 02 在中间的列表框中，选择“水平层次”选项，如图11-12所示。

步骤 03 单击“确定”按钮，即可制作水平层次结构图形。调整图形的大小和位置，效果如图11-13所示。

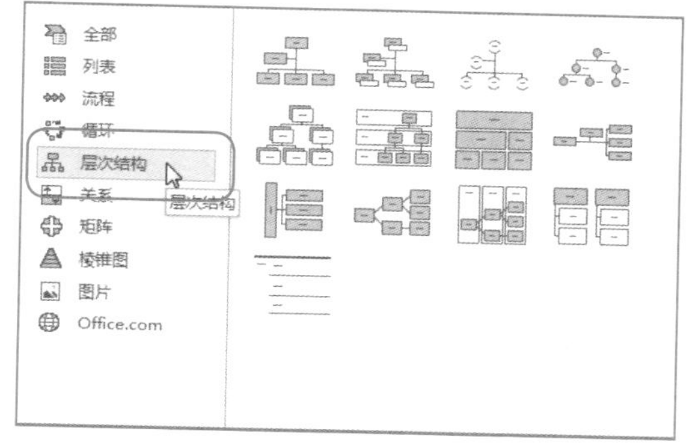

图11-11 切换至“层次结构”选项卡

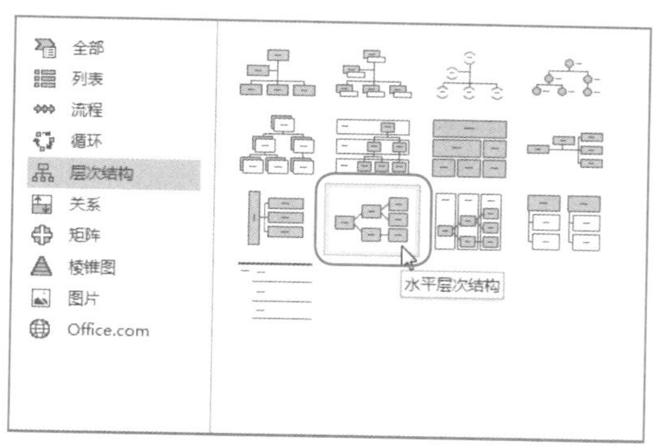

图11-12 选择“水平层次”选项

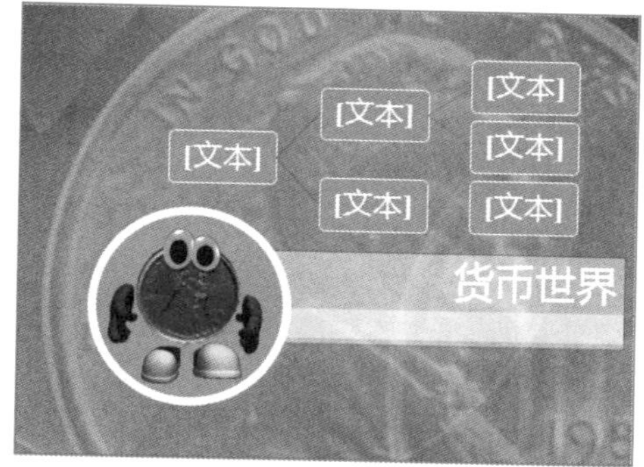

图11-13 制作水平层次结构图形

11.1.5 插入关系图形

关系图形常用于显示信息组和信息子组，或者任务、流程及工作流中的步骤和子步骤。在PowerPoint 2013中，用户可以根据制作演示文稿的实际情况插入关系图形。

新手实战105——插入关系图形

素材文件	素材\第11章\咖啡豆经济意义.pptx	效果文件	效果\第11章\咖啡豆经济意义.pptx
视频文件	视频\第11章\咖啡豆经济意义.mp4		

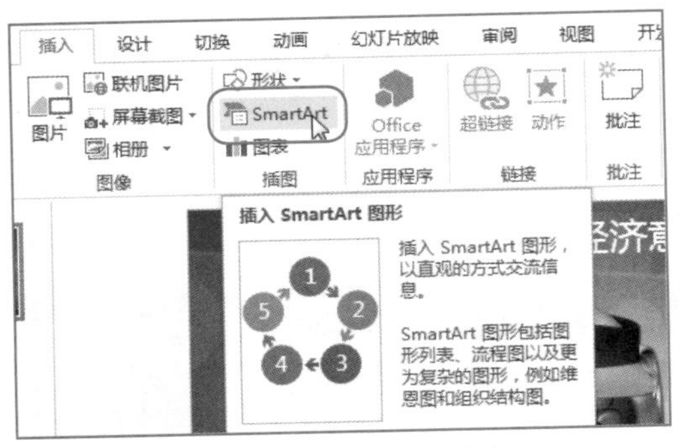

图11-14　单击SmartArt按钮

步骤01 打开演示文稿，切换至“插入”面板，在“插图”选项板中单击SmartArt按钮，如图11-14所示。

步骤02 切换至“关系”选项卡，在中间的列表框中选择“分组列表”选项，如图11-15所示。

步骤03 单击“确定”按钮，即可在幻灯片中插入关系图形，如图11-16所示。

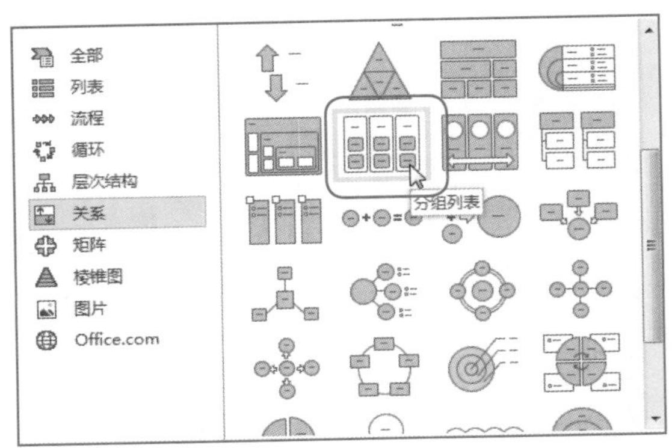

图11-15　选择“分组列表”选项

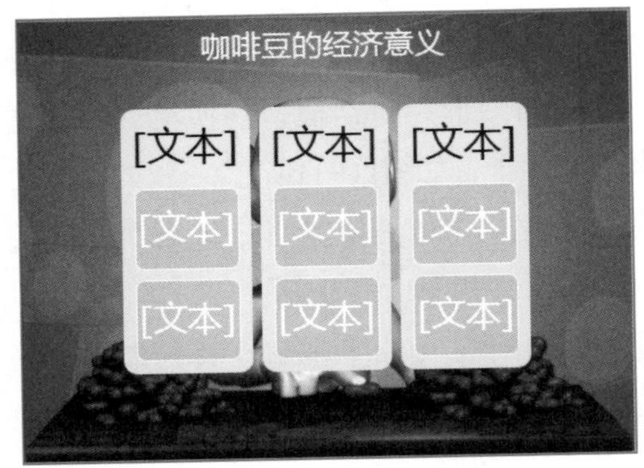

图11-16　插入关系图形

视野扩展

切换至“关系”选项卡，在中间的列表框中包括了“平衡”、“齿轮”、“平衡箭头”、“目标图列表”、“连续图片列表”、“射线列表”、“基本射线图”、“基本饼图”和“堆积维恩图”等在内的31种关系图形。

11.1.6 插入矩阵图形

循环矩阵图形主要用于显示循环行进与中央观点的关系。级别1是指文本前四行的每一行均与某一个楔形或饼形相对应，并且每行的级别2文本将显示在楔形或饼形旁边的矩形中；未使用的文本不会显示，但是如果切换布局，这些文本仍将可用。

新手实战106——插入矩阵图形

素材文件	素材\第11章\国际货币.pptx	效果文件	效果\第11章\国际货币.pptx
视频文件	视频\第11章\国际货币.mp4		

步骤01 在PowerPoint 2013中，打开演示文稿，调出“选择SmartArt图形”对话框，切换至“矩阵”选项卡，如图11-17所示。

步骤 02 在中间的列表框中，选择“循环矩阵”选项，如图11-18所示。

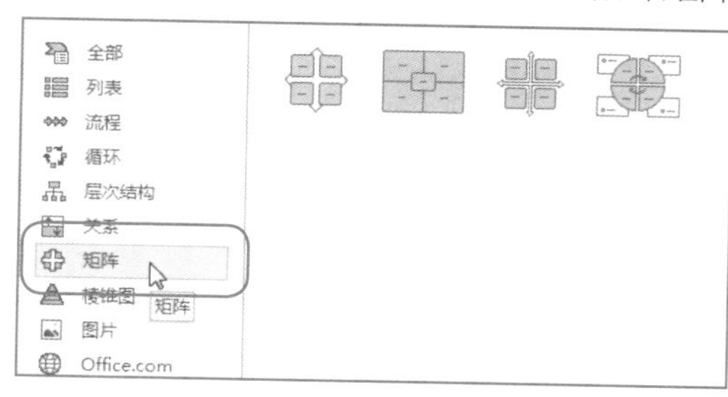

图11-17　切换至“矩阵”选项卡

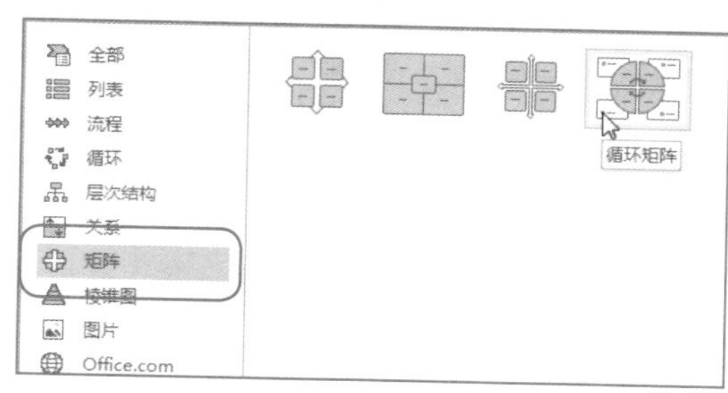

图11-18　选择“循环矩阵”选项

步骤 03 单击“确定”按钮，即可插入循环矩阵图形，调整至合适位置，效果如图11-19所示。

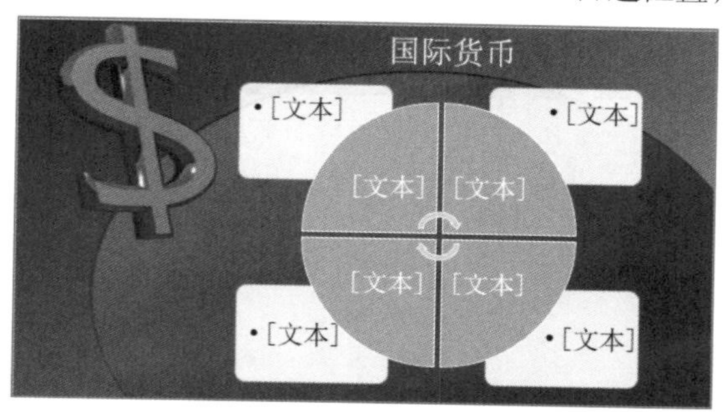

图11-19　插入循环矩阵图形

11.1.7　插入棱锥图图形

棱锥图图形常用于显示比例关系、互联关系或层次关系。

新手实战107——插入棱锥图图形

素材文件	素材\第11章\创意.pptx	效果文件	效果\第11章\创意.pptx
视频文件	视频\第11章\创意.mp4		

步骤 01 打开演示文稿，在调出的“选择SmartArt图形”对话框中切换至“棱锥图”选项卡，如图11-20所示。

步骤 02 在中间的列表框中选择“基本棱锥图”选项，然后单击“确定”按钮，如图11-21所示。

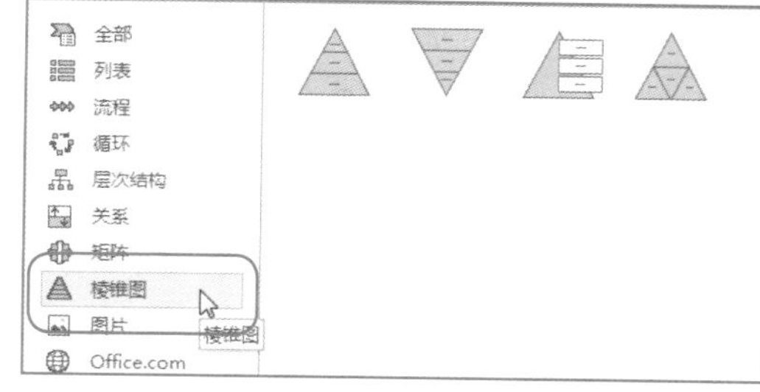

图11-20　切换至“棱锥图”选项卡

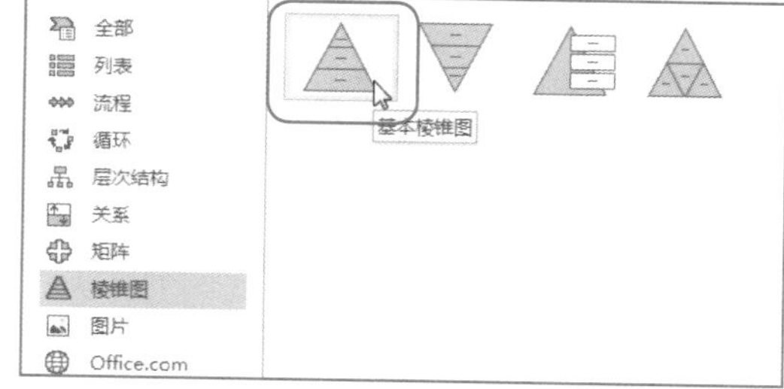

图11-21　选择“基本棱锥图”选项

步骤03 执行操作后，即可插入棱锥图图形，效果如图11-22所示。

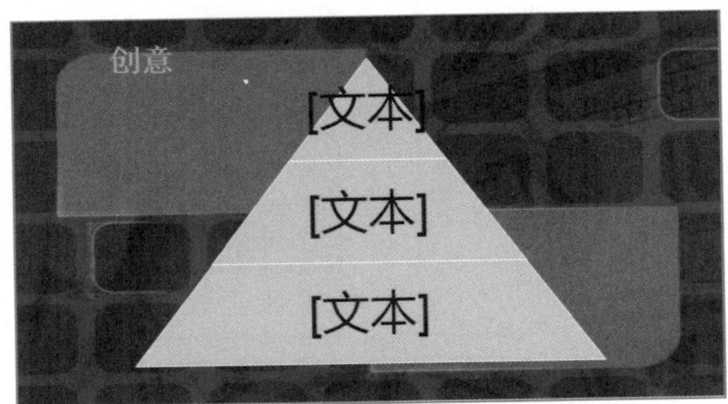

图11-22　插入棱锥图图形

专家指点

基本棱锥图：用于显示比例关系、互连关系或层次关系，最大的部分置于底部，向上渐窄。级别 1 文本显示在棱锥段中，级别 2 文本显示在每个段旁边的形状中。

11.2　编辑SmartArt图形

在幻灯片中插入SmartArt图形后，用户可以在图形的文本框中输入相应内容。PowerPoint 2013中加强了组织结构图的文本处理功能，使用此功能可以更方便地编辑文本内容。

新手实战108——在文本窗格中输入文本

素材文件	素材\第11章\广告推广.pptx	效果文件	效果\第11章\广告推广.pptx
视频文件	视频\第11章\广告推广.mp4		

步骤01 打开演示文稿，选择SmartArt图形，切换至“SmartArt工具”中的“设计”面板，在“创建图形”选项板中单击“文本窗格”按钮，如图11-23所示。

步骤02 执行操作后，即可弹出文本窗格，在“在此处键入文字”下方文本框中输入文本“策划”，在相对应的SmartArt图形占位符中将显示输入的文本“策划”，如图11-24所示。

步骤03 用同样的方法，输入其他文本，效果如图11-25所示。

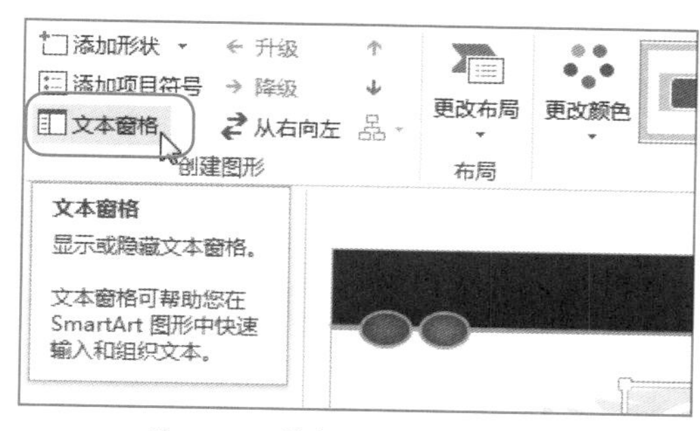

图11-23 单击“文本窗格”按钮

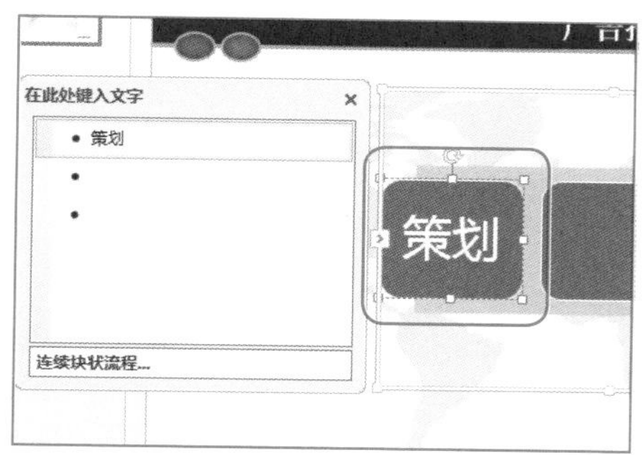

图11-24 显示输入的文字

图11-25 输入其他文本

专家指点

文本窗格可以帮助用户在SmartArt图形中快速输入和组织文本。

11.3 管理SmartArt图形

在SmartArt图形中输入文字后，用户还可以对SmartArt图形进行编辑，如添加形状、设置级别、更改图形布局、设置SmartArt样式、更改SmartArt图形形状、设置形状样式以及将文本转换为SmartArt图形等。

11.3.1 添加形状

在PowerPoint 2013中，用户可以在已经创建好了的SmartArt图形布局类型中添加形状，添加形状包括从后面添加形状、从前面添加形状、从上方添加形状和从下方添加形状。

新手实战109——添加形状

素材文件	素材\第11章\经济.pptx	效果文件	效果\第11章\经济.pptx
视频文件	视频\第11章\经济.mp4		

步骤 01 在PowerPoint 2013中，打开演示文稿，选择SmartArt图形，切换至"SmartArt工具"中的"设计"面板，如图11-26所示。

步骤 02 在"创建图形"选项板中单击"添加形状"下拉按钮，弹出列表框，选择"在下方添加形状"选项，如图11-27所示。

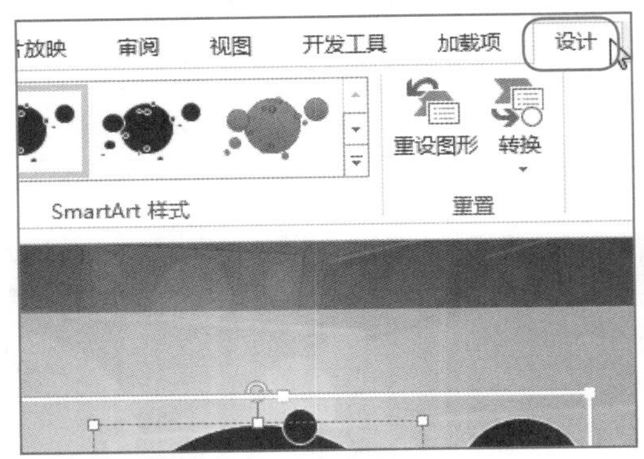

图11-26 切换至"设计"面板

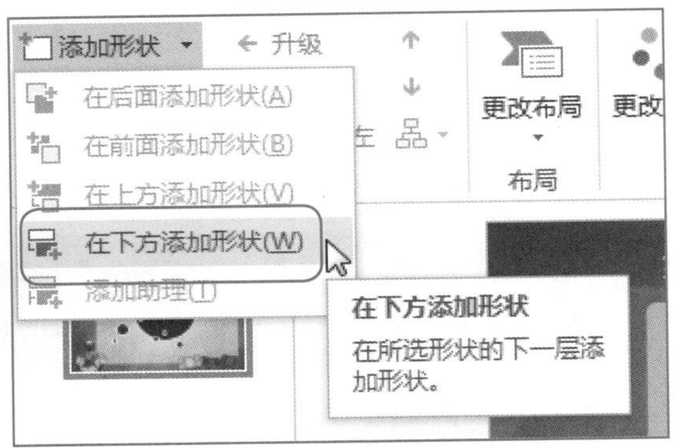

图11-27 选择"在下方添加形状"选项

步骤 03 执行操作后，即可添加形状。在添加的形状上单击鼠标右键，在弹出的快捷菜单中选择"编辑文字"选项，效果如图11-28所示。

步骤 04 在添加的形状上，输入相应文本，如图11-29所示。

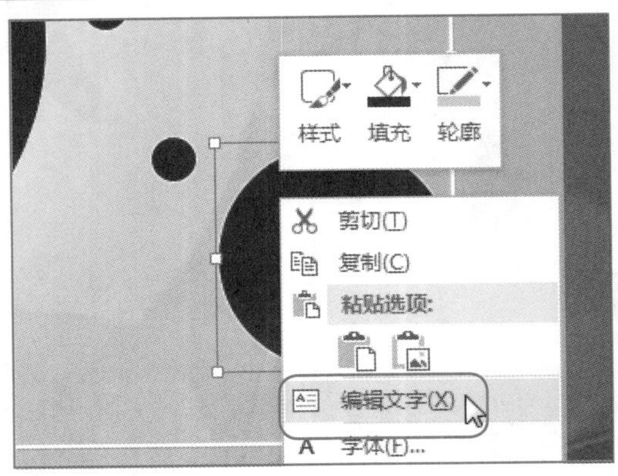

图11-28 选择"编辑文字"选项

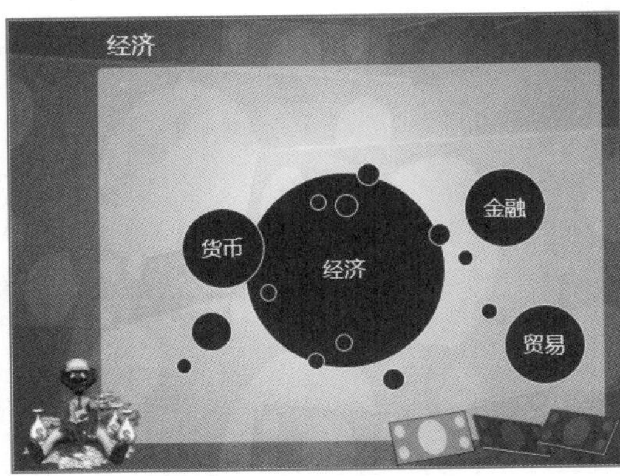

图11-29 输入相应文本

视野扩展

用户也可以在选中的图形上单击鼠标右键，在弹出的快捷菜单中选择“添加形状”选项，在弹出的子菜单中选择添加形状的位置。

专家指点

“添加形状”下拉列表中包含5个选项，含义如下。

- “在后面添加形状”：在选中图形的后一层添加一个空白形状。
- “在前面添加形状”：在选中图形的前一层添加一个空白形状。
- “在上方添加形状”：在选中图形的上一层添加一个空白形状。
- “在下方添加形状”：在选中图形的下一层添加一个空白形状。
- “添加助理”：将助理添加到图形中，只有在选择了结构层次图形时才能使用该选项。

11.3.2　更改图形布局

在PowerPoint 2013中，用户可以对已经创建好的SmartArt图形布局类型进行更改。

新手实战110——更改图形布局

素材文件	素材\第11章\货币基金.pptx	效果文件	效果\第11章\货币基金.pptx
视频文件	视频\第11章\货币基金.mp4		

步骤01　在PowerPoint 2013中，打开演示文稿，选择幻灯片中的SmartArt图形，切换至“SmartArt工具”中的“设计”面板，在“布局”选项板中单击“更改布局”下拉按钮，如图11-30所示。

步骤02　弹出列表框，选择“其他布局”选项，如图11-31所示。

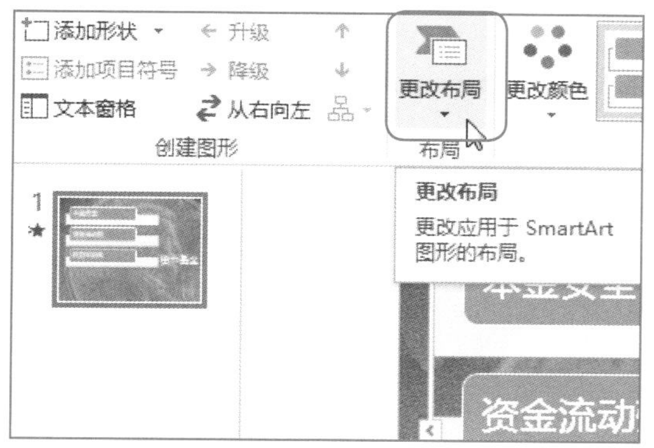

图11-30　单击“更改布局”下拉按钮

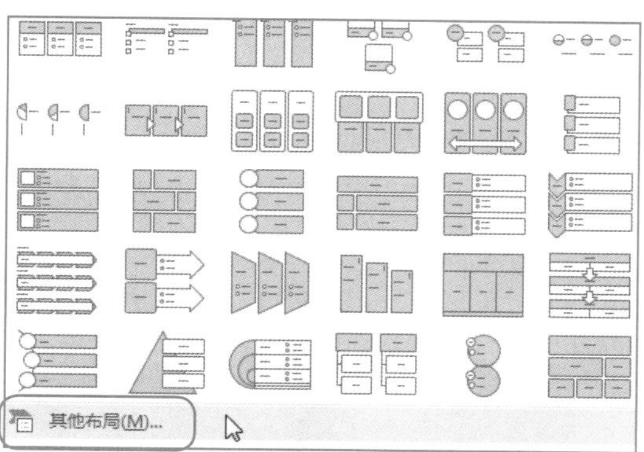

图11-31　选择“其他布局”选项

步骤03　弹出“选择SmartArt图形”对话框，在中间列表框的“列表”选项区中选择“垂直项目符号列表”选项，如图11-32所示。

步骤04 单击“确定”按钮，即可更改图形布局，效果如图11-33所示。

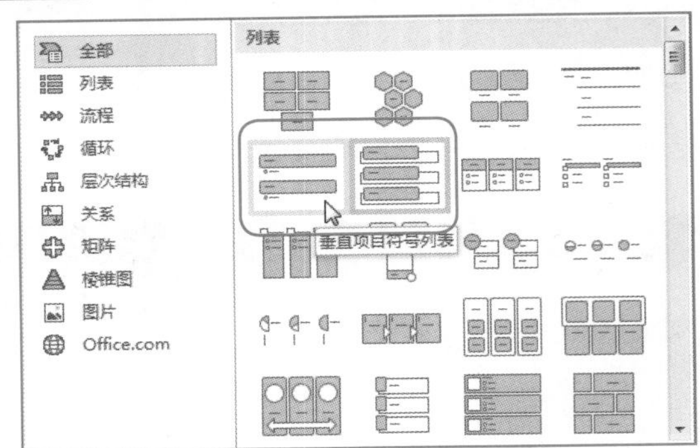

图11-32 选择“垂直项目符号列表”选项

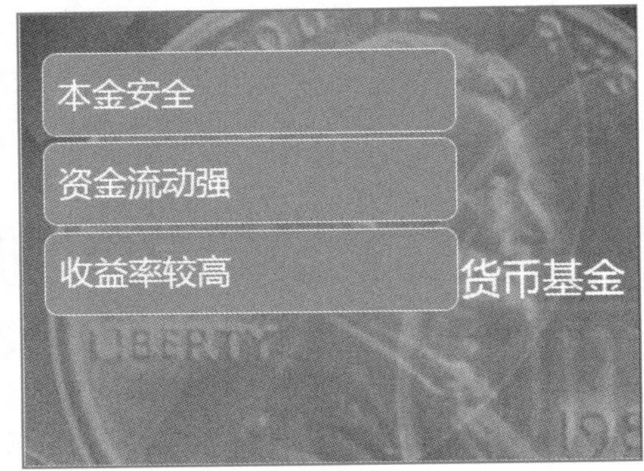

图11-33 更改图形布局

视野扩展

用户还可以在图形上单击鼠标右键，在弹出的快捷菜单中选择“更改布局”命令，在弹出的“选择SmartArt图形”对话框中，选择所需的样式，然后单击“确定”按钮，即可更改图形布局。

11.3.3 设置SmartArt图形样式

在创建SmartArt图形之后，图形本身带了一定的样式，用户也可以根据需要更改SmartArt图形的样式。

新手实战111——设置SmartArt图形样式

素材文件	素材\第11章\股票市场.pptx	效果文件	效果\第11章\股票市场.pptx
视频文件	视频\第11章\股票市场.mp4		

步骤01 在PowerPoint 2013中，打开演示文稿，在编辑区中选择SmartArt图形，按住【Shift】键的同时，选择所有单个图形，如图11-34所示。

步骤02 切换至“SmartArt工具”中的“设计”面板，在“SmartArt样式”选项板中单击“其他”下拉按钮，如图11-35所示。

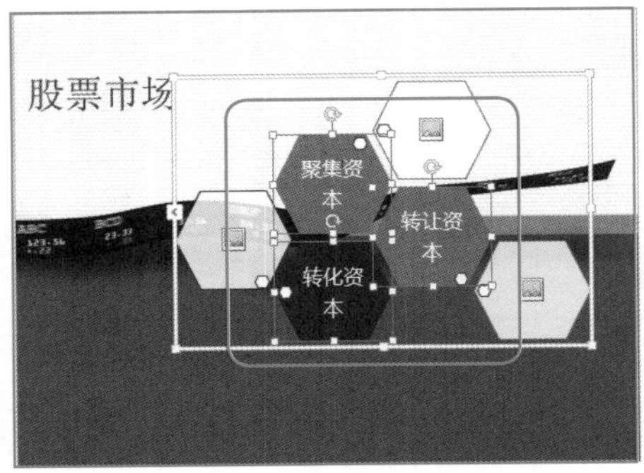

图11-34 选择所有单个图形

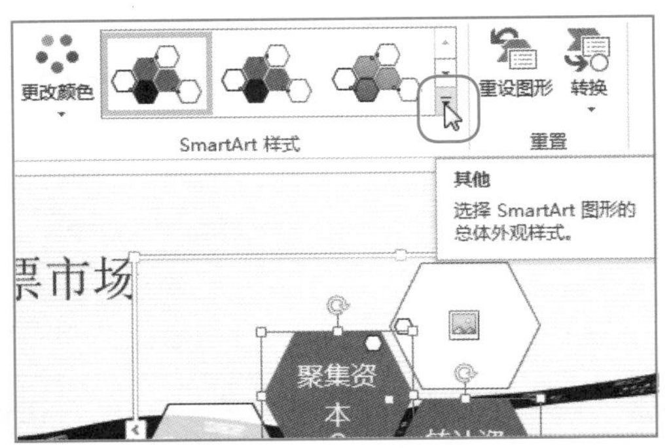

图11-35 单击“其他”下拉按钮

步骤 03 弹出列表框，选择“强烈效果”选项，如图11-36所示。

步骤 04 执行操作后，即可应用形状样式，效果如图11-37所示。

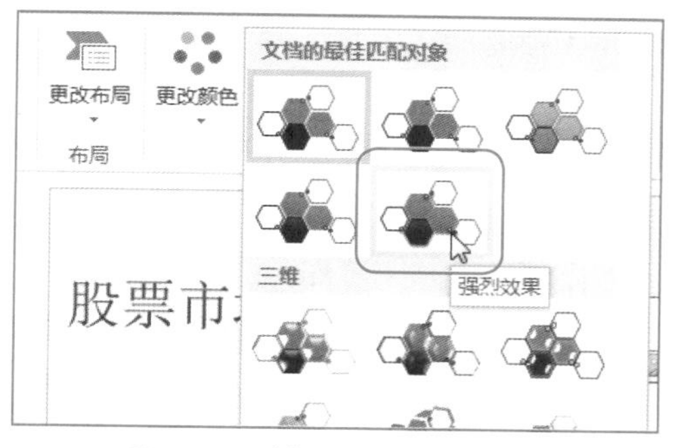

图11-36 选择“强烈效果”选项

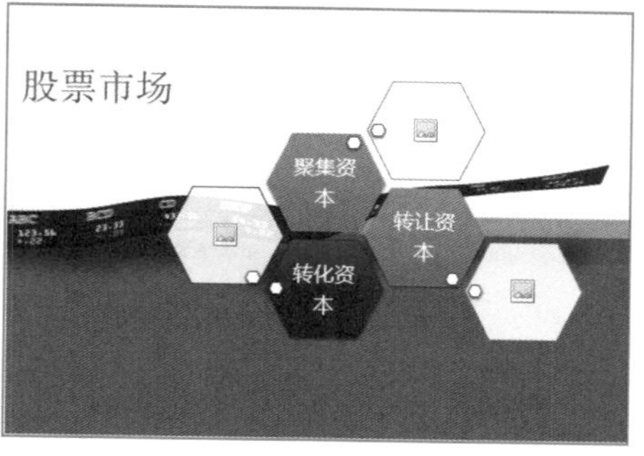

图11-37 应用形状样式

视野扩展

在PowerPoint 2013中，在编辑区中选择形状后，在“形状样式”选项板中，用户还可以设置“形状轮廓”和“形状效果”。

11.3.4 将文本转换为SmartArt图形

在PowerPoint 2013中，用户可以将文本直接转换为SmartArt图形，使用这个功能可以方便地处理图形。

新手实战112——将文本转化为SmartArt图形

素材文件	素材\第11章\黄金.pptx	效果文件	效果\第11章\黄金.pptx
视频文件	视频\第11章\黄金.mp4		

步骤 01 在PowerPoint 2013中，打开演示文稿，在编辑区中，选择幻灯片中的文本，在“开始”面板中的“段落”选项板中，单击“转换为SmartArt”下拉按钮，如图11-38所示。

步骤 02 弹出列表框，选择“其他SmartArt图形”选项，如图11-39所示。

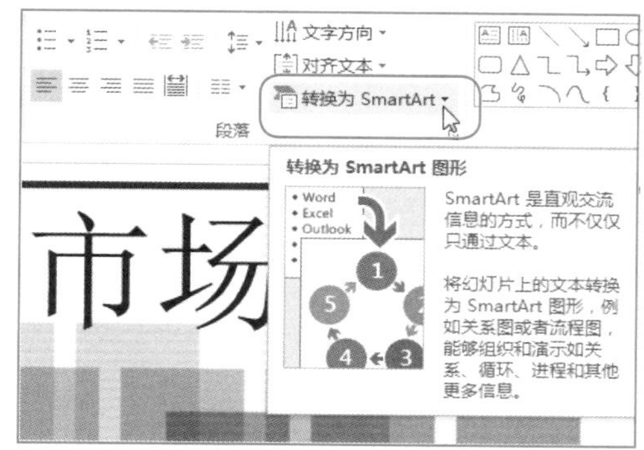

图11-38 单击“转换为SmartArt”下拉按钮

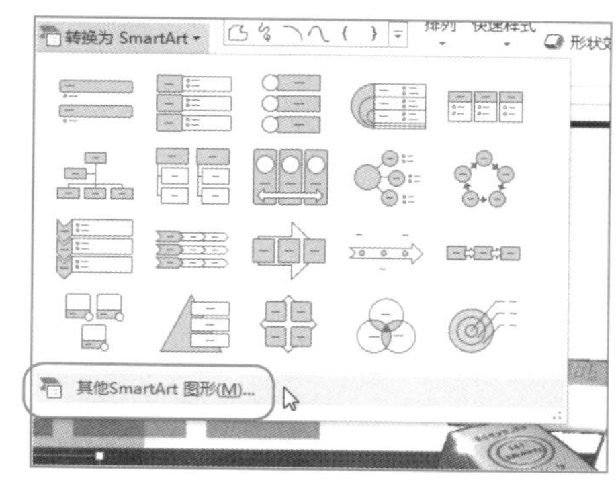

图11-39 选择“其他SmartArt图形”选项

步骤03 弹出“选择SmartArt图形”对话框，在中间的列表框中选择“交替六边形”选项，如图11-40所示。

步骤04 单击“确定”按钮，即可将文本转换为SmartArt图形。调整图形的大小和位置，效果如图11-41所示。

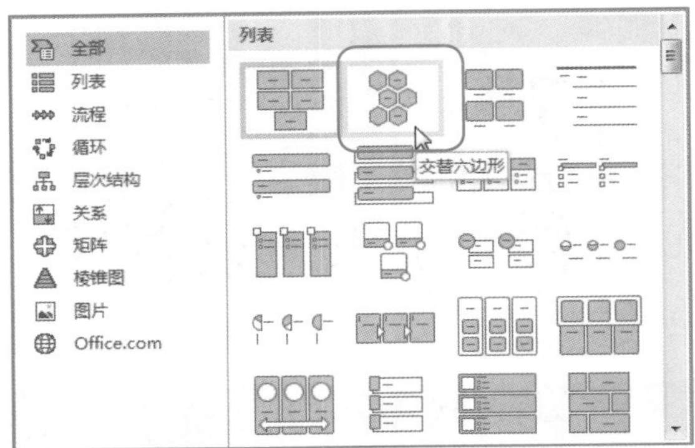

图11-40 选择“交替六边形”选项

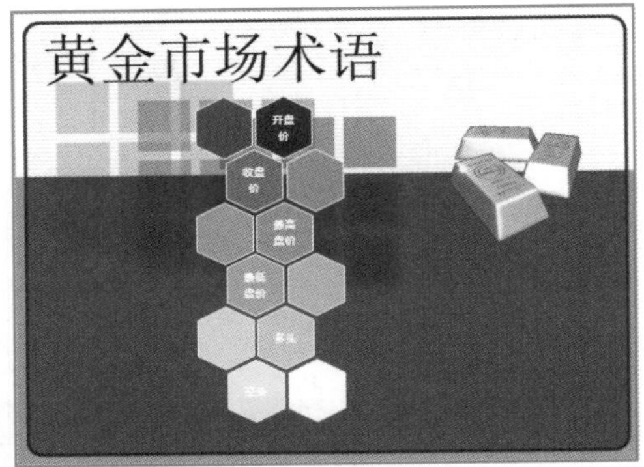

图11-41 将文本转换为SmartArt图形

11.4 本章小结

本章主要介绍了在PowerPoint 2013中图形的立体化效果——SmartArt图形。在PowerPoint 2013默认中，用户可以插入列表图形、流程图型、循环图形、结构层次图形、关系图形等7种图形，共187种样式。通过“SmartArt工具”中的“格式”面板，用户可以编辑SmartArt图形和管理SmartArt图形。

11.5 趁热打铁

1. 新建演示文稿，插入一个图片重点流程图形。
2. 选择上题中的流程图形，更改为闭合V型流程。

第 12 章 演示文稿的放映和打包

学习提示

PowerPoint 2013中提供了多种放映和控制幻灯片的方法，用户可以选择最为理想的放映速度与放映方式，使幻灯片在放映时结构清晰、流畅。本章主要向读者介绍设置幻灯片放映、幻灯片放映方式以及放映过程中的控制等内容。

本章案例导航

- 新手实战113——自定义幻灯片放映
- 新手实战114——演讲者放映
- 新手实战115——放映指定幻灯片
- 新手实战116——隐藏和显示幻灯片
- 新手实战117——演示文稿排练计时
- 新手实战118——录制旁白
- 新手实战119——设置打印选项
- 新手实战120——设置打印内容
- 新手实战121——设置打印边框
- 新手实战122——打印当前演示文稿
- 新手实战123——打印多份演示文稿
- 新手实战124——将演示文稿打包
- 新手实战125——输出为图形文件
- 新手实战126——输出为放映文件

12.1 进入幻灯片放映

在PowerPoint中启动幻灯片放映就是打开要放映的演示文稿，在“幻灯片放映”面板中执行操作来启动幻灯片的放映。

启动放映的方法有3种：第1种是从头开始放映幻灯片；第2种是从当前幻灯片开始播放；第3种是自定义幻灯片放映。自定义幻灯片放映是按设定的顺序播放，而不会按顺序依次放映每一种幻灯片。用户可在“定义自定义放映”对话框中设置幻灯片的放映顺序。

新手实战113——自定义幻灯片放映

素材文件	素材\第12章\创意.pptx	效果文件	效果\第12章\创意.pptx
视频文件	视频\第12章\创意.mp4		

步骤01 在PowerPoint 2013中，打开演示文稿，切换至“幻灯片放映”面板，单击“开始放映幻灯片”选项板中的“自定义幻灯片放映”下拉按钮，在弹出的列表中选择“自定义放映”选项，如图12-1所示。

步骤02 弹出“自定义放映”对话框，单击“新建”按钮，如图12-2所示。

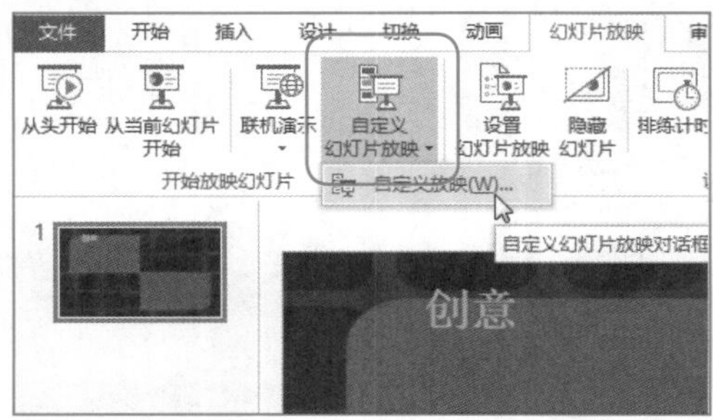

图12-1 选择“自定义放映”选项

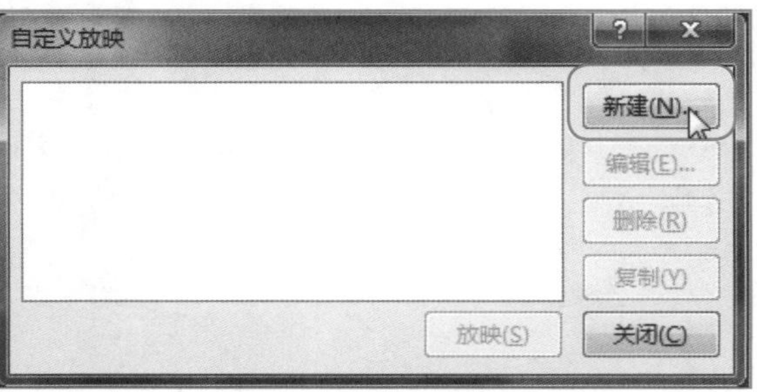

图12-2 单击“新建”按钮

步骤 03 弹出“定义自定义放映”对话框，在“在演示文稿中的幻灯片”列表框中，选中“创意”复选框，单击“添加”按钮，如图12-3所示。

步骤 04 用同样的方法，依次选中“幻灯片3”、“幻灯片1”复选框，添加相应幻灯片，如图12-4所示。

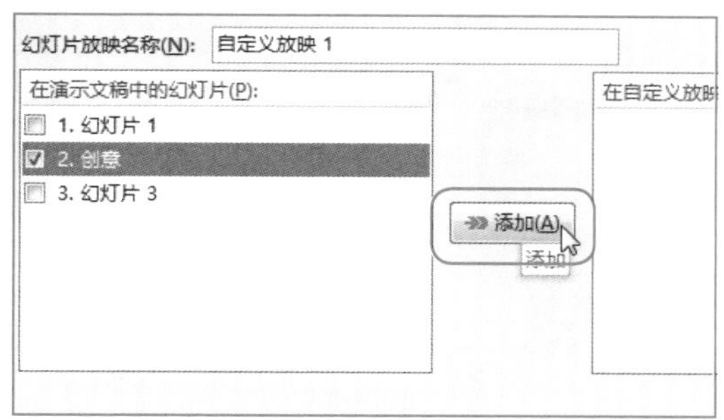

图12-3　单击“添加”按钮

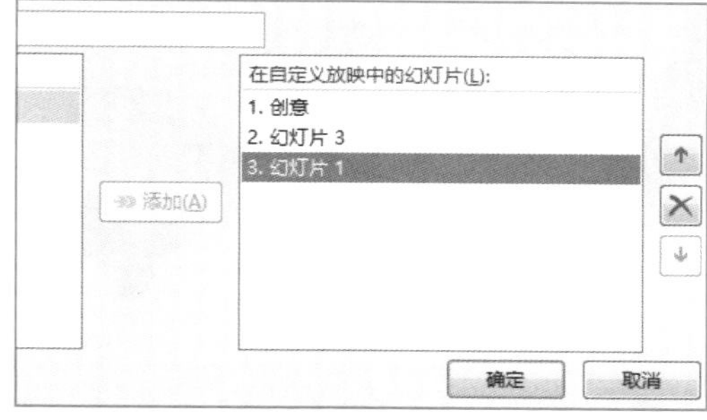

图12-4　添加相应幻灯片

步骤 05 选择“幻灯片3”选项，单击右侧的“向上”按钮，如图12-5所示，将“幻灯片3”移至“创意”上方。

步骤 06 单击“确定”按钮，返回“自定义放映”对话框，单击“放映”按钮，即可按自定义幻灯片顺序放映，如图12-6所示。

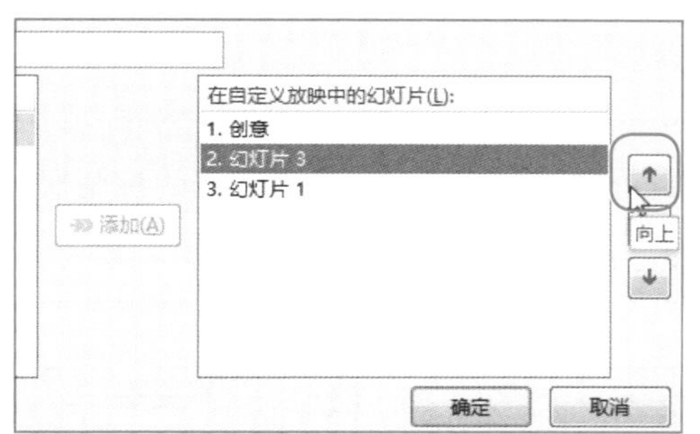

图12-5　单击右侧的向上按钮

图12-6　按自定义幻灯片顺序放映

视野扩展

如果用户需要将添加的幻灯片调整位置，则可以单击“向上”和“向下”按钮，调整幻灯片的位置。

专家指点

如果希望在演示文稿中从第1张开始依次进行放映，可以按【F5】键或单击“开始放映幻灯片”选项板中的“从头开始”按钮。

若用户需要从当前选择的幻灯片处开始放映，可以按【Shift+F5】组合键，或单击“开始放映幻灯片”选项板中的“从当前幻灯片开始”按钮。

12.2 幻灯片放映方式

PowerPoint 提供了多种演示文稿的放映方式，最常用的是幻灯片页面的演示控制。制作好演示文稿后，需要查看制作好的成果，或让观众欣赏制作出的演示文稿，此时可以通过幻灯片放映来观看幻灯片的总体效果。

12.2.1 演讲者放映

演讲者放映方式可全屏显示幻灯片。在演讲者自行播放时，演讲者具有完整的控制权，可采用人工或自动方式放映，也可以将演示文稿暂停，添加更多的细节或修改错误。

新手实战114——演讲者放映

素材文件	素材\第12章\拉力平台.pptx	效果文件	效果\第12章\拉力平台.pptx
视频文件	视频\第12章\拉力平台.mp4		

步骤01 在PowerPoint 2013中，打开演示文稿，切换至“幻灯片放映”面板，单击“设置”选项板中的“设置幻灯片放映”按钮，如图12-7所示。

步骤02 弹出“设置放映方式”对话框，在“放映类型”选项区中，选中“演讲者放映（全屏幕）”单选按钮，如图12-8所示。

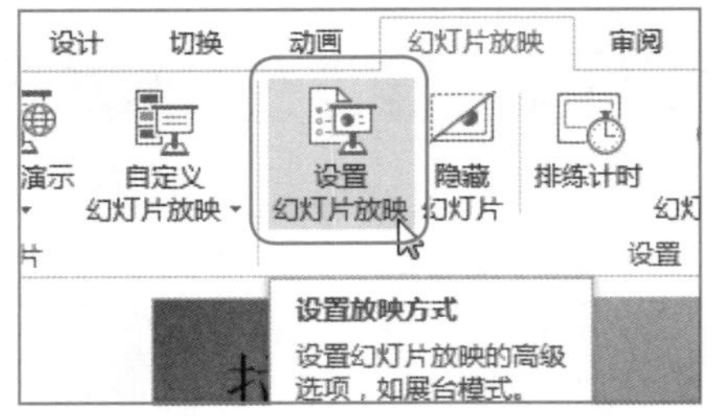

图12-7 单击“设置幻灯片放映”按钮

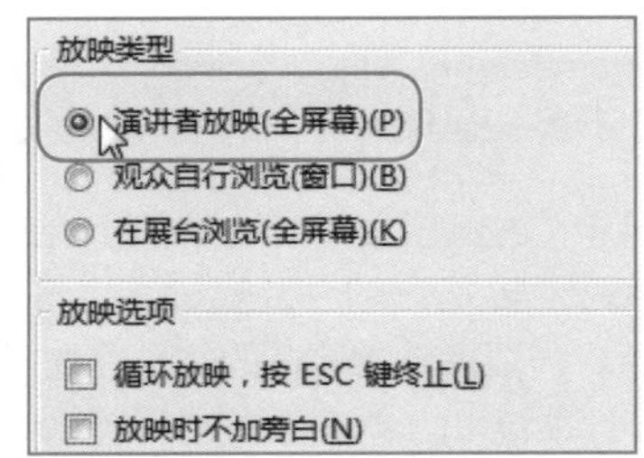

图12-8 选中“演讲者放映（全屏幕）”单选按钮

步骤03 单击“确定”按钮，在“开始放映幻灯片”选项板中，单击“从头开始”按钮，如图12-9所示。

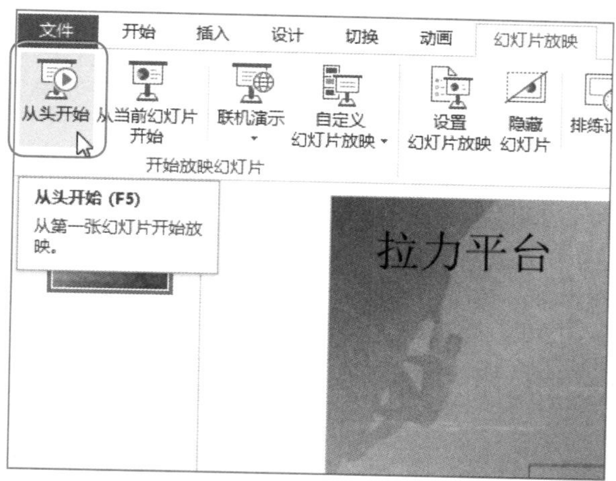

图12-9　单击“从头开始”按钮

步骤04 执行操作后，即可开始放映幻灯片。

视野扩展

选中“演讲者放映（全屏幕）”单选按钮，可以全屏显示幻灯片，演讲者完全掌握幻灯片放映。

专家指点

“观众自行浏览”方式将在标准窗口中放映幻灯片。通过底部的“上一张”和“下一张”按钮可选择放映的幻灯片。

设置为“在展台浏览”方式后，幻灯片将自动运行全屏幻灯片放映，并且循环放映演示文稿。在放映过程中，除了保留鼠标指针用于选择屏幕对象放映外，其他功能全部失效。按【Esc】键可终止放映。

12.2.2 设置循环放映

设置循环放映幻灯片，只需要打开“设置放映方式”对话框，在“放映选项”选项区中，选中“循环放映，按ESC键终止”复选框，即可设置循环放映，如图12-10所示。

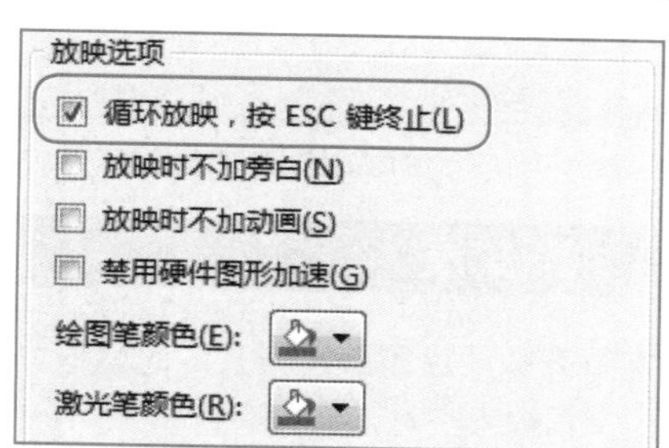

图12-10　选中“循环放映，按ESC键终止”复选框

12.2.3 设置换片方式

在“设置放映方式”对话框中，还可以使用“换片方式”选项区中的选项来指定如何从一张幻灯片移动到另一张幻灯片，用户只需要打开“设置放映方式”对话框，在“换片方式”选项区中设定幻灯片放映时的换片方式，如选中“手动”单选按钮，如图12-11所示，单击“确定”按钮即可。

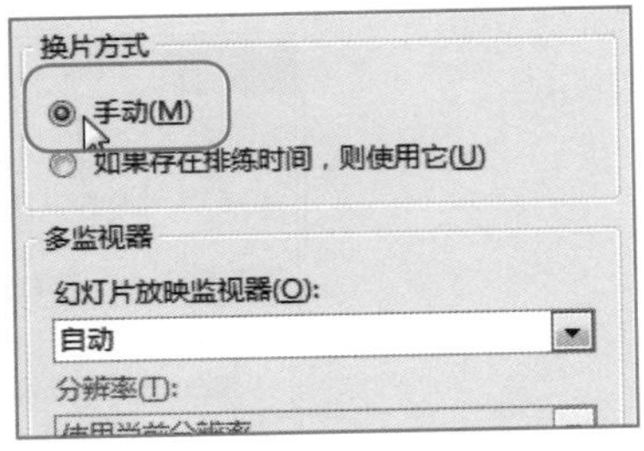

图12-11 选中“手动”单选按钮

12.2.4 放映指定幻灯片

在PowerPoint 2013中，当用户制作完演示文稿后，在幻灯片放映时可以指定幻灯片的放映范围。下面向读者介绍放映指定幻灯片的操作方法。

新手实战115——放映指定幻灯片

素材文件	素材\第12章\现代婚礼背后的商机.pptx	效果文件	效果\第12章\现代婚礼背后的商机.pptx
视频文件	视频\第12章\现代婚礼背后的商机.mp4		

步骤 01 在PowerPoint 2013中，打开演示文稿，切换至“幻灯片放映”面板，单击“设置幻灯片放映”按钮，弹出“设置放映方式”对话框，设置“放映幻灯片”选项区中的各选项，如图12-12所示。

步骤 02 单击“确定”按钮，在“开始放映幻灯片”选项板中单击“从头开始”按钮，即可从第2页开始放映幻灯片，直到第4张结束，如图12-13所示。

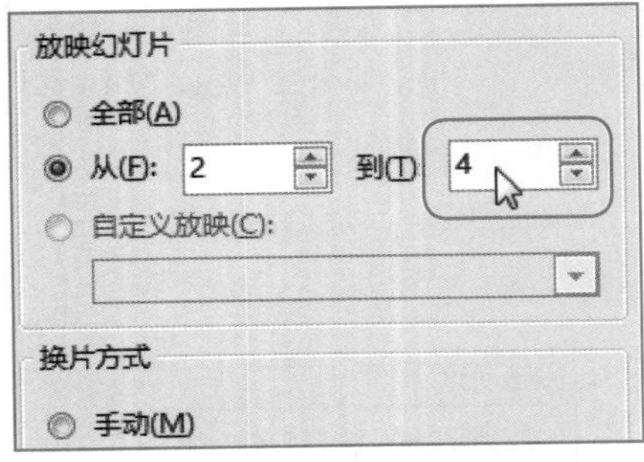

图12-12 设置各选项

图12-13 放映幻灯片

视野扩展

在打开的“设置放映方式”对话框中的“从”文本框为空时，将从第1张幻灯片开始放映；“到”文本框为空时，将放映到最后一个幻灯片；在“从”和“到”两个文本框中输入的编号相同时，将放映单个幻灯片。

12.3 设置幻灯片放映

在PowerPoint 2013中，用户可以设置幻灯片隐藏和显示、设置演示文稿排练计时和录制旁白等。

12.3.1 影藏和显示幻灯片

隐藏幻灯片就是将演示文稿中的某一部分幻灯片隐藏起来，在放映的时候将不会放映隐藏的幻灯片。

新手实战116——影藏和显示幻灯片

素材文件	素材\第12章\销售.pptx	效果文件	效果\第12章\销售.pptx
视频文件	视频\第12章\销售.mp4		

步骤 01 在PowerPoint 2013中，打开演示文稿，切换至“幻灯片放映”面板，单击“设置”选项板中的“隐藏幻灯片”按钮，如图12-14所示。

步骤 02 执行操作后，即可隐藏该幻灯片，在幻灯片缩略图左上角将出现一个斜线方框，如图12-15所示。

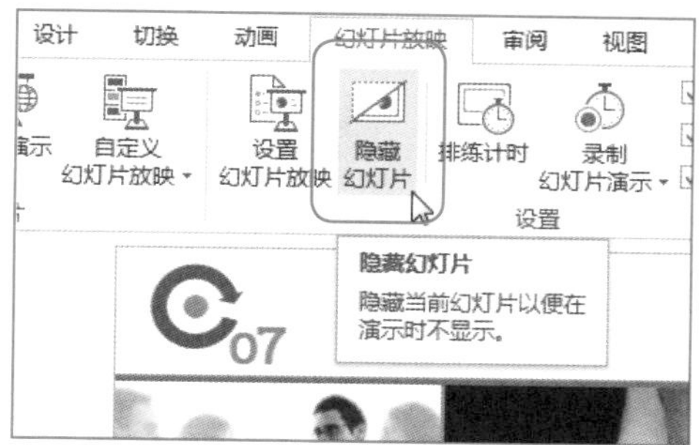

图12-14 单击“隐藏幻灯片”按钮

图12-15 隐藏幻灯片

视野扩展

在PowerPoint 2013中，普通模式下，在幻灯片缩略图上单击鼠标右键，在弹出的快捷菜单中选择“隐藏幻灯片”选项，即可隐藏选中的幻灯片。

12.3.2 演示文稿排练计时

运用“排练计时”功能可以让演讲者确切了解每一张幻灯片需要讲解的时间，以及整个演示文稿的总放映时间。

新手实战117——演示文稿排练计时

素材文件	素材\第12章\演讲.pptx	效果文件	效果\第12章\演讲.pptx
视频文件	视频\第12章\演讲.mp4		

步骤 01 在PowerPoint 2013中，打开演示文稿，切换至“幻灯片放映”面板，在“设置”选项板中，单击“排练计时”按钮，如图12-16所示。

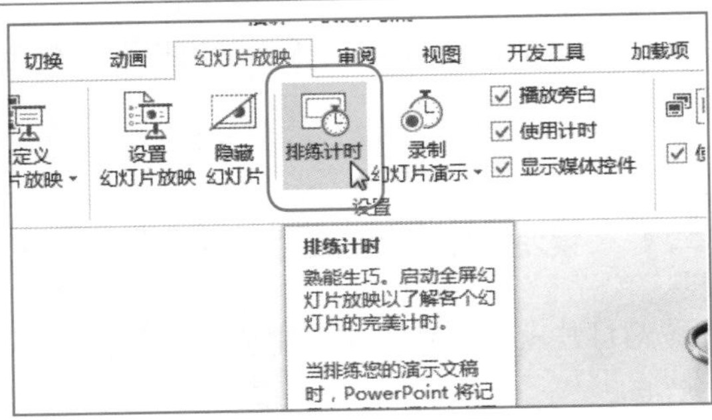

图12-16 选择“排练计时”选项

步骤 02 演示文稿将自动切换至幻灯片放映状态，此时演示文稿左上角将弹出“录制”工具栏，如图12-17所示。

图12-17 弹出“录制”工具栏

步骤 03 演讲者根据需要对每一张幻灯片进行手动切换，“录制”工具栏将对每张幻灯片播放的时间进行计时。演示文稿放映完成后，弹出信息提示框，单击“是”按钮，切换至“视图”面板，在“演示文稿视图”选项板中单击“幻灯片浏览”按钮，从幻灯片浏览视图中可以看到每张幻灯片下方显示的各自的排练时间，如图12-18所示。

图12-18 幻灯片排练时间

视野扩展

用户在放映幻灯片时，可以选择是否启用设置好的排练时间。具体方法是：在“幻灯片放映”面板的“设置”选项板中单击“幻灯片放映”按钮，弹出“设置放映方式”对话框，如果在对话框的“换片方式”选项区中选中“手动”单选按钮，则存在的排练计时不起作用，在放映幻灯片时只有通过单击鼠标左键、按键盘上的【Enter】键或空格键才能切换幻灯片。

专家指点

添加旁白时，PowerPoint 将自动记录幻灯片排练时间；也可以手动设置幻灯片排练时间，以结合使用旁白。具体方法是：单击要为其设置计时的幻灯片，在“切换”面板中，选中“换片方式”选项板中的“设置自动换片时间”复选框，然后输入希望该幻灯片在屏幕上显示的秒数。 对要设置计时的每张幻灯片重复执行此过程。

12.3.3 录制旁白

在PowerPoint 2013中，用户还可以录制旁白，录制的旁白将会在幻灯片放映的状态下一同播放。下面向读者介绍录制旁白的操作方法。

新手实战118——录制旁白

素材文件	素材\第12章\合作.pptx	效果文件	效果\第12章\合作.pptx
视频文件	视频\第12章\合作.mp4		

步骤 01 在PowerPoint 2013中，打开演示文稿，切换至“幻灯片放映”面板，在“设置”选项板中，单击“录制幻灯片演示”下拉按钮，在弹出的列表框中选择“从头开始录制”选项，如图12-19所示。

步骤 02 弹出“录制幻灯片演示”对话框，仅选中“旁白和激光笔”复选框，单击“开始录制”按钮，如图12-20所示。

图12-19 选择“从头开始录制”选项

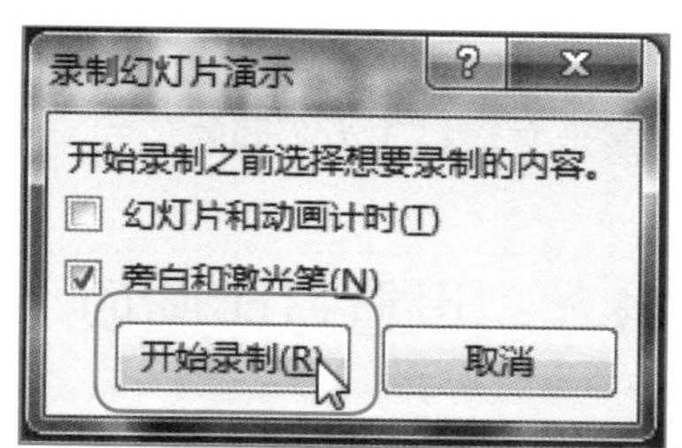

图12-20 单击“开始录制”按钮

步骤03 执行操作后，幻灯片切换至放映模式，在左上角弹出“录制”工具栏，录制旁白，如图12-21所示。

步骤04 录制完成后，在演示文稿中添加了旁白的幻灯片的右下角将显示一个声音图标，如图12-22所示。

图12-21 录制旁白

图12-22 显示声音图标

专家指点

在幻灯片中选中旁白文件，切换至“音频工具”中的“播放”面板，单击“播放”选项板上的“播放”按钮即可预览旁白。

12.4 设置演示文稿的打印

在PowerPoint 2013中，可以将制作好的演示文稿打印出来。在打印时，根据不同的目的将演示文稿打印为不同的形式，常用的打印稿形式有幻灯片、讲义、备注和大纲视图。

12.4.1 设置打印选项

在PowerPoint 2013中的“打印预览”面板中，用户可以根据制作课件的实际需要设置打印选项。下面向读者介绍设置打印选项的操作方法。

新手实战119——设置打印选项

素材文件	素材\第12章\简明扼要.pptx	效果文件	效果\第12章\简明扼要.pptx
视频文件	视频\第12章\简明扼要.mp4		

步骤 01 在PowerPoint 2013中，打开演示文稿，选择“文件”|“打印”命令，如图12-23所示。

步骤 02 切换至“打印”选项卡，即可预览打印效果，如图12-24所示。

步骤 03 在“设置”选项区中，单击“打印全部幻灯片”下拉按钮，在弹出的列表中选择“打印当前幻灯片”选项，如图12-25所示。

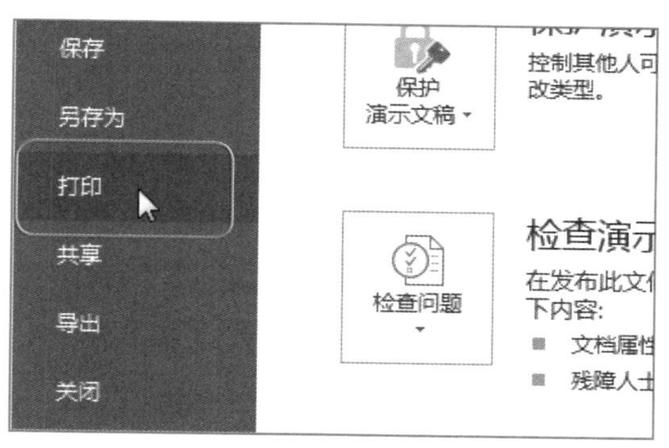

图12-23　单击“打印”命令

图12-24　预览打印效果

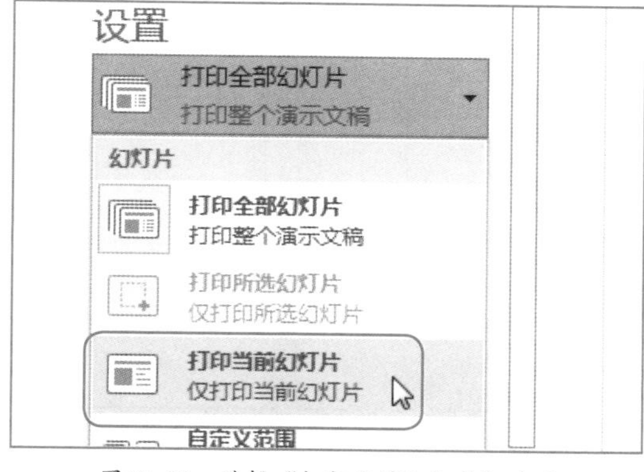

图12-25　选择“打印当前幻灯片”选项

步骤 04 执行操作后，即可打印幻灯片。

视野扩展

单击“打印全部幻灯片”下拉按钮，在弹出的列表中，用户还可以选择“自定义范围”选项，将需要的某一特定的幻灯片进行打印。

12.4.2　设置打印内容

设置打印内容是指打印幻灯片、讲义、备注或是大纲视图，用户可以根据自己的需求选择打印的内容。

新手实战120——设置打印内容

素材文件	素材\第12章\大数据时代.pptx	效果文件	效果\第12章\大数据时代.pptx
视频文件	视频\第12章\大数据时代.mp4		

步骤01 在PowerPoint 2013中，打开演示文稿，选择“文件”|“打印”命令，切换至“打印”选项卡，如图12-26所示。

步骤02 在“设置”选项区中，单击“整页幻灯片”下拉按钮，弹出列表框，在“讲义”选项区中选择“2张幻灯片”选项，如图12-27所示。

步骤03 执行操作后，即可显示2张竖排放置的幻灯片，如图12-28所示。

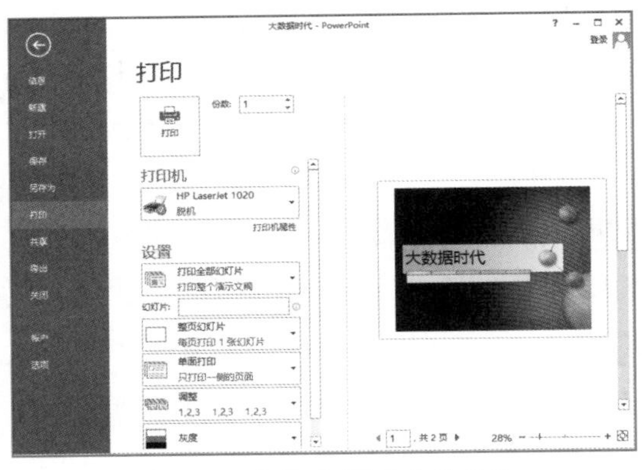

图12-26 切换至“打印”选项卡

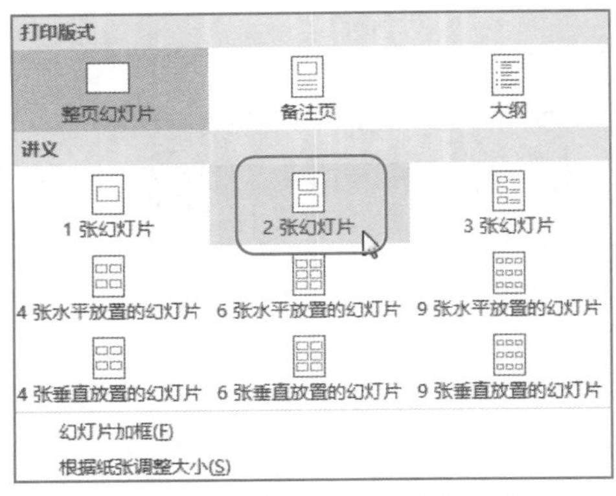

图12-27 选择“2张幻灯片”选项

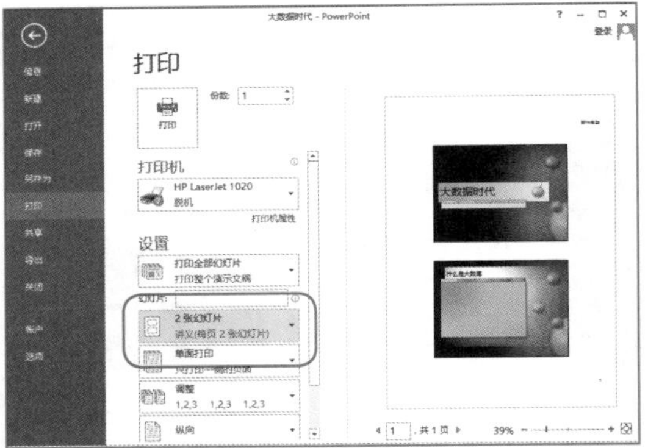

图12-28 显示预览

视野扩展

单击“整页幻灯片”下拉按钮，弹出列表框，打印页面会根据用户选择的幻灯片数量，自行设置好版式。

12.4.3 设置打印边框

用户可以根据自己的需求设置打印边框。

新手实战121——设置打印边框

素材文件	素材\第12章\微信点赞背后的商机.pptx	效果文件	效果\第12章\微信点赞背后的商机.pptx
视频文件	视频\第12章\微信点赞背后的商机.mp4		

步骤 01 在PowerPoint 2013中，打开演示文稿，选择“文件”|“打印”命令，切换至“打印”选项卡，单击“整页幻灯片”下拉按钮，在弹出的列表框中，选择“幻灯片加框”选项，如图12-29所示。

步骤 02 执行操作后，即可为幻灯片添加边框，如图12-30所示。

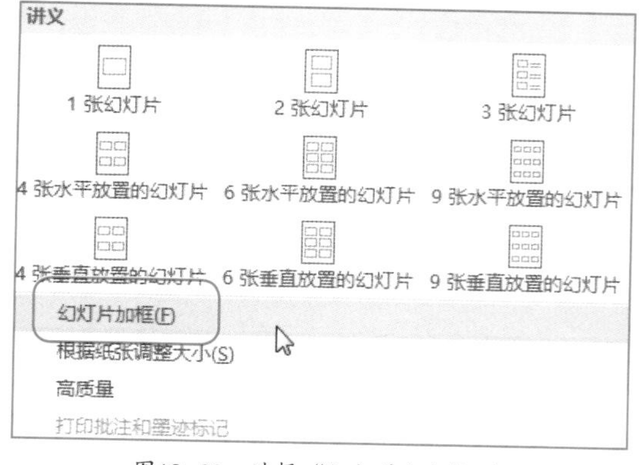

图12-29 选择“幻灯片加框”选项

图12-30 为幻灯片添加边框

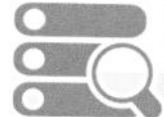

专家指点

设置以黑白模式打印的属性方法如下。

- 在“视图”面板的“颜色/灰度”选项板中，单击“黑白”按钮。
- 在“黑白模式”面板的“更改所选对象”选项板中，选择需要的模式。

用户可以将不同的灰度或黑白设置应用于同一张幻灯片上的不同对象（和背景）。选择要为其设置灰度或黑白设置的对象，然后在“视图”面板上设置属性。

12.4.4 打印当前演示文稿

在PowerPoint 2013中，用户可以根据需要，打印当前演示文稿。下面向读者介绍打印当前演示文稿的操作方法。

新手实战122——打印当前演示文稿

素材文件	素材\第12章\微信点赞.pptx	效果文件	效果\第12章\微信点赞.pptx
视频文件	视频\第12章\微信点赞.mp4		

步骤 01 在PowerPoint 2013中，打开演示文稿，选择“文件”|“打印”命令，切换至“打印”选项卡，单击“打印全部幻灯片”下拉按钮，在弹出的列表框中选择“打印当前幻灯片”选项，如图12-31所示。

步骤 02 执行操作后，在“打印”选项区中，单击“打印”按钮，即可打印当前演示文稿，如图12-32所示。

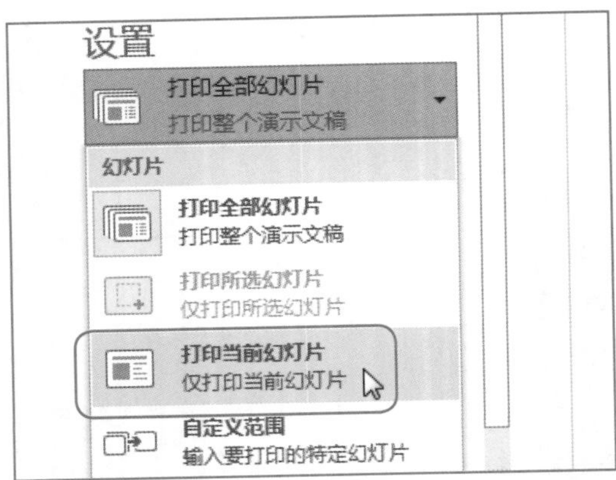

图12-31 选择“打印当前幻灯片”选项

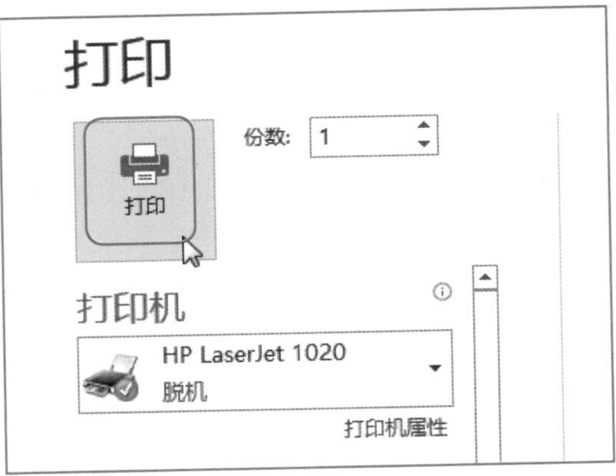

图12-32 单击“打印”按钮

视野扩展

在“设置”选项区中还可以选择打印全部幻灯片、打印所选幻灯片、自定义打印范围和打印隐藏幻灯片。

12.4.5 打印多份演示文稿

在PowerPoint 2013中，用户如果需要将在幻灯片中制作的课件打印多份，则可以设置相应的数值，具体操作方法如下。

新手实战123——打印多份演示文稿

素材文件	素材\第12章\数据分析师.pptx	效果文件	效果\第12章\数据分析师.pptx
视频文件	视频\第12章\数据分析师.mp4		

步骤01 在PowerPoint 2013中，打开演示文稿，选择“文件”|“打印”命令，切换至“打印”选项卡，单击“份数”右侧的三角形按钮，即可设置打印份数，如图12-33所示。

步骤02 执行操作后，即可打印多份演示文稿。

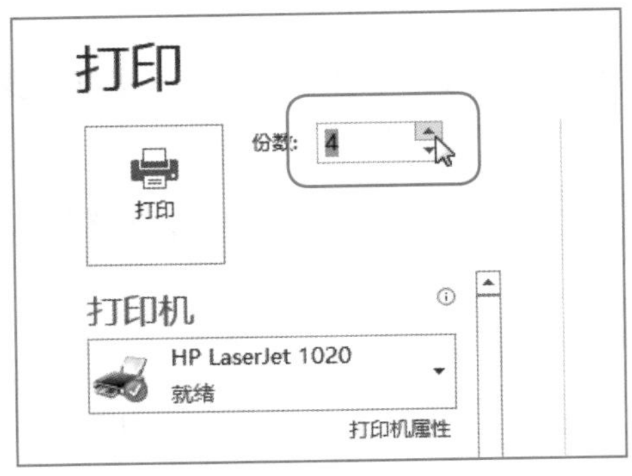

图12-33 设置打印份数

视野扩展

在“设置”选项区中还可以设置整页幻灯片、单面打印，调整幻灯片打印次序和设置灰度打印。

12.5 打包演示文稿

PowerPoint提供了多种保存、输出演示文稿的方法。用户可以将制作出来的演示文稿输出为多种样式，如将演示文稿打包，以网页、文件的形式输出等。

12.5.1 将演示文稿打包

若要在没有安装PowerPoint的电脑上运行演示文稿，需要Microsoft Office PowerPoint Viewer的支持。默认情况下，在安装PowerPoint时，将自动安装PowerPoint Viewer，因此可以直接使用“将演示文稿打包CD”功能，从而将演示文稿以特殊的形式复制到可刻录光盘、网络或本地磁盘驱动器中，并在其中集成一个PowerPoint Viewer，以便在任何电脑上都能进行演示。

新手实战124——将演示文稿打包

素材文件	素材\第12章\数据传递.pptx	效果文件	效果\第12章\数据传递.pptx
视频文件	视频\第12章\数据传递.mp4		

步骤01 在PowerPoint 2013中，打开演示文稿，选择“文件”|“导出”|“将演示文稿打包成CD”|“打包成CD”命令，如图12-34所示。

步骤02 弹出“打包成CD”对话框，单击“复制到文件夹”按钮，如图12-35所示。

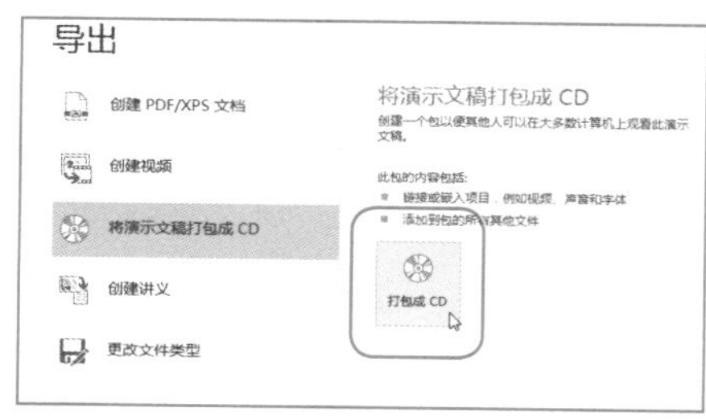

图12-34 选择“打包成CD”命令

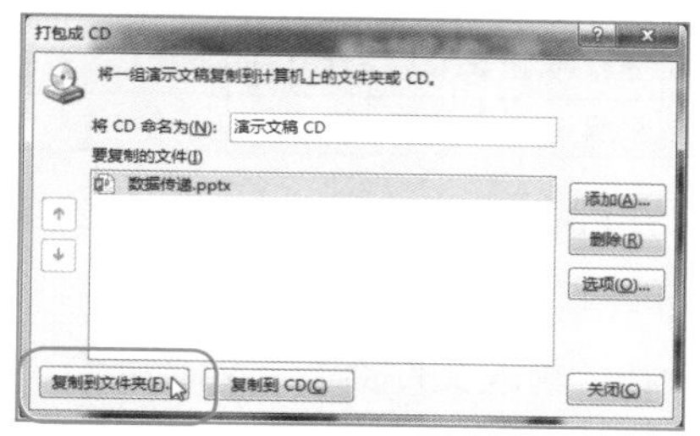

图12-35 单击“复制到文件夹”按钮

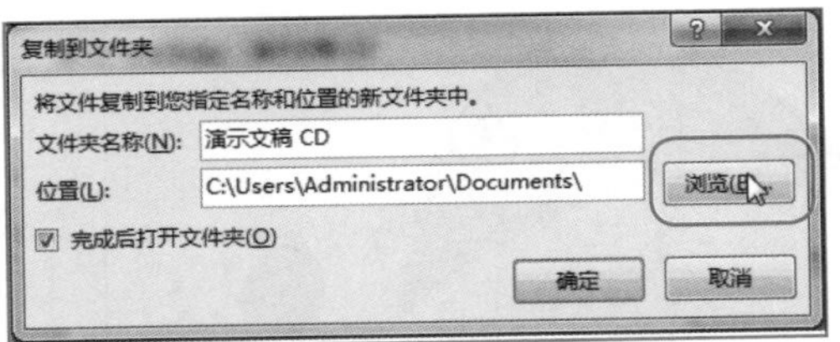

图12-36　单击“浏览”按钮

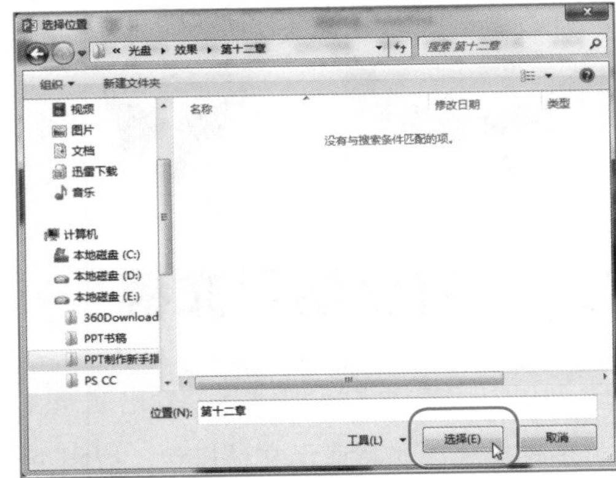
图12-37　选择需要保存的位置

步骤03 弹出“复制到文件夹”对话框，单击“浏览”按钮，如图12-36所示。

步骤04 执行操作后，弹出“选择位置”对话框，在该对话框中选择需要保存的位置，如图12-37所示。

步骤05 单击“选择”按钮，返回到“复制到文件夹”对话框，单击“确定”按钮。在弹出的信息提示框中，单击“是”按钮，弹出“正在将文件复制到文件夹”对话框。待演示文稿中的文件复制完成后，单击“打包成CD”对话框中的“关闭”按钮，即可完成演示文稿的打包操作，在保存位置可查看打包CD的文件。

专家指点

在“打包成CD”对话框中，其他按钮的意义及作用如下。

- “添加”：单击“添加”按钮，即可选择计算机中其他位置需要打包成CD的演示文稿。
- “删除”：单击“删除”按钮，可删除不需要打包的演示文稿。
- “选项”：单击“选项”按钮，弹出“选项”对话框。为了增强安全性和隐私保护，用户可以设置“打开每个演示文稿所需要的密码”。

12.5.2 输出为图形文件

PowerPoint支持将演示文稿中的幻灯片输出为GIF、JPG、TIFF、BMP、PNG及WMF等格式的图形文件。

新手实战125——输出为图形文件

素材文件	素材\第12章\微信点赞01.pptx	效果文件	效果\第12章\微信点赞01.pptx
视频文件	视频\第12章\微信点赞01.mp4		

步骤01 在PowerPoint 2013中，打开演示文稿，选择“文件”|“导出”|“更改文件类型”命令，如图12-38所示。

步骤02 在“更改文件类型”列表框的“图片文件类型”选项区中，选择“JPEG文件交换格式”选项，如图12-39所示。

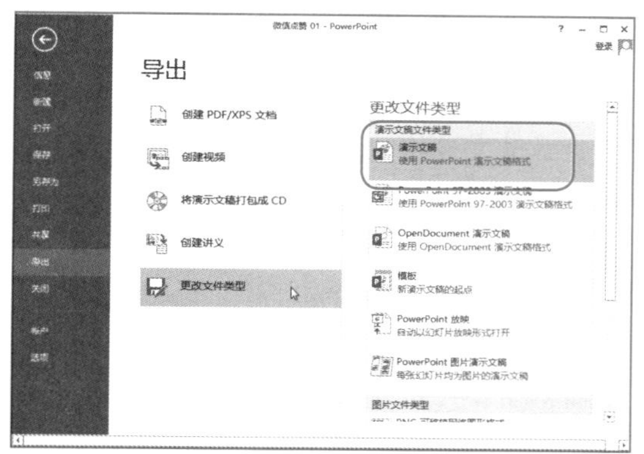

图12-38 选择“更改文件类型”命令

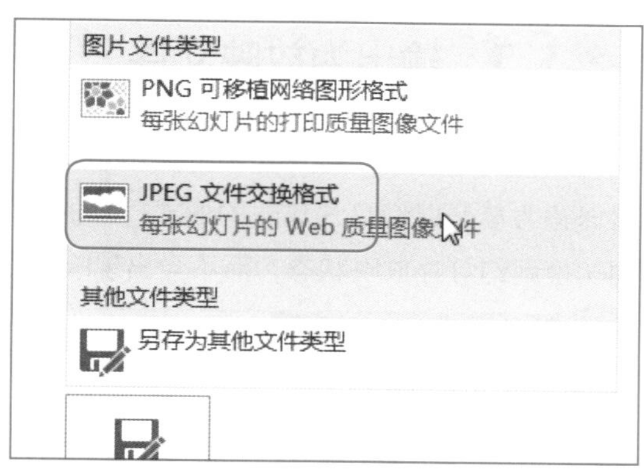

图12-39 选择“JPEG文件交换格式”选项

步骤 03 执行操作后，弹出“另存为”对话框，选择相应的保存文件类型，如图12-40所示。

步骤 04 单击“保存”按钮，弹出信息提示框，单击“所有幻灯片”按钮，如图12-41所示。

步骤 05 执行操作后，弹出信息提示框，单击“确定”按钮，如图12-42所示。

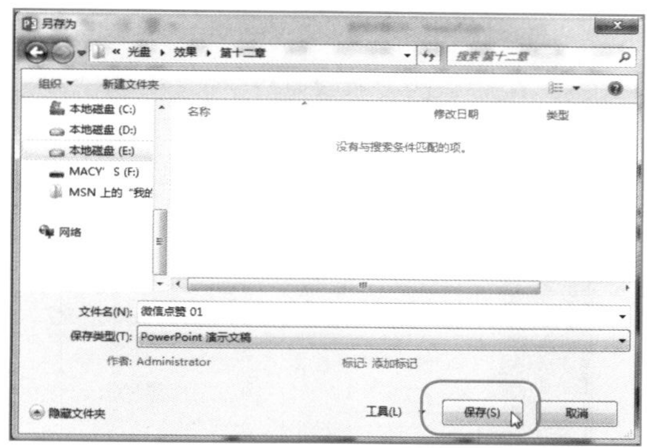

图12-40 选择相应的保存文件类型

图12-41 单击“所有幻灯片”按钮

图12-42 单击“确定”按钮

步骤 06 执行操作后，即可输出演示文稿为图形文件。打开所存储的文件夹，查看输出的图像文件，如图12-43所示。

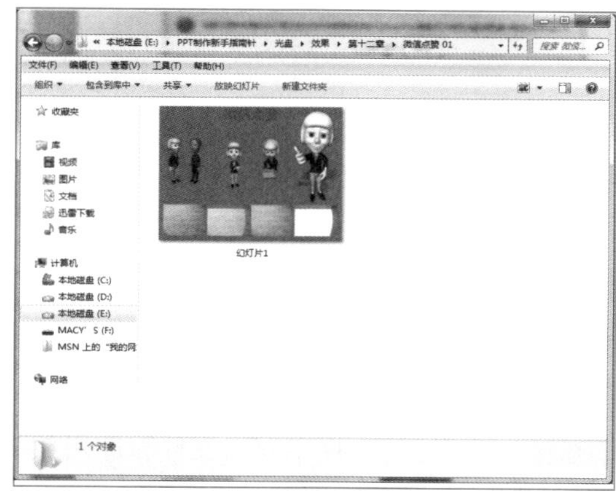

图12-43 查看输出的图像文件

视野扩展

在“更改文件类型”列表框的“图片文件类型”选项区中，用户还可以选择“PNG可移植网络图形格式”。

12.5.3 输出为放映文件

在PowerPoint中经常用到的输出格式还有幻灯片放映文件格式。幻灯片放映是将演示文稿保存为总是以幻灯片放映的形式打开的演示文稿，每当打开该类型文件，PowerPoint将自动切换到幻灯片放映状态，而不会出现PowerPoint编辑窗口。

新手实战126——输出为放映文件

素材文件	素材\第12章\商人.pptx	效果文件	效果\第12章\商人.pptx
视频文件	视频\第12章\商人.mp4		

步骤 01 在PowerPoint 2013中，打开演示文稿，选择“文件”|“导出”|“更改文件类型”命令，如图12-44所示。

步骤 02 在“更改文件类型”列表框的“演示文稿文件类型”选项区中，选择“PowerPoint放映”选项，如图12-45所示。

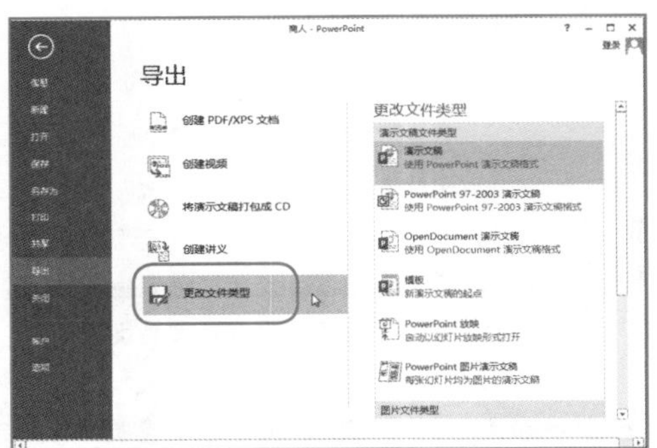

图12-44 选择“更改文件类型”命令

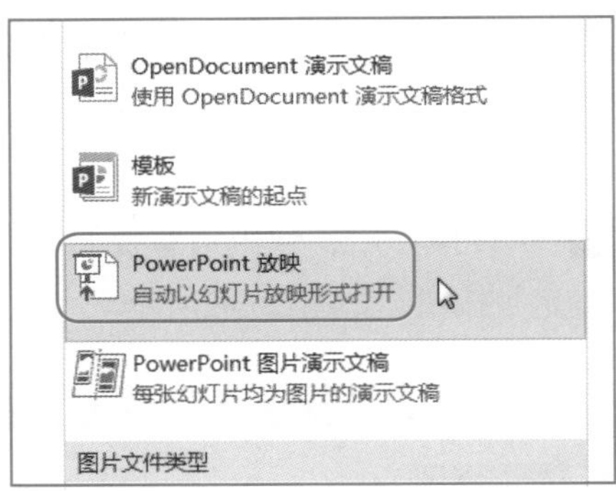

图12-45 选择“PowerPoint放映”选项

视野扩展

在“更改文件类型”列表框的“演示文稿文件类型”选项区中，用户可以选择“演示文稿”、PowerPoint 97-2003演示文稿、OpenDocument演示文稿、模板、PowerPoint放映和PowerPoint图片演示文稿等选项。

步骤 03 执行操作后，弹出“另存为”对话框，选择需要存储的文件类型，如图12-46所示。

步骤 04 单击“保存”按钮，即可输出文件。打开所存储的文件夹，查看输出的放映文件，如图12-47所示。

步骤 05 在保存的文件中双击文件，即可放映文件，如图12-48所示。

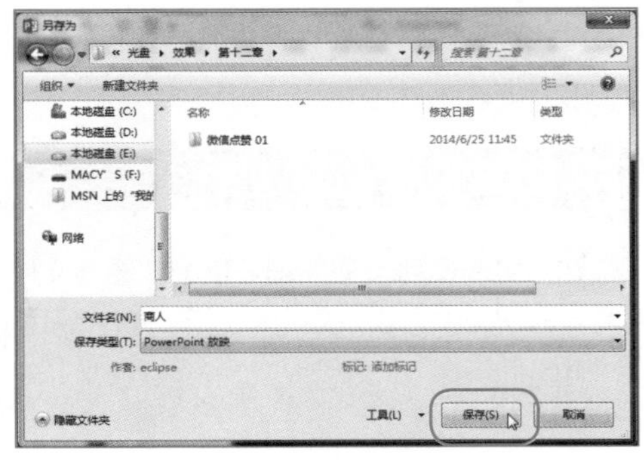

图12-46 选择需要存储的文件类型

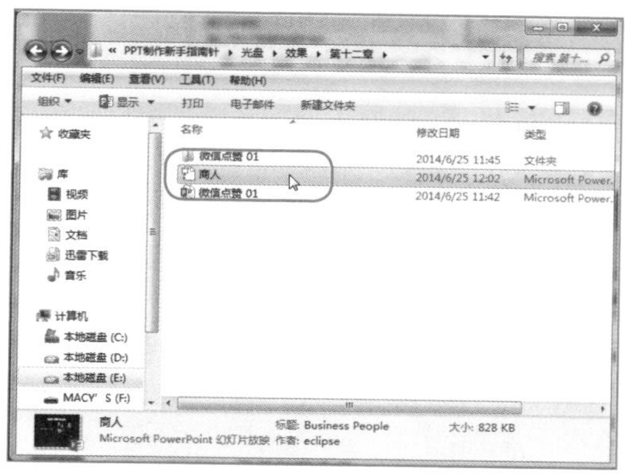

图12-47　查看输出的放映文件

图12-48　放映文件

12.6 本章小结

本章主要介绍了在PowerPoint 2013中演示文稿的放映和打包，包括进入幻灯片放映的方法，如何设置幻灯片放映方式、设置循环放映、设置换片方式和设置指定幻灯片幻灯片，隐藏和显示幻灯片、演示文稿排练计时和录制旁白，设置打印选项、设置打印内容、设置打印边框、打印当前演示文稿和打印多份演示文稿，以及将演示文稿打包、输出为图形文件和输出为放映文件等内容。

12.7 趁热打铁

1. 将演示文稿打包成CD。
2. 将演示文稿输出为图形文件。

第 13 章 创建交互式演示文稿

学习提示

加了动作的按钮或者超链接的文本上单击鼠标左键，程序就将自动跳至指定的幻灯片页面。本章主要向读者介绍创建超链接、编辑超链接和链接到其他对象的基本操作。

本章案例导航

- 新手实战127——插入超链接
- 新手实战128——使用按钮删除超链接
- 新手实战129——使用选项取消超链接
- 新手实战130——添加动作按钮
- 新手实战131——使用“动作”按钮添加动作
- 新手实战132——更改超链接
- 新手实战133——设置超链接格式
- 新手实战134——链接到演示文稿

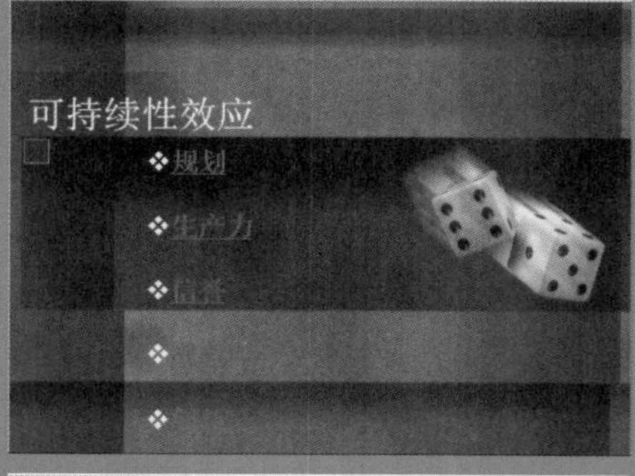

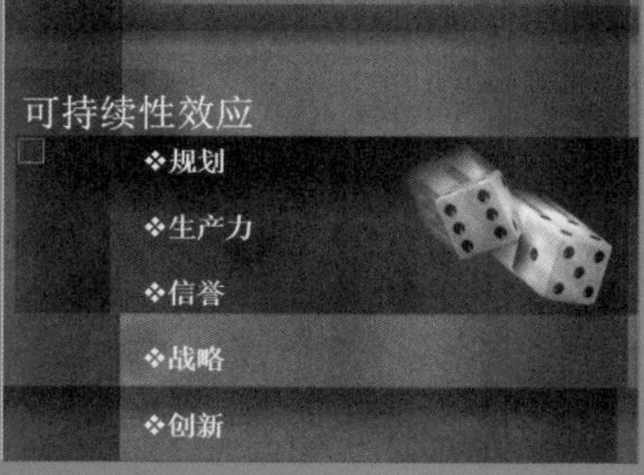

13.1 超链接和动作按钮

超链接是指向特定位置或文件的一种链接方式，利用它可以指定程序的跳转位置。当放映幻灯片时，在添加了超链接的文本上单击，程序就将自动跳至指定的幻灯片页面。

13.1.1 插入超链接

在PowerPoint 2013中放映演示文稿时，为了方便切换到目标幻灯片中，可以在演示文稿中插入超链接。下面向读者介绍插入超链接的操作方法。

新手实战127——插入超链接

素材文件	素材\第13章\可持续性效应.pptx	效果文件	效果\第13章\可持续性效应.pptx
视频文件	视频\第13章\可持续性效应.mp4		

步骤 01 在PowerPoint 2013中，打开演示文稿，在编辑区中选择“规划”文本，如图13-1所示。

步骤 02 切换至“插入”面板，在“链接”选项板中，单击“超链接”按钮，如图13-2所示。

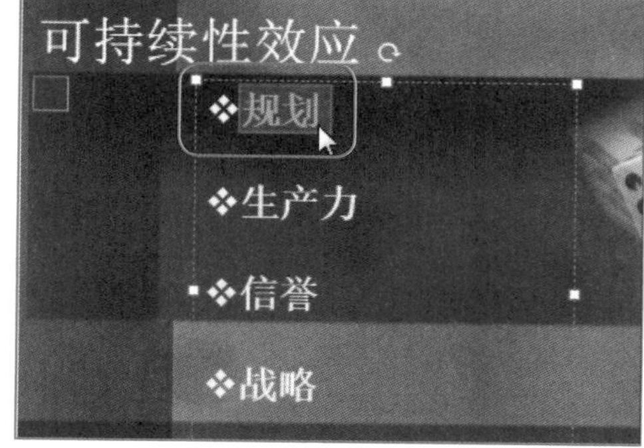

图13-1 选择“规划”文本

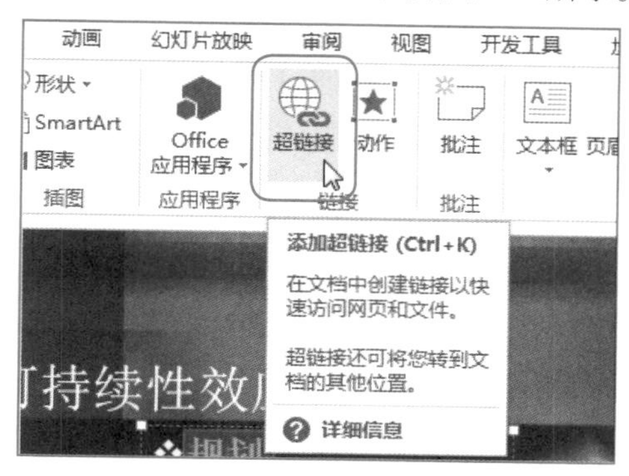

图13-2 单击“超链接”按钮

步骤 03 弹出“插入超链接”对话框，在“链接到”列表框中，单击“本文档中的位置”按钮，效果如图13-3所示。

步骤 04 然后在“请选择文档中的位置”列表框的“幻灯片标题”下方，选择“规划”选项，如图13-4所示。

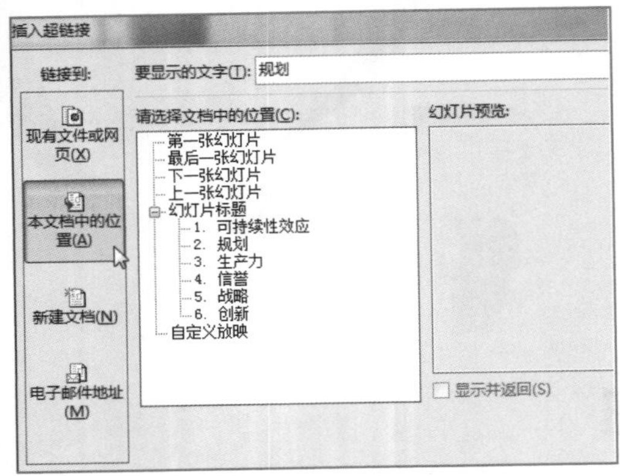

图13-3 单击“本文档中的位置”按钮

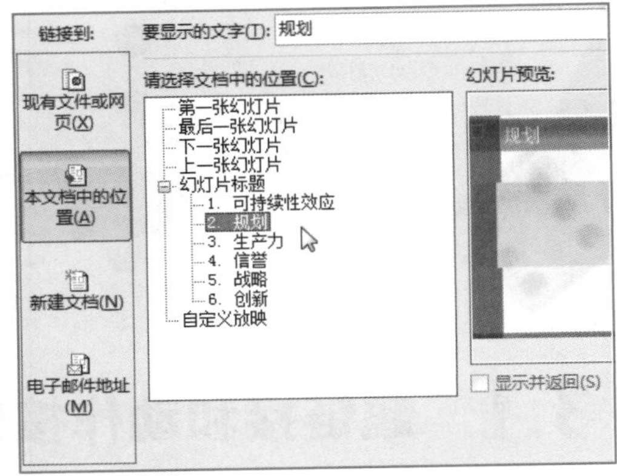

图13-4 选择“规划”选项

步骤 05 单击“确定”按钮，即可在幻灯片中插入超链接，效果如图13-5所示。

步骤 06 用同样的方法，为幻灯片中的其他内容添加超链接，效果如图13-6所示。

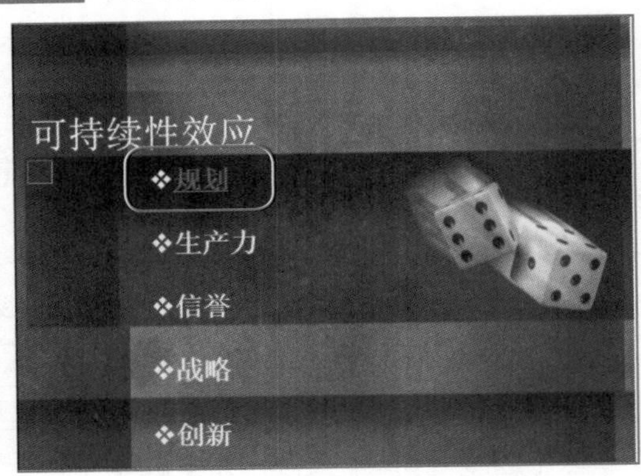

图13-5 在幻灯片中插入超链接

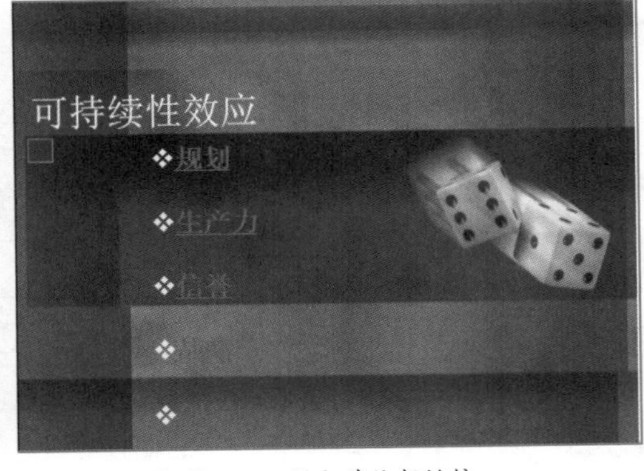

图13-6 添加其他超链接

视野扩展

在“插入超链接”对话框中的“链接到”列表框还有“现有文件或网页”选项、“新建文档”选项和“电子邮件地址”选项。

专家指点

除了使用以上方法弹出“插入超链接”对话框以外，用户还可以在选中的文本上单击鼠标右键，在弹出的快捷菜单中选择“超链接”选项，也可弹出“插入超链接”对话框。

13.1.2 使用按钮删除超链接

在PowerPoint 2013中，用户可以通过单击“链接”选项板中的“超链接”按钮，达到删除超链接的目的。下面向读者介绍删除超链接的操作方法。

新手实战128——使用按钮删除超链接

素材文件	素材\第13章\可持续性效应01.pptx	效果文件	效果\第13章\可持续性效应01.pptx
视频文件	视频\第13章\可持续性效应01.mp4		

步骤 01 在PowerPoint 2013中，打开演示文稿，在编辑区中选择“规划”文本，如图13-7所示。

步骤 02 切换至“插入”面板，在“链接”选项板中单击“超链接”按钮，弹出“编辑超链接”对话框，如图13-8所示。

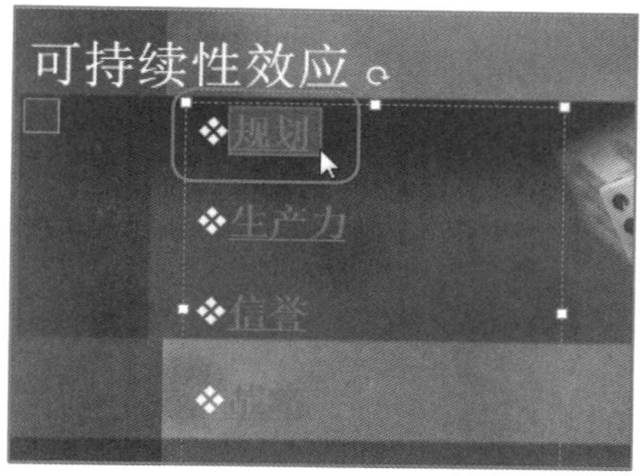

图13-7 选择“规划”文本

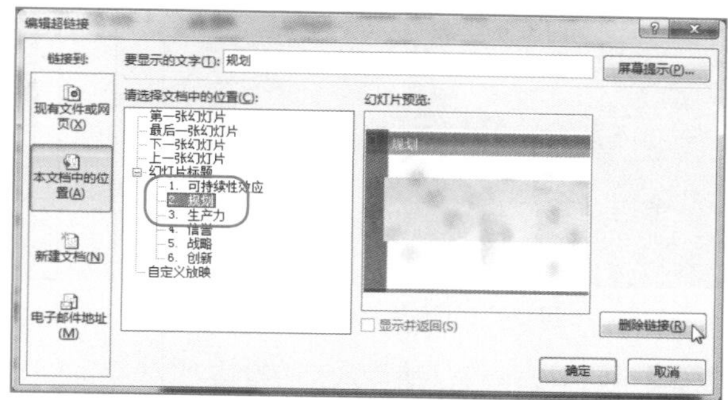

图13-8 弹出“编辑超链接”对话框

步骤 03 在该对话框中，单击“删除链接”按钮，即可删除超链接，效果如图13-9所示。

步骤 04 用同样的方法，使用按钮删除其他超链接，效果如图13-10所示。

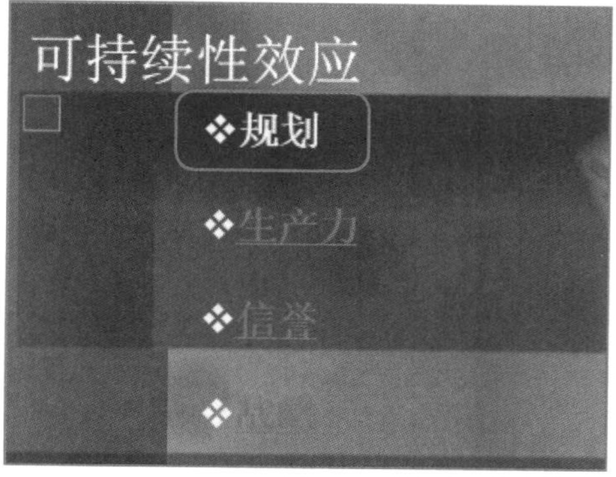

图13-9 删除超链接

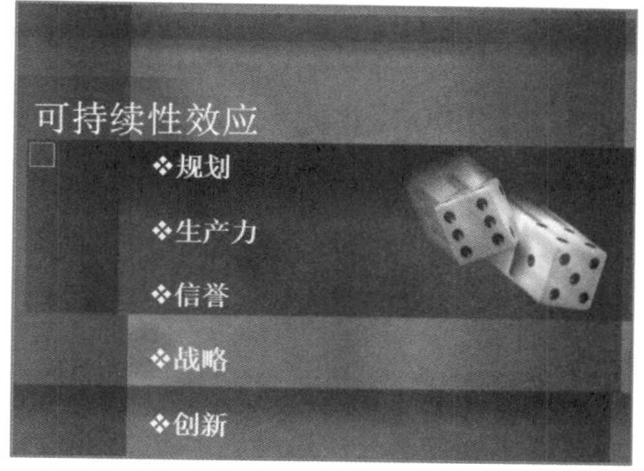

图13-10 删除其他超链接

13.1.3 使用选项取消超链接

在PowerPoint 2013中，除了运用按钮删除超链接以外，用户还可以通过选择“取消超链接”选项，删除超链接。下面向读者介绍运用选项取消超链接的操作方法。

新手实战129——使用选项取消超链接

素材文件	素材\第13章\可持续性效应02.pptx	效果文件	效果\第13章\可持续性效应02.pptx
视频文件	视频\第13章\可持续性效应02.mp4		

步骤01 在PowerPoint 2013中，打开演示文稿，在编辑区中，选择“规划”文本，如图13-11所示。

步骤02 单击鼠标右键，在弹出的快捷菜单中，选择“取消超链接”选项，如图13-12所示。

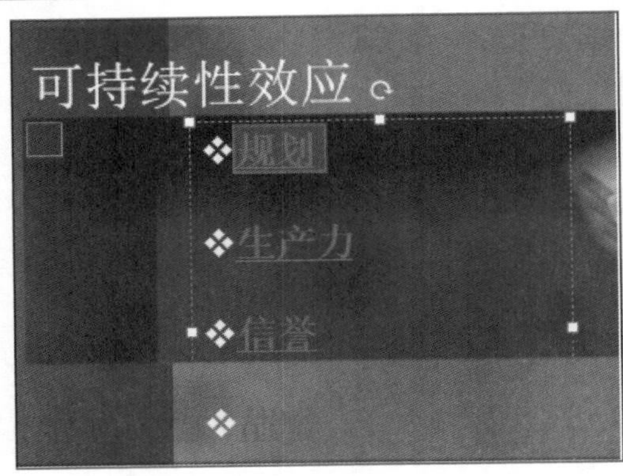

图13-11 选择“规划”文本

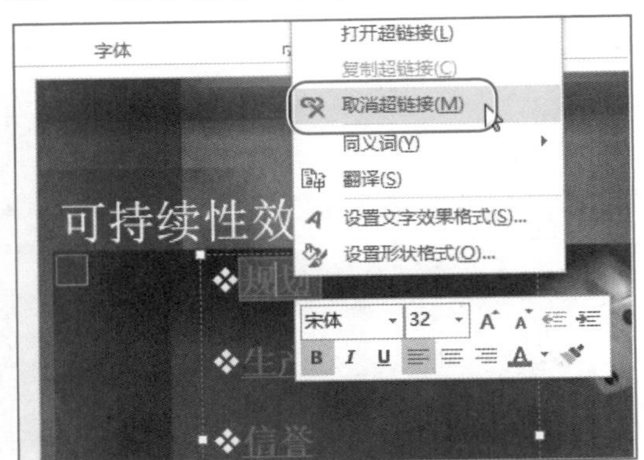

图13-12 选择“取消超链接”选项

步骤03 执行操作后，即可取消超链接，效果如图13-13所示。

步骤04 用同样的方法，使用选项取消其他超链接，效果如图13-14所示。

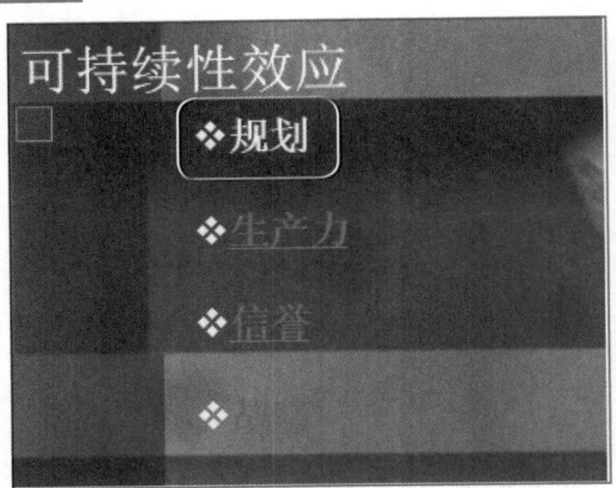

图13-13 取消超链接

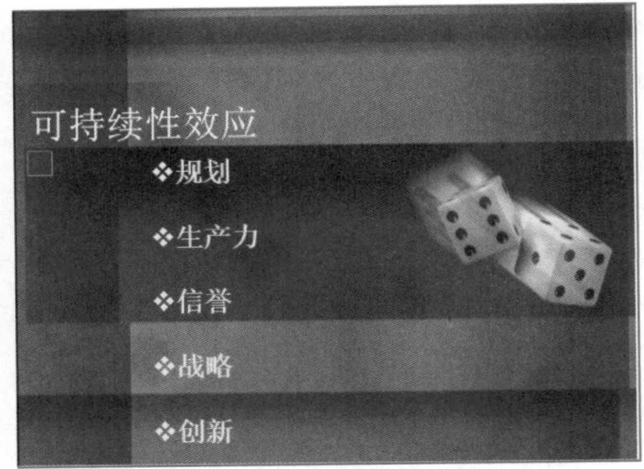

图13-14 取消其他超链接

13.1.4 添加动作按钮

动作按钮是一种带有特定动作的图形按钮，应用这些按钮，可以快速实现在放映幻灯片时跳转的目的。下面向读者介绍添加动作按钮的操作方法。

新手实战130——添加动作按钮

素材文件	素材\第13章\定位平台.pptx	效果文件	效果\第13章\定位平台.pptx
视频文件	视频\第13章\定位平台.mp4		

步骤 01 在PowerPoint 2013中，打开演示文稿，切换至“插入”面板，在“插图”选项板中单击“形状”下拉按钮，如图13-15所示。

步骤 02 弹出列表框，在“动作按钮”选项区中，单击“前进或下一项”按钮，如图13-16所示。

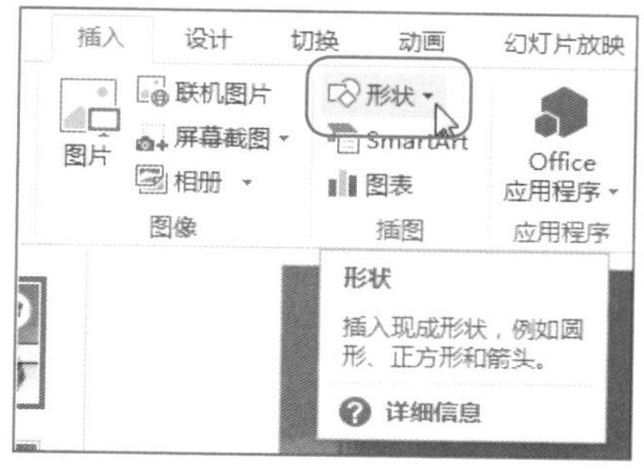

图13-15 单击“形状”下拉按钮

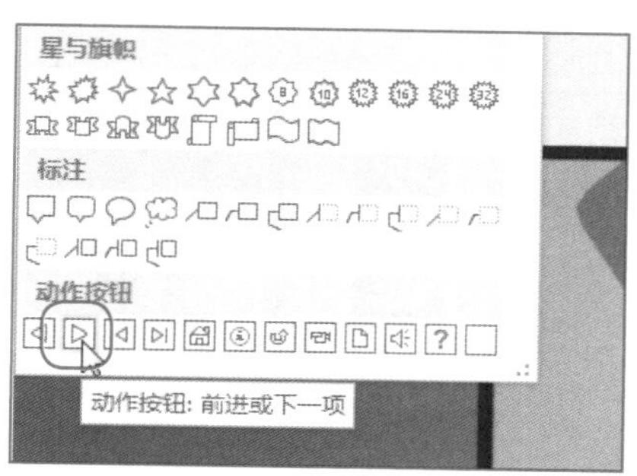

图13-16 单击“前进或下一项”按钮

步骤 03 鼠标指针呈十字形，在幻灯片的左上角绘制图形，释放鼠标左键后弹出“动作设置”对话框，如图13-17所示。

步骤 04 保持各选项为默认设置，单击“确定”按钮，插入形状，并调整形状的大小和位置，如图13-18所示。

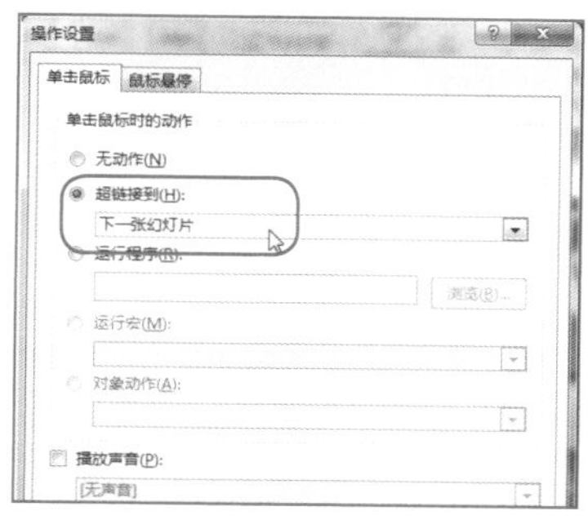

图13-17 弹出“动作设置”对话框

图13-18 插入形状

专家指点

在“动作按钮”选项区中，用户还可以选择“后退或前一项”◁、“开始”⏮、“结束”⏭、“第一张”、“信息”、“上一张”、“影片”、“文档”、“声音”、“帮助”?和“自定义”□。

单击“自定义”按钮，弹出“操作设置”对话框。用户可以自定义“单击鼠标”和“鼠标悬停”两个动作的选项，分别包括“超链接到”、“运行程序”、“运行宏”、“对象动作”和“播放声音”。

步骤05 选中添加的动作按钮，切换至“绘图工具”中的“格式”面板，如图13-19所示。

步骤06 在“形状样式”选项板中，单击“其他”下拉按钮，在弹出的列表框中，选择“强烈效果-蓝色，强调颜色6”选项，如图13-20所示。

步骤07 执行操作后，即可添加动作按钮，如图13-21所示。

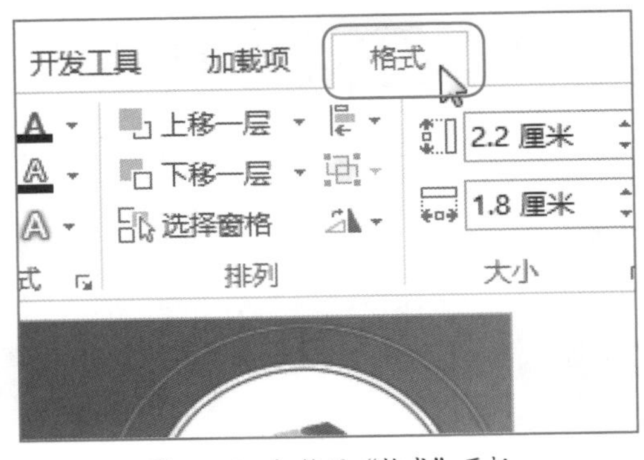

图13-19　切换至“格式”面板

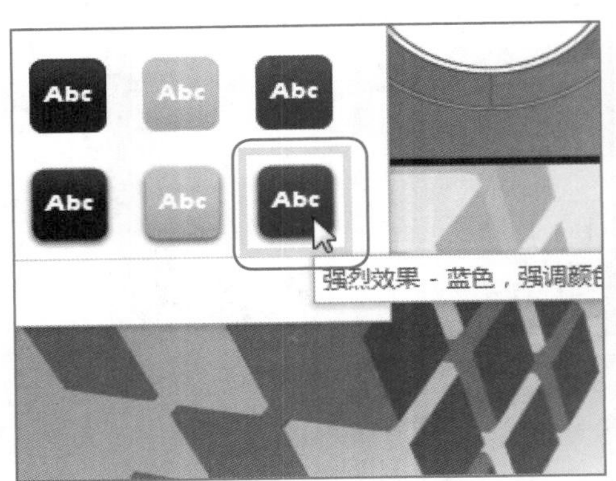

图13-20　选择“强烈效果-蓝色，强调颜色6”选项

图13-21　添加动作按钮

视野扩展

动作与超链接的区别：

- 超链接是将幻灯片中的某一 部分与另一部分链接起来，它可以与本文档中的幻灯片链接，也可以链接到其他文件。
- 动作只能与指定的幻灯片进行链接，它突出的是完成某一个动作。

13.1.5 使用“动作”按钮添加动作

在PowerPoint 2013中，除了运用形状添加动作按钮以外，还可以选中对象，再插入动作按钮。下面向读者介绍使用“动作”按钮添加动作的操作方法。

新手实战131——使用“动作”按钮添加动作

素材文件	素材\第13章\商务着装.pptx	效果文件	效果\第13章\商务着装.pptx
视频文件	视频\第13章\商务着装.mp4		

步骤01 在PowerPoint 2013中，打开演示文稿，在编辑区中，选择需要添加动作的文本，如图13-22所示。

步骤 02 切换至“插入”面板，在“链接”选项板中，单击“动作”按钮，如图13-23所示。

图13-22 选择需要添加动作的文本

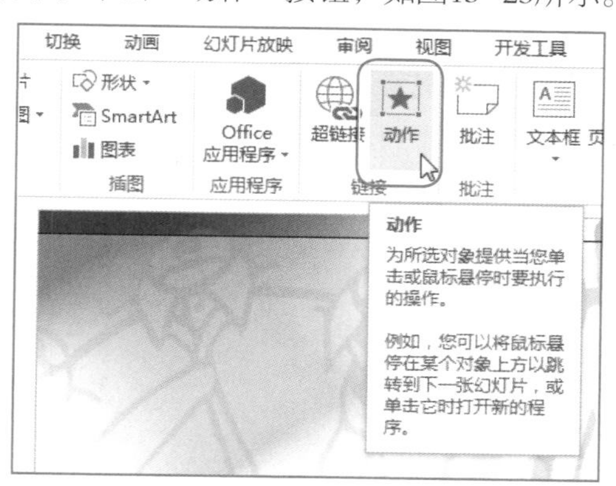

图13-23 单击“动作”按钮

步骤 03 弹出“操作设置”对话框，选中“超链接到”单选按钮，单击下方的下拉列表框，在弹出的下拉列表中，选择“最后一张幻灯片”选项，如图13-24所示。

步骤 04 单击“确定”按钮，即可为选中的文本添加动作，如图13-25所示。

步骤 05 在放映演示文稿时，只需单击幻灯片中的动作对象，即可跳转到最后一张幻灯片，如图13-26所示。

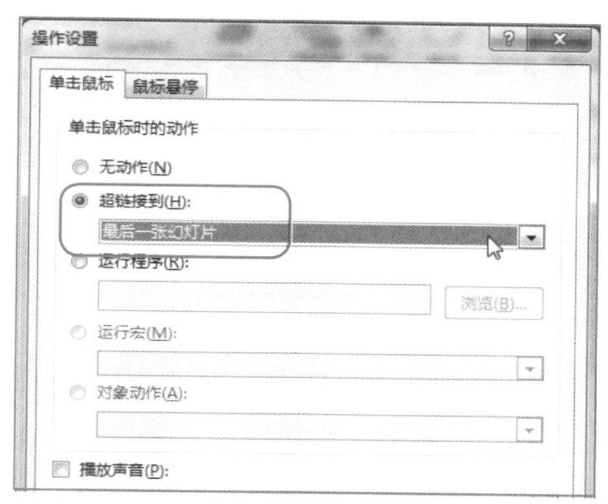

图13-24 选择“最后一张幻灯片”选项

图13-25 添加动作

图13-26 跳转到最后一张幻灯片

专家指点

用户可以根据选择文本的实际情况，在“超链接到”下拉列表中，选择相对应的幻灯片进行链接。

13.2 编辑超链接

设置完超链接后，若用户对设置的结果不满意，可以对超链接进行修改。

13.2.1 更改超链接

“编辑超链接”对话框和“插入超链接”对话框是相同的，用户在选中已设置的超链接对象上单击鼠标右键，即可进入“编辑超链接”对话框，在此对话框中进行修改与编辑操作。

新手实战132——更改超链接

素材文件	素材\第13章\可持续效应03.pptx	效果文件	效果\第13章\可持续效应03.pptx
视频文件	视频\第13章\可持续效应03.mp4		

步骤 01 打开演示文稿，选择超链接文本，切换至“插入”面板，在“链接”选项板中单击“超链接”按钮，如图13-27所示。

步骤 02 弹出“编辑超链接”对话框，在“请选择文档中的位置”列表框中选择“信誉”选项，如图13-28所示。

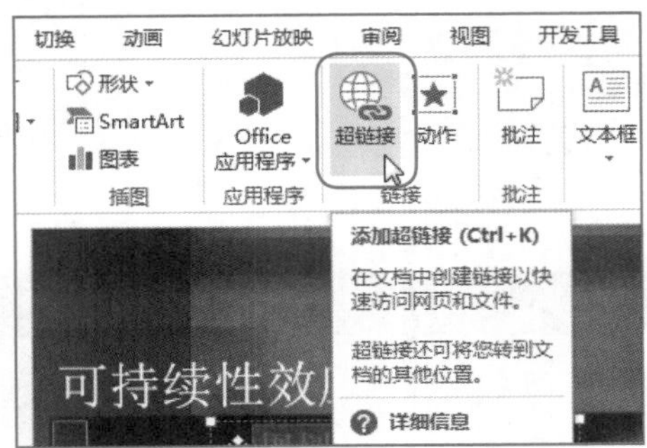

图13-27　单击“超链接”按钮

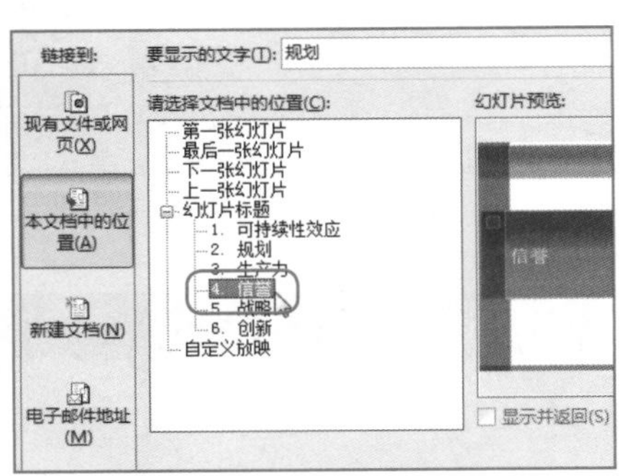

图13-28　选择“信誉”选项

步骤03 单击“确定”按钮，即可更改链接目标。

13.2.2 设置超链接格式

在PowerPoint中，同样可以为超链接设置格式，美化超链接的效果。

新手实战133——设置超链接格式

素材文件	素材\第13章\可持续效应04.pptx	效果文件	效果\第13章\可持续效应04.pptx
视频文件	视频\第13章\可持续效应04.mp4		

步骤01 打开演示文稿，选择超链接文本，切换至“设计”面板，在“主题”选项板中单击“颜色”下拉按钮，在弹出的下拉列表中选择“自定义颜色”选项，如图13-29所示。

步骤02 弹出“自定义颜色”对话框，在“主题”选项区中单击“超链接”右侧的下拉按钮，在弹出的列表框中选择“红色”选项，如图13-30所示。

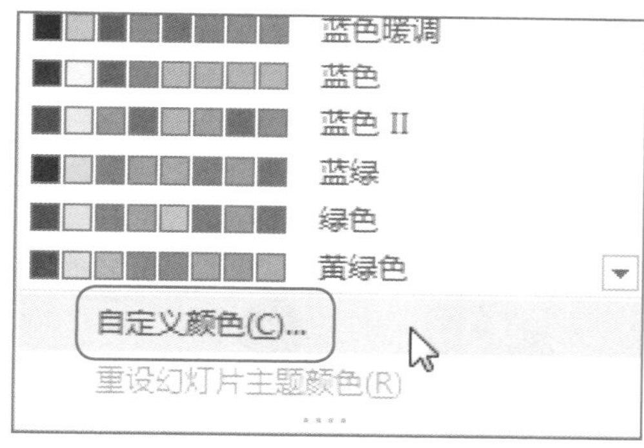

图13-29 选择“自定义颜色”选项

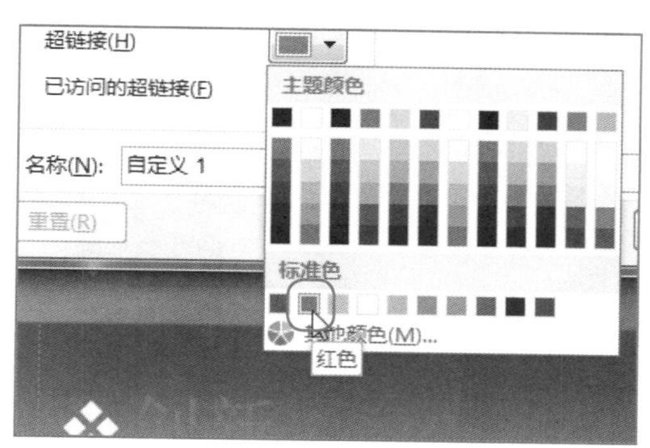

图13-30 选择“红色”选项

步骤03 单击“保存”按钮，即可设置超链接文本颜色，如图13-31所示。

步骤04 切换至“开始”面板，在“字体”选项板中单击“字体”下拉按钮，在弹出的下拉列表框中选择“华文琥珀”选项，如图13-32所示。

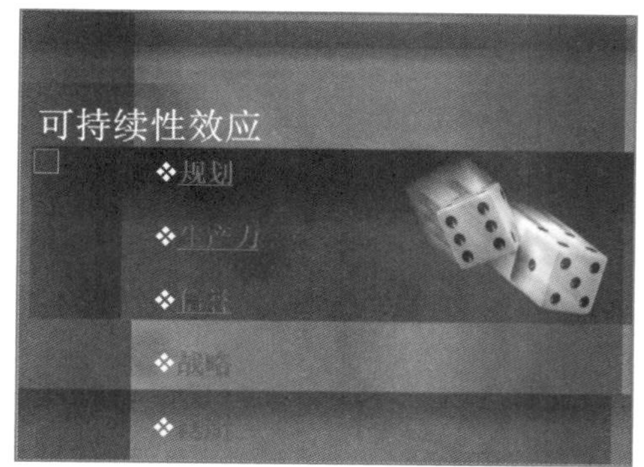

图13-31 设置超链接文本颜色

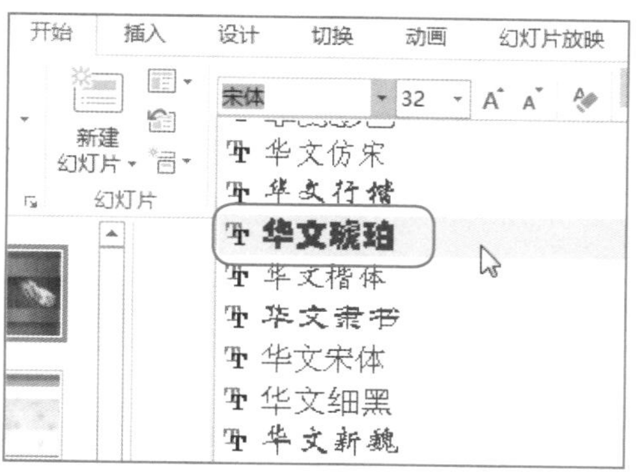

图13-32 选择“华文琥珀”选项

步骤05 在“字体”选项板中设置“字号”为48，效果如图13-33所示。

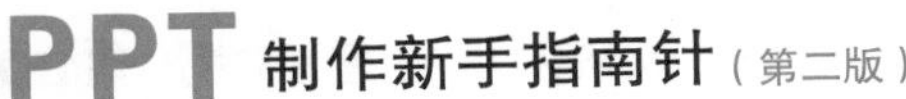

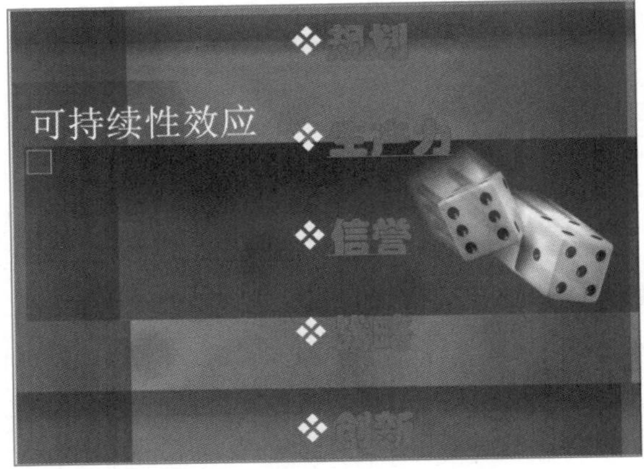

图13-33　设置“字号”为48

13.3　链接到其他对象

在幻灯片中，除了链接文本和图形以外，还可以设置链接到其他的对象，例如网页、电子邮件、其他的演示文稿等。

13.3.1　链接到演示文稿

在PowerPoint 2013中，用户可以在选择的对象上，添加超链接到文件或其他演示文稿中。下面向读者介绍链接到演示文稿的操作方法。

新手实战134——链接到演示文稿

素材文件	素材\第13章\商界.pptx	效果文件	效果\第13章\商界.pptx
视频文件	视频\第13章\商界.mp4		

步骤 01 在PowerPoint 2013中，打开演示文稿，在编辑区中，选择需要进行超链接的对象文本，如图13-34所示。

步骤 02 切换至“插入”面板，在“链接”选项板中单击“超链接”按钮，弹出“插入超链接”对话框，如图13-35所示。

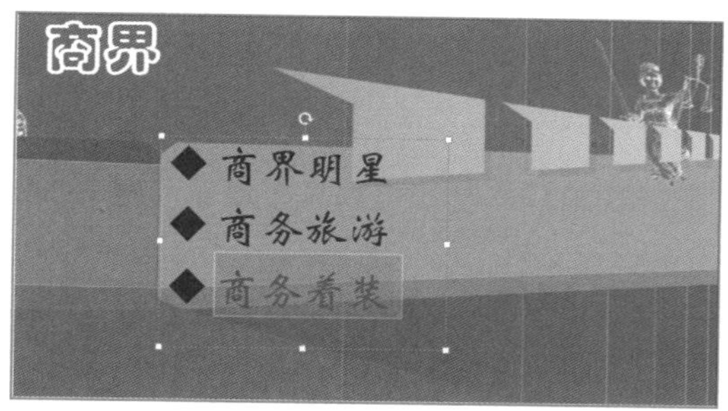

图13-24 选择需要进行超链接的对象文本

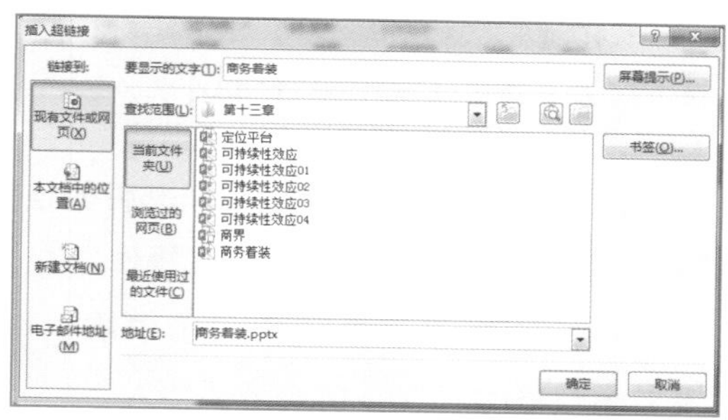

图13-35 弹出“插入超链接”对话框

步骤 03 在“链接到”选项区中，单击“现有文件或网页”按钮，在“查找范围”下拉列表框中，选择需要链接演示文稿的位置及相应的演示文稿，如图13-36所示。

步骤 04 单击“确定”按钮，即可插入超链接，如图13-37所示。

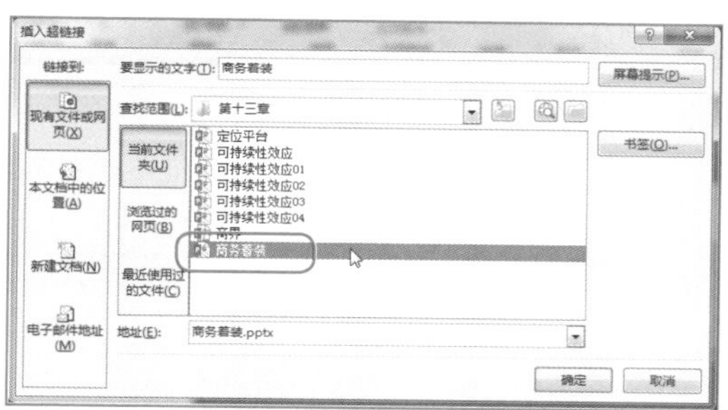

图13-36 选择相应的演示文稿

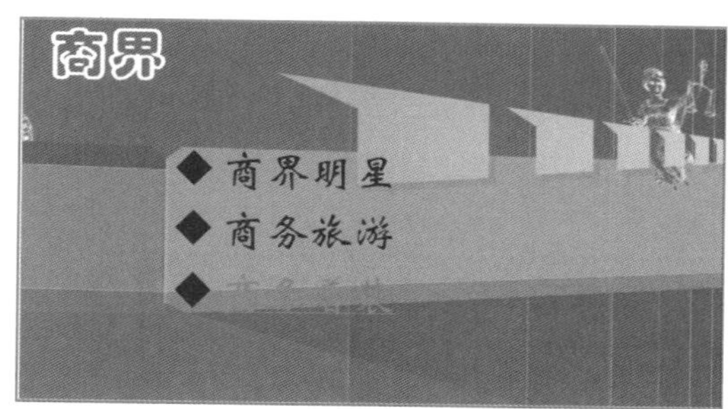

图13-37 插入超链接

步骤 05 切换至“幻灯片放映”面板，在“开始放映幻灯片”选项板中，单击“从头开始”按钮，将鼠标移至“商务着装”文本对象时，如图13-38所示，鼠标指针呈 形状。

步骤 06 在文本上单击鼠标左键，即可链接到相应演示文稿，如图13-39所示。

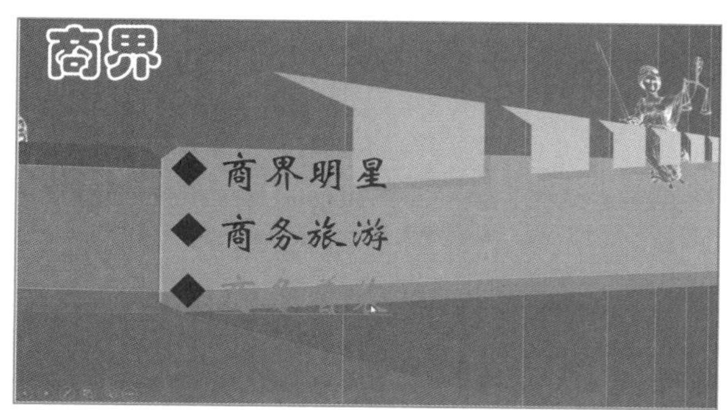

图13-38 定位鼠标位置

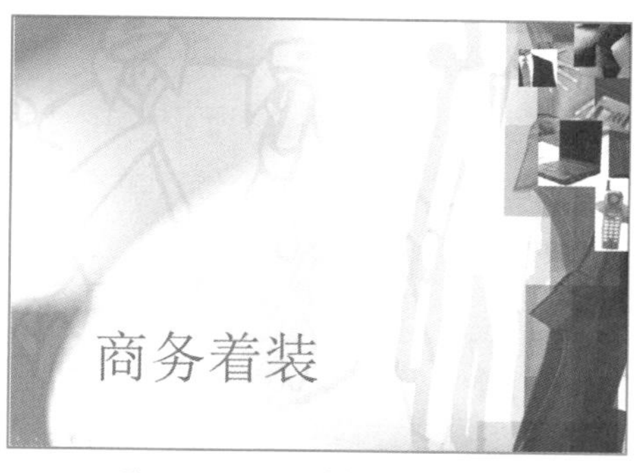

图13-39 链接到相应演示文稿

视野扩展

只有在幻灯片中的对象上才能添加超链接，讲义和备注等内容不能添加超链接。添加或修改超链接的操作只有在普通视图中的幻灯片中才能进行编辑。

13.3.2 链接到电子邮件

用户可以在幻灯片中加入电子邮件的链接，在放映幻灯片时，可以直接发送到对方的邮箱中。下面介绍链接到电子邮件的操作方法。

在打开的的演示文稿中，选中需要设置超链接的对象，切换至“插入”面板，在“链接”选项板中单击“超链接”按钮，弹出“插入超链接”对话框，在对话框中选择“电子邮件地址”选项，在“电子邮件地址”文本框中输入邮件地址，然后在“主题”文本框中输入演示文稿的主题，如图13-40所示，单击“确定”按钮即可。

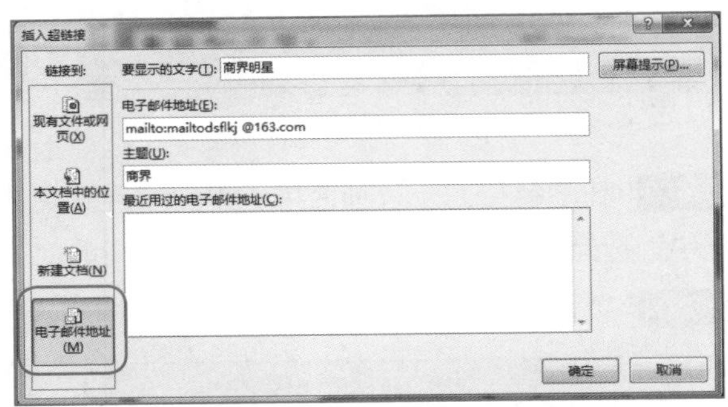

图13-40 链接到电子邮件

13.3.3 链接到网页

用户还可以在幻灯片中加入指向Internet的链接，在放映幻灯片时可直接打开网页。下面介绍链接到网页的操作方法。

在打开的的演示文稿中，选中需要超链接的对象，切换至“插入”面板，单击“超链接”按钮，弹出“插入超链接”对话框，选择“现有文件或网页”链接类型，如图13-41所示。在“地址”文本框中输入网页地址，单击“确定”按钮即可。

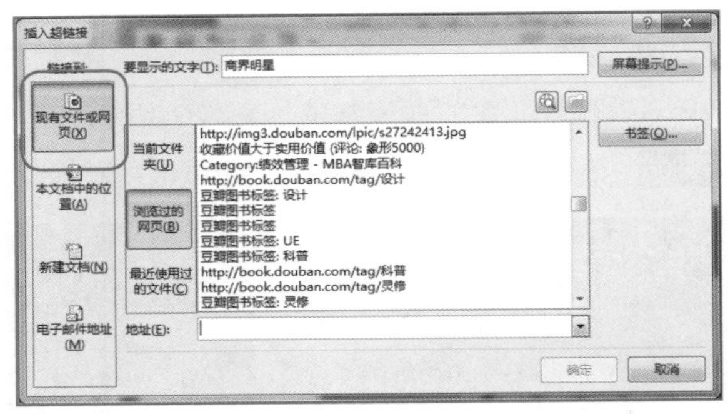

图13-41 选择“现有文件或网页”链接类型

13.3.4 链接到新建文档

用户还可以添加超链接到新建的文档。在调出的“插入超链接”对话框中，选择“新建文档”选项，如图13-42所示，在“新建文档名称”文本框中输入名称，单击“更改”按钮，即可更改文件路径，单击“确定”按钮，即可链接到新建文档。

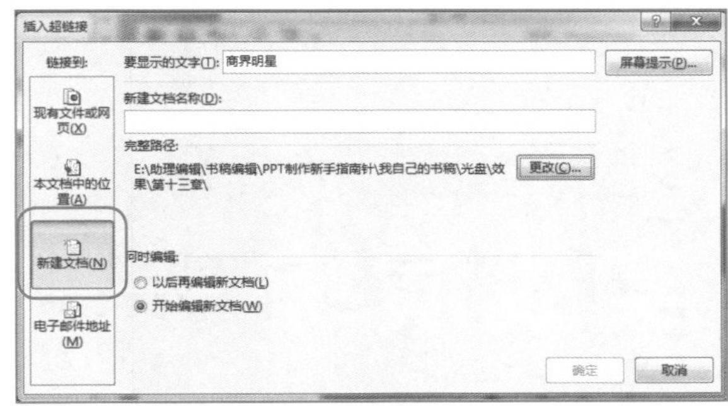

图13-42 选择“新建文档”选项

专家指点

用户可以通过“插入超链接”对话框的“新建文档”选项区中设置“何时编辑”，包括“以后再编辑新文档”和“开始编辑新文档”两个选项。

13.3.5 设置屏幕提示

在幻灯片中插入超链接后，还可以设置屏幕提示，以便在幻灯片放映时显示提供。

选中需要插入超链接的对象，切换至“插入”面板，单击“超链接”按钮，弹出“插入超链接”对话框，单击“屏幕提示”按钮，弹出“设置超链接屏幕提示”对话框，在文本框中输入文字，如图13-43所示，单击“确定”按钮，返回到“插入超链接”对话框，选择插入超链接对象，即可插入屏幕提示文字。

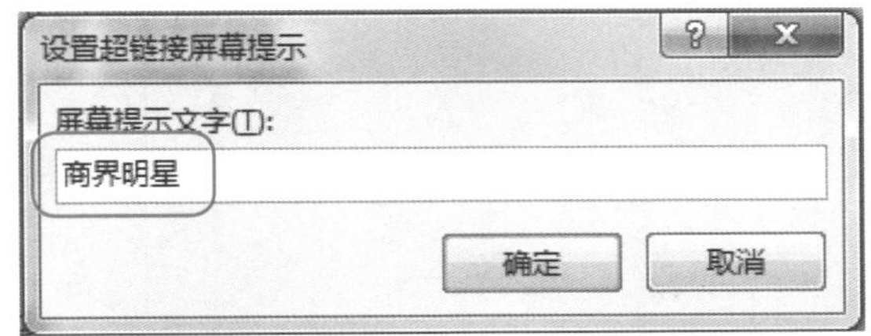

图13-43 输入文字

13.4 本章小结

本章介绍了PowerPoint 2013创建交互式演示文稿的方法，包括插入超链接、运用按钮删除超链接、运用选项取消超链接、添加动作按钮和运用“动作”按钮添加动作按钮，如何更改超链接和设置超链接格式以及链接到演示文稿、链接到电子邮件、链接到网页、链接到新建文档和设置屏幕提示等内容。

13.5 趁热打铁

运用“动作”按钮添加“自定义”动作。

第 14 章 实战演练——制作相册《精彩童年》

学习提示

随着数码相机的不断普及，利用电脑制作电子相册越来越流行。运用PowerPoint 2013，可以方便、快速地制作出需要的电子相册。本章主要向读者介绍儿童相册的制作方法。

本章案例导航

- 新手实战135——新建《精彩童年》相册
- 新手实战136——制作相册首页
- 新手实战137——制作相册其他幻灯片
- 新手实战138——添加动画效果

14.1 新建《精彩童年》相册

在PowerPoint 2013，用户可以直接通过“插入”面板新建相册。

新手实战135——新建《精彩童年》相册

素材文件	素材\第14章\儿童照片	效果文件	效果\第14章\相册.pptx
视频文件	视频\第14章\新建《精彩童年》相册.mp4		

步骤01 启动PowerPoint 2013，切换至“插入”面板，在“插图”选项板中单击“相册”下拉按钮，如图14-1所示。

步骤02 在弹出的列表中选择“新建相册”选项，如图14-2所示。

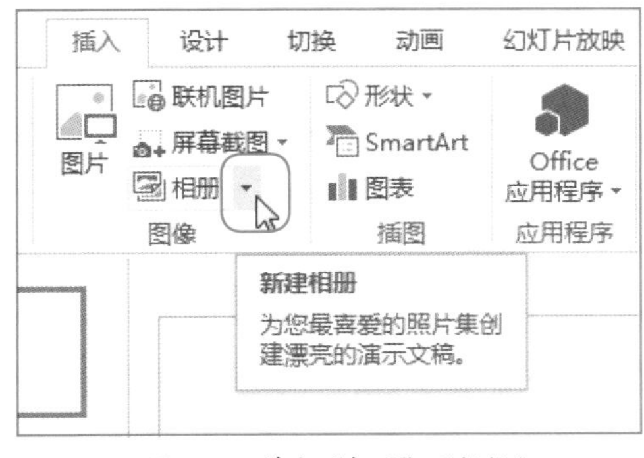

图14-1 单击“相册”下拉按钮

图14-2 选择“新建相册”选项

专家指点

“相册”下拉列表中包含“新建相册”和“编辑相册”选项。

- “新建相册”选项：为用户喜爱的照片集创建漂亮的演示文稿。
- “编辑相册”选项：打开相册演示文稿即可使用“编辑相册”选项对幻灯片进行编辑。

步骤 03 弹出“相册”对话框，单击“文件/磁盘”按钮，如图14-3所示。

步骤 04 弹出“插入新图片”对话框，在对话框中的合适位置选择需要的图片，如图14-4所示。

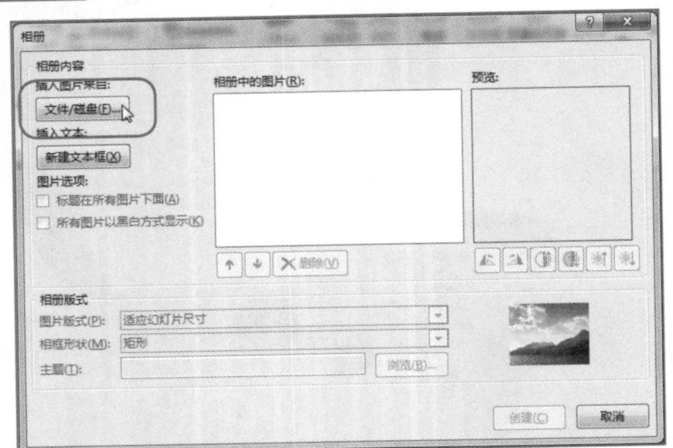

图14-3 单击“文件/磁盘”按钮

图14-4 选择需要的图片

步骤 05 单击“插入”按钮，如图14-5所示。

步骤 06 返回到“相册”对话框，单击“创建”按钮，如图14-6所示。

图14-5 单击“插入”按钮

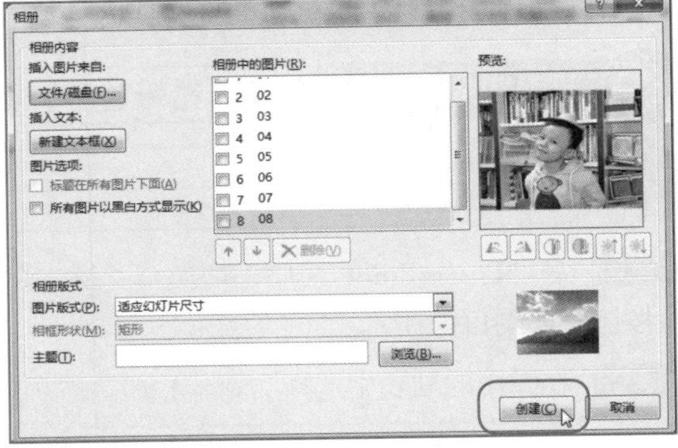

图14-6 单击“创建”按钮

步骤 07 执行操作后，即可创建相册，其名称为“演示文稿2”，如图14-7所示。

图14-7 创建相册

视野扩展

在"相册"对话框中，用户除了插入图片外，还可以插入文本框。单击"新建文本框"按钮，即可在幻灯片中插入文本框。创建相册后，用户可以单击幻灯片中的文本框输入文本。

专家指点

在"相册"对话框中，用户可以通过"相册版式"设置图片版式、相框形状和主题，通过"预览"窗格调整图片。

- 图片版式：PowerPoint 2013为用户提供了5种图片版式。
- 相框形状：通过"相框形状"下拉列表，用户可以直接设置图片相框形状。
- 主题：单击"浏览"按钮，用户可以在计算机合适的位置设置主题。

14.2 制作相册首页

新手实战136——制作相册首页

素材文件	素材\第14章\电子相册——《精彩童年》.pptx	效果文件	效果\第14章\电子相册——《精彩童年》.pptx
视频文件	视频\第14章\电子相册——《精彩童年》.mp4		

步骤 01 在PowerPoint 2013中，打开素材文件，如图14-8所示。

步骤 02 进入第1张幻灯片，切换至"插入"面板，在"文本"选项板中单击"文本框"下拉按钮，如图14-9所示。

步骤 03 弹出列表框，选择"横排文本框"选项，如图14-10所示。

步骤 04 执行操作后，在编辑区中的合适位置绘制一个文本框，如图14-11所示。

图14-8　打开演示文稿

图14-9　单击“文本框”下拉按钮

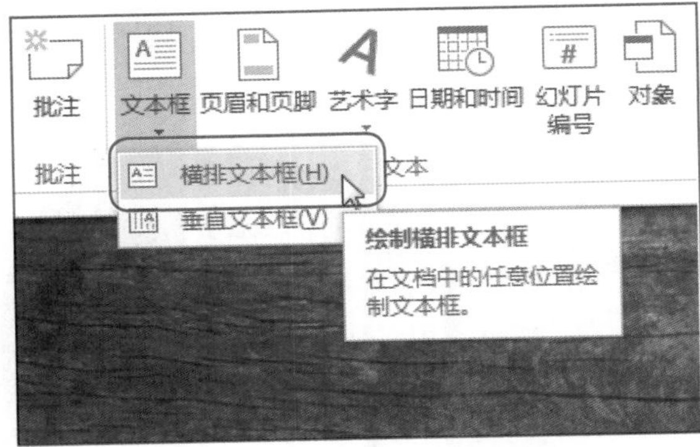

图14-10　选择“横排文本框”选项

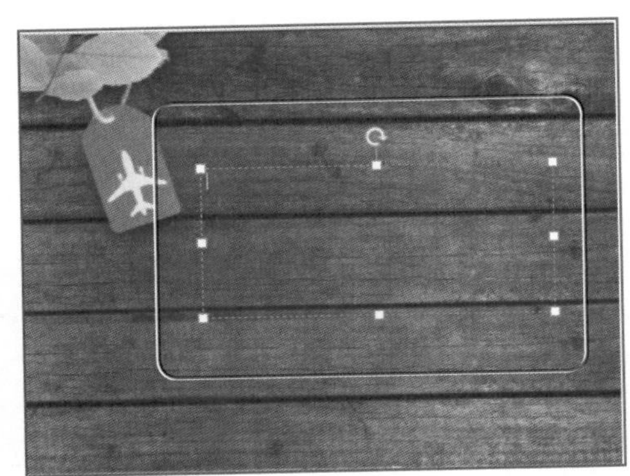
图14-11　绘制一个文本框

步骤05 在绘制的文本框中，输入相应文本。选择文本，在弹出的悬浮工具栏中，设置“字体”为“黑体”、“加粗”、“字号”为48、“字体颜色”为白色，如图14-12所示。

步骤06 用相同的方法，在编辑区中的相应位置，再次绘制一个文本框，输入文本，如图14-13所示。

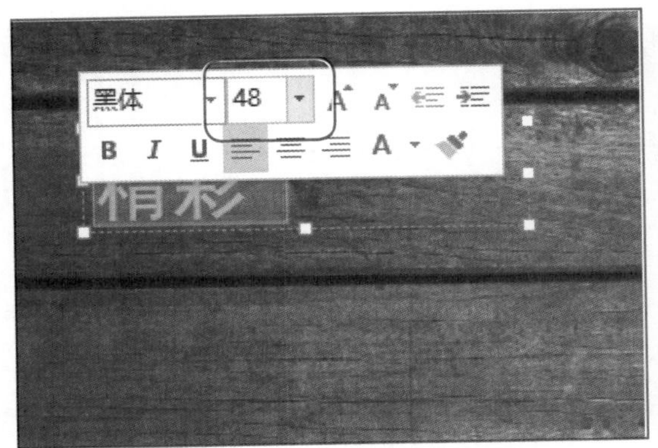

图14-12　设置字体属性

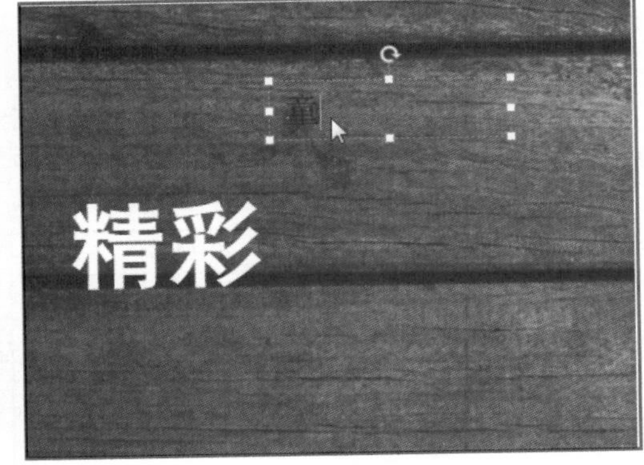

图14-13　输入文本

步骤07 选择文本，在“开始”面板中的“字体”选项板中，设置“字体”为“华文琥珀”、“加粗”、“字号”为150，效果如图14-14所示。

步骤 08 用与上相同的方法，输入其他文本，并调整文本至合适位置，效果如图14-15所示。

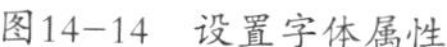

图14-14 设置字体属性

图14-15 输入其他文本

步骤 09 切换至“插入”面板，单击“插图”选项板中的“形状”下拉按钮，如图14-16所示。

步骤 10 弹出列表框，选择“线段”选项区中的“直线”选项，如图14-17所示。

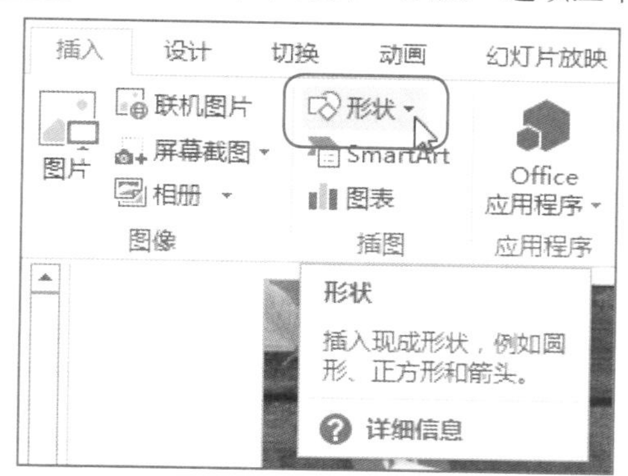

图14-16 单击“形状”下拉按钮

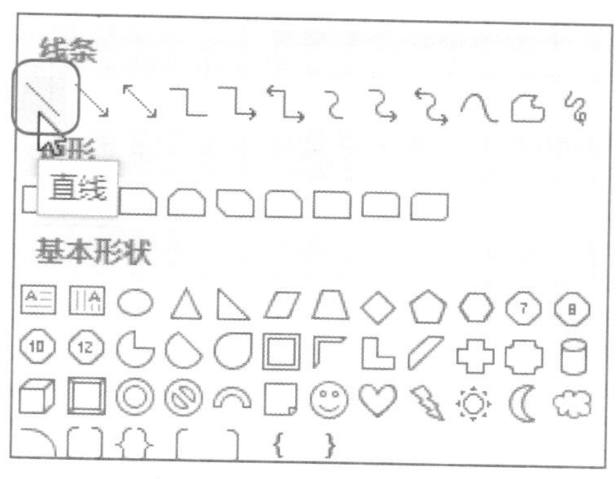

图14-17 选择“直线”选项

步骤 11 在编辑区中的相应位置，绘制直线，并在“格式”选项板中的“形状样式”选项板中设置直线的“形状轮廓”为“白色，背景1”，如图14-18所示。

步骤 12 执行操作后，效果如图14-19所示。

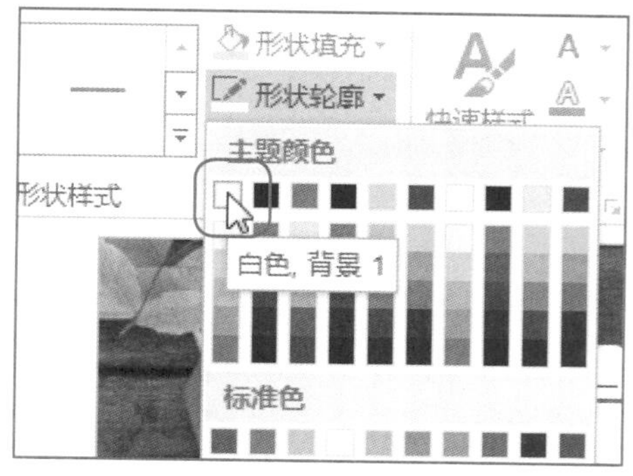

图14-18 选择“白色，背景1”选项

图14-19 设置直线形状样式

14.3 制作相册其他幻灯片

新手实战137——制作相册其他幻灯片

素材文件	素材\第14章\电子相册——《精彩童年》.pptx	效果文件	效果\第14章\电子相册——《精彩童年》.pptx
视频文件	视频\第14章\电子相册——《精彩童年》01.mp4		

步骤 01 打开演示文稿，进入第2张幻灯片，在编辑区中的合适位置绘制一个文本框，如图14-20所示。

步骤 02 在文本框中，输入数字1，在“字体”选项板中，设置字体为Times New Roman，“字号”为156，单击“加粗”和“倾斜”按钮，设置“字体颜色”为“橙色”，效果如图14-21所示。

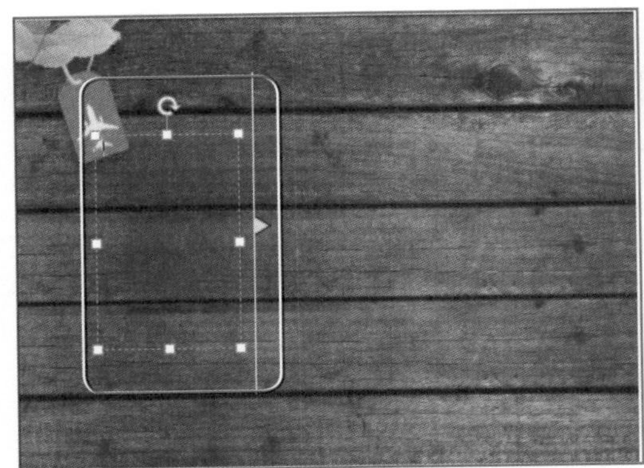

图14-20　绘制一个文本框

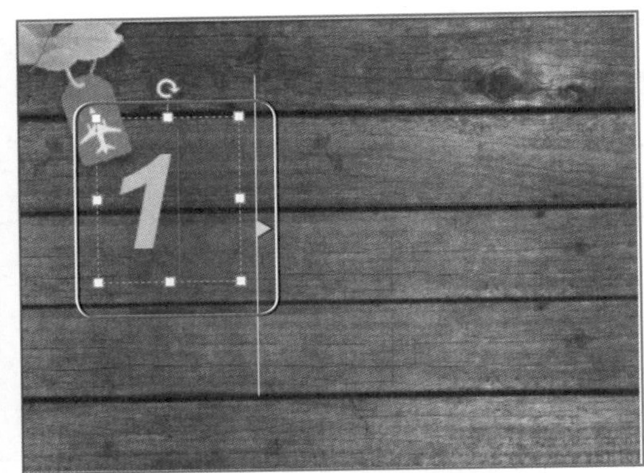

图14-21　设置文本属性

步骤 03 用同样的方法，在幻灯片中的其他位置输入相应文本，并设置属性，效果如图14-22所示。

步骤 04 切换至“插入”面板，单击“图像”选项板中的“图片”按钮，如图14-23所示。

图14-22 输入相应文

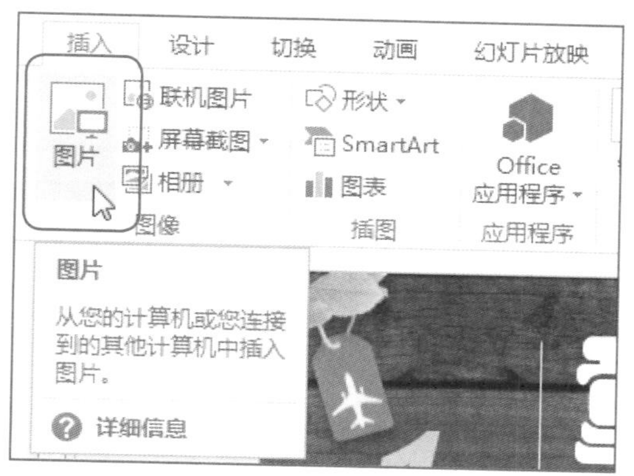

图14-23 单击“图片”按钮

步骤 05 弹出“插入图片”对话框，在计算机中的相应位置选择需要的图片，如图14-24所示。

步骤 06 单击“插入”按钮，即可将图片插入至幻灯片中，调整其大小，如图14-25所示。

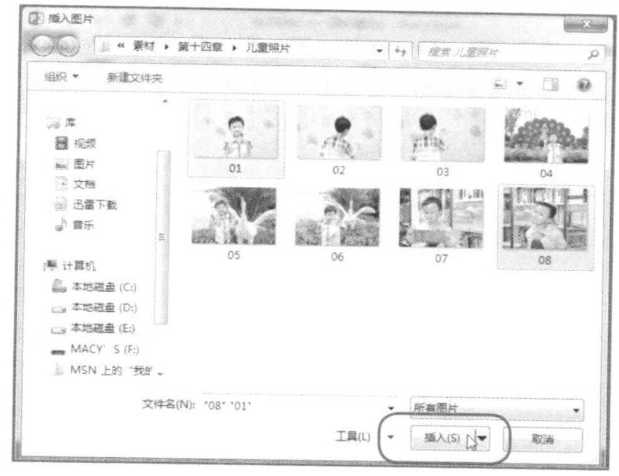

图14-24 选择需要的图片

图14-25 插入图片

步骤 07 双击左边图片，切换至“图片工具”中的“格式”面板，单击“图片样式”选项板中“图片效果”下拉按钮，弹出列表框，选择“预设”|“预设1”选项，如图14-26所示。

步骤 08 执行操作即可设置图片效果，用同样方法设置另一张图片效果，如图14-27所示。

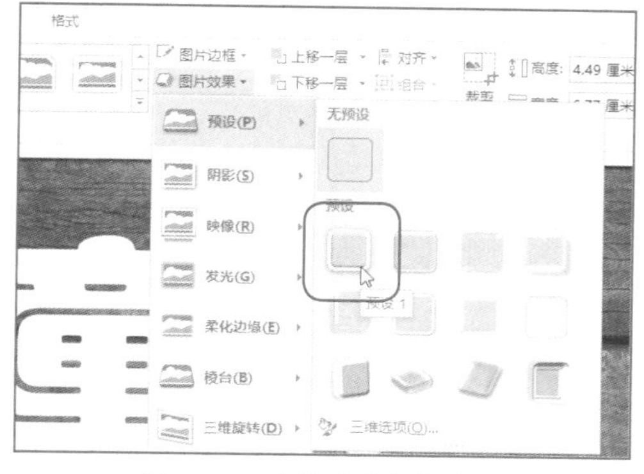

图14-26 选择“预设1”选项

图14-27 设置图片效果

步骤 09 进入第3张幻灯片，绘制文本框，输入文本，并设置相应属性，效果如图14–28所示。

步骤 10 切换至“插入”面板，单击“图像”选项板中的“图片”按钮，弹出“插入图片”对话框，在计算机中的合适位置选择需要的图片，如图14–29所示。

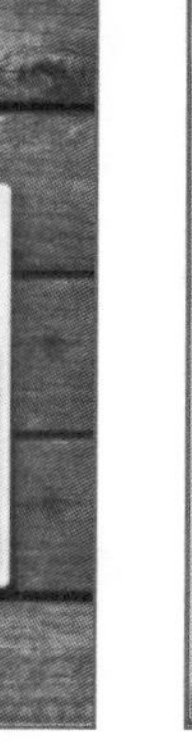

图14–28 输入文本

图14–29 选择需要的图片

步骤 11 单击“插入”按钮，插入图片，调整至合适大小和位置。用同样的方法，插入另外一张图片，并进行相应调整，效果如图14–30所示。

步骤 12 按住【Shift】键，选择插入的两张图片，切换至“图片工具”中的“格式”面板，单击“图片样式”选项板中的“其他”下拉按钮，弹出列表框，选择“柔化边缘椭圆”选项，如图14–31所示。

图14–30 插入图片

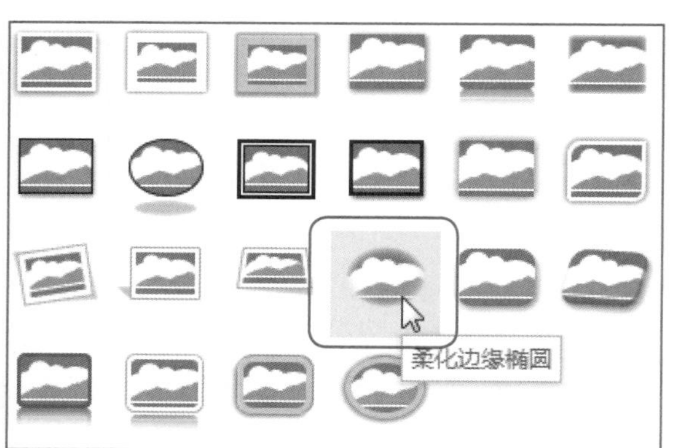

图14–31 选择“柔化边缘椭圆”选项

步骤 13 执行操作后，即可设置图片样式，效果如图14–32所示。

步骤 14 在两张图片的上方，分别绘制文本框，并输入文本“手印”和“天鹅”，效果如图14–33所示。

步骤 15 进入第4张幻灯片，在编辑区上方，绘制文本框，输入文本，并设置相应属性，如图14–34所示。

步骤 16 切换至“插入”面板，调出“插入图片”对话框，在计算机中的合适位置选择需要的图片，如图14-35所示。

图14-32 设置图片样式

图14-33 输入文本

图14-34 输入文本

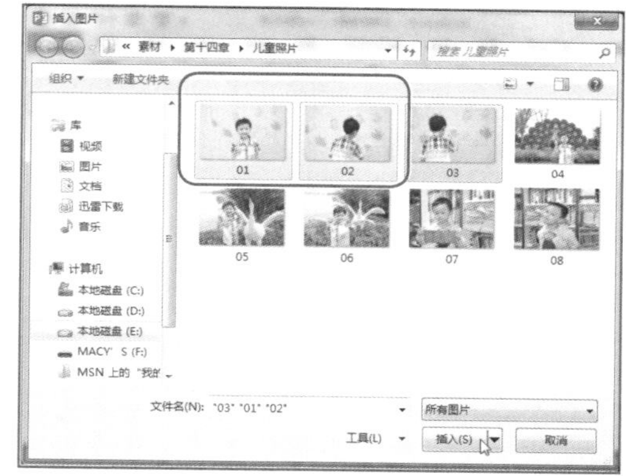

图14-35 选择需要的图片

步骤 17 单击“插入”按钮，即可插入图片，调整至合适大小，如图14-36所示。

步骤 18 选择一张图片，切换至“图片工具”中的“格式”面板，单击“图片样式”选项板中的“其他”下拉按钮，弹出列表框，选择“简单框架，白色”选项，如图14-37所示。

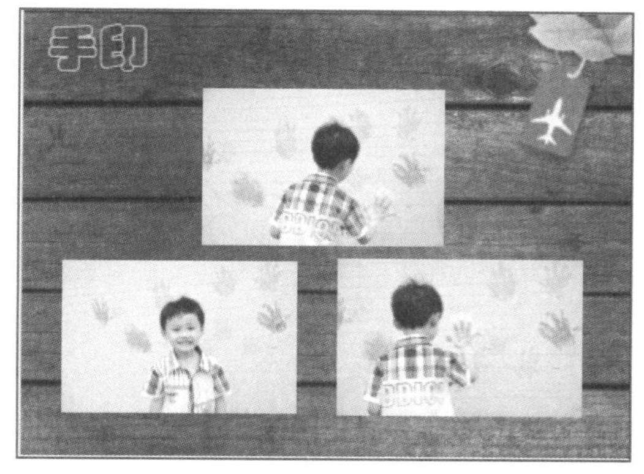

图14-36 插入图片

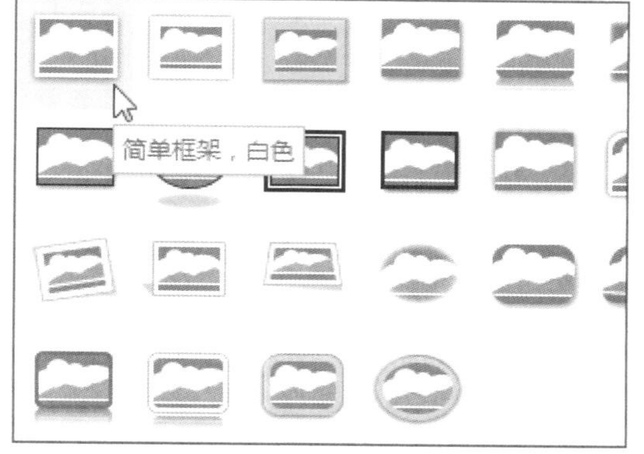

图14-37 选择“简单框架，白色”选项

步骤 19 执行操作后，即可设置图片样式，调整图片至合适位置，如图14-38所示。

步骤20 用同样的方法，设置其他图片的图片样式，并调整至相应位置，效果如图14-39所示。

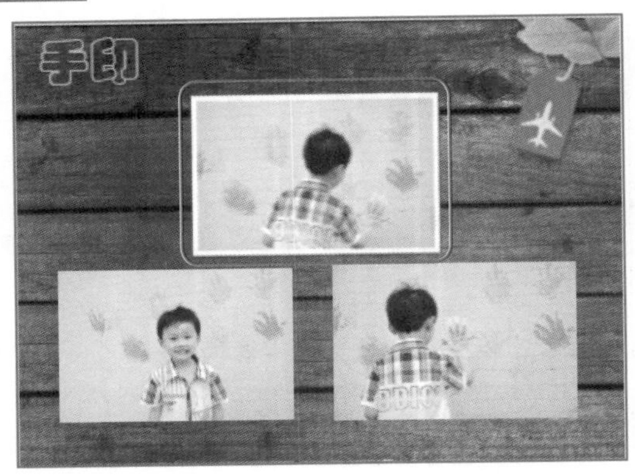

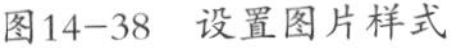
图14-38 设置图片样式

图14-39 设置其他图片的图片样式

步骤21 进入第5张幻灯片，在幻灯片中绘制文本框，输入文本，并设置相应文本属性，效果如图14-40所示。

步骤22 用与第4张幻灯片相同的方法，在幻灯片中插入图片，并设置相应图片样式，然后对插入的图片进行相应调整，效果如图14-41所示。

图14-40 输入文本

图14-41 插入图片

博学先生，制作完了相册首页和其他幻灯片，我们是不是还可以在幻灯片里加入动画效果呢？

可以呀！下一节我们就尝试在相册里加入动画效果！

14.4 添加动画效果

将幻灯片中的元素制作完成以后，即可为幻灯片添加动画效果。

新手实战138——添加动画效果

素材文件	素材\第14章\电子相册——《精彩童年》.pptx	效果文件	效果\第14章\电子相册——《精彩童年》.pptx
视频文件	视频\第14章\电子相册——《精彩童年》02.mp4		

步骤 01 进入第1张幻灯片，选择相应文本，如图14-42所示。

步骤 02 切换至“动画”面板，单击“动画”选项板中的“其他”下拉按钮，弹出列表框，在“进入”选项区选择“飞入”选项，如图14-43所示。

图14-42 选择相应文本

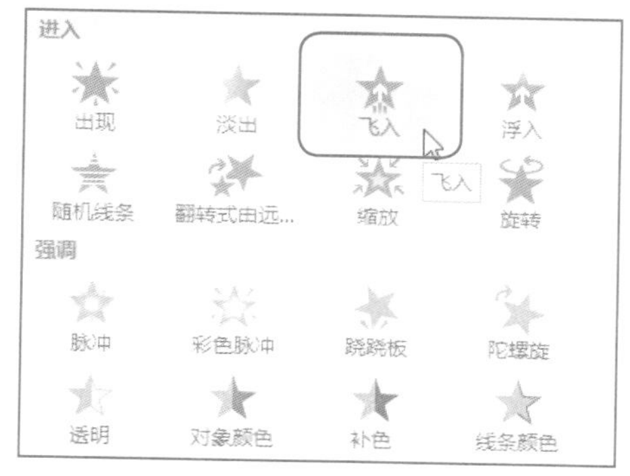

图14-43 选择“飞入”选项

步骤 03 执行操作后，即可为文本设置飞入动画效果。用同样的方法，设置文本“童年”的动画效果为“浮入”、西文文本的动画效果为“淡出”。单击“预览”选项板中的“预览”按钮，即可预览第1张幻灯片动画效果，如图14-44所示。

步骤 04 进入第2张幻灯片，设置左边文本的动画效果为“轮子”、右边文本动画效果为“劈裂”、两张图片的动画效果分别为“棋盘”和“菱形”。预览第2张幻灯片动画效果，如图14-45所示。

图14-44 预览第1张动画效果

图14-45 预览第2张幻灯片动画效果

步骤05 进入第3张幻灯片，设置最上方标题文本动画效果为“楔入”、两张图片上方的文本动画效果为“飞入”、两张图片的动画效果为“翻转式由远及近”。预览第3张幻灯片动画效果，如图14-46所示。

步骤06 进入第4张幻灯片，设置标题文本动画效果为“飞入”，3张图片的动画效果依次为“飞旋”、“螺旋飞入”以及“飞旋”。预览第4张幻灯片动画效果，如图14-47所示。

图14-46　预览第3张幻灯片动画效果

图14-47　预览第4张幻灯片动画效果

步骤07 进入第5张幻灯片，将幻灯片中的文本与图片设置与第4张幻灯片中相同的动画效果。单击“预览”选项板中的“预览”按钮，预览第5张幻灯片动画效果，如图14-48所示。

图14-48　预览第5张幻灯片动画效果

14.5 本章小结

本章通过实战演练——制作相册《精彩童年》介绍了新建相册、制作相册首页、制作相册其他幻灯片以及添加动画效果等内容。

14.6 趁热打铁

制作相册《公司活动》。

第 15 章

实战演练——制作幻灯片《公司会议报告》

学习提示

图片是幻灯片中最重要的视觉元素之一，纯文字的幻灯片往往比较单调，难以吸引人的注意，而精美的图片却能在一瞬间抓住浏览者的心。因此，本章将重点介绍如何制作图片幻灯片，让您的幻灯片以最直观的方式呈现在大家眼前。

本章案例导航

- 新手实战139——制作会议报告内容
- 新手实战140——添加超链接
- 新手实战141——添加动画效果

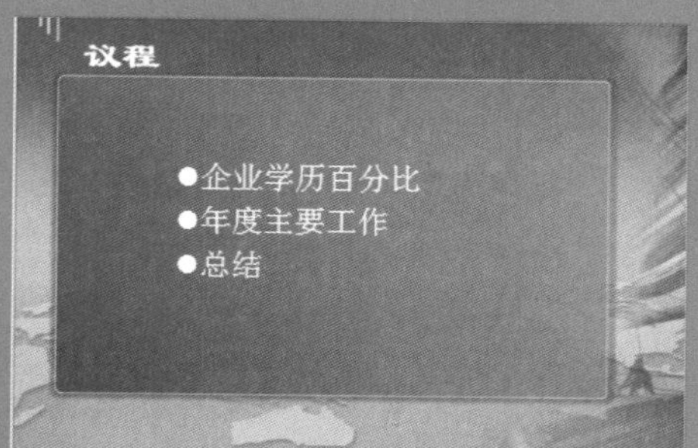

学历	企业数量	所占比例
小学	2	1.8%
初中	5	44%
高中	10	8.7%
大专	20	17.5%
本科	30	26.4%
研究生	35	30.7%
硕士	8	7%
博士	4	3.5%

●企业学历百分比

学历	企业数量	所占比例
小学	2	1.8%
初中	5	44%
高中	10	8.7%
大专	20	17.5%
本科	30	26.4%
研究生	35	30.7%
硕士	8	7%
博士	4	3.5%

15.1 制作会议报告内容

新手实战139——制作会议报告内容

素材文件	素材\第15章\工作会议报告模板.pptx	效果文件	效果\第15章\工作会议报告.pptx
视频文件	视频\第15章\会议报告.mp4		

步骤01 启动PowerPoint 2013，打开演示文稿，进入第一张幻灯片，如图15-1所示。

步骤02 切换至“插入”面板，在“文本”选项板中单击“文本框”下拉按钮，如图15-2所示。

图15-1 打开演示文稿

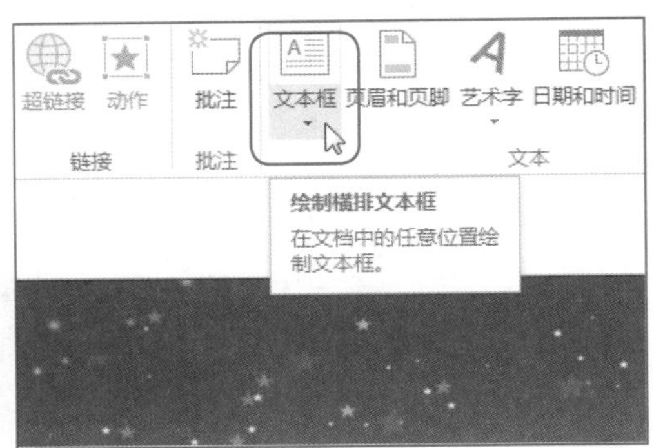

图15-2 单击“文本框”下拉按钮

步骤03 在弹出的列表框中选择“横排文本框”选项，如图15-3所示。

步骤04 在幻灯片中的合适位置绘制一个文本框，输入文本“工作会议报告”，并设置“字体”为“微软雅黑（标题）”、“字号”为50，效果如图15-4所示。

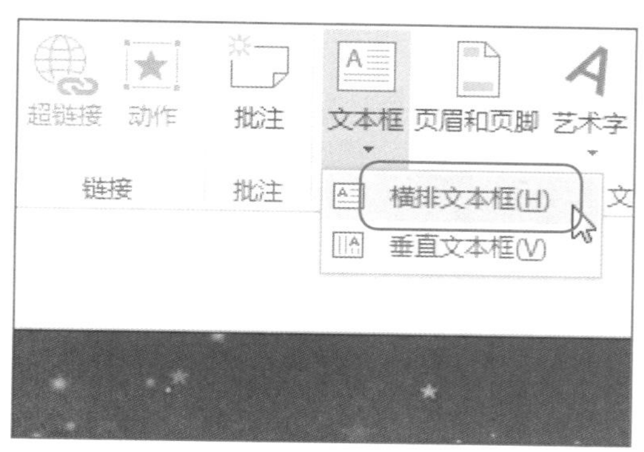

图15-3 选择“横排文本框”选项

图15-4 设置文本属性

步骤 05 用同样的方法，在幻灯片中的合适位置绘制一个横排文本框，输入相应文本，如图15-5所示。

步骤 06 选中输入的文本，设置“字体”为“黑体”、“字号”为40。然后在选中的文本上单击鼠标右键，在弹出的快捷菜单中选择“段落”选项，如图15-6所示。

图15-5 输入文本

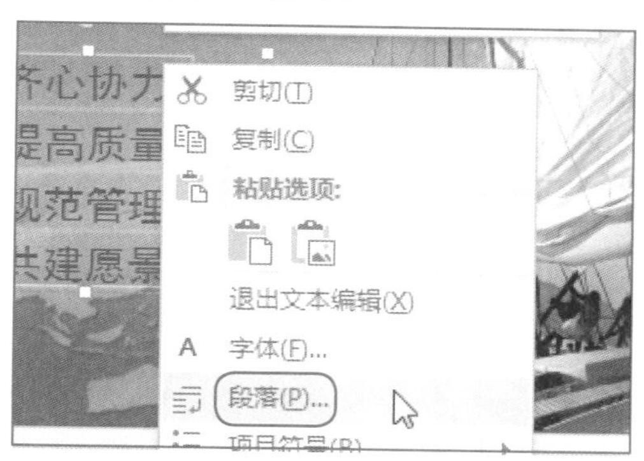

图15-6 选择“段落”选项

步骤 07 弹出“段落”对话框，设置“对齐方式”为“居中”、“段前”和“段后”都为“6磅”，如图15-7所示。

步骤 08 单击“确定”按钮，即可调整文本段落格式。在“段落”选项板中单击“项目符号”右侧的下拉按钮，在弹出的列表框中选择项目符号，如图15-8所示。

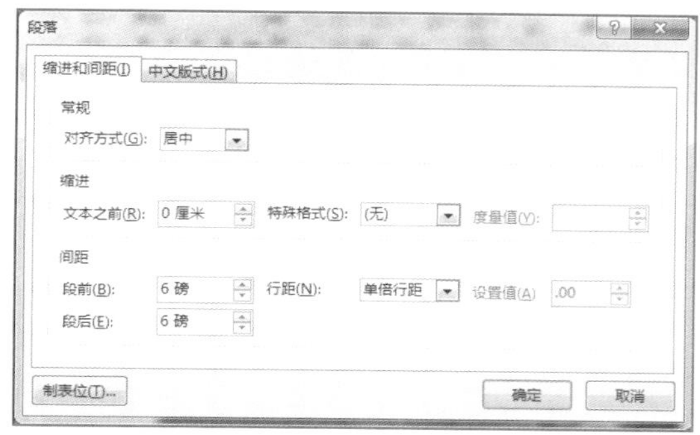

图15-7 设置各选项

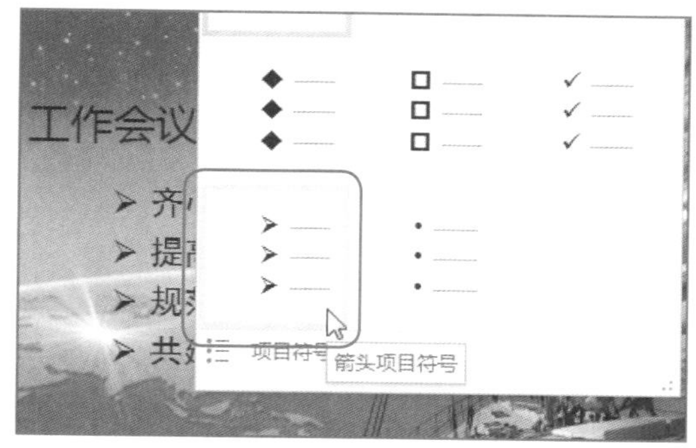

图15-8 选择项目符号

步骤09 执行操作后，即可为文本添加项目符号，如图15-9所示。

步骤10 进入第2张幻灯片，在合适的位置绘制文本框，输入文本“议程”，如图15-10所示。

图15-9 添加项目符号

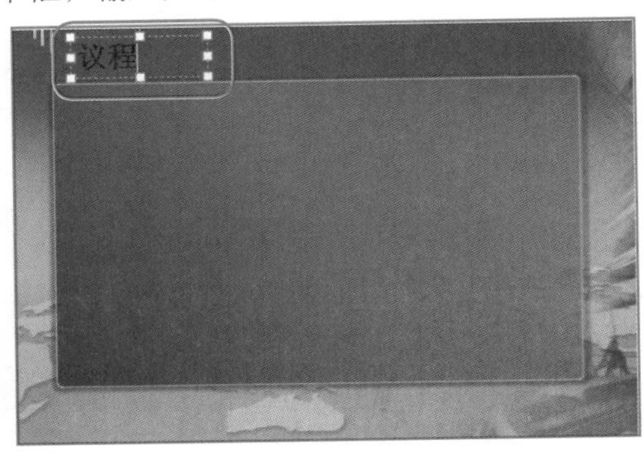

图15-10 输入文本

步骤11 选中文本，设置“字体”为“隶书”、“字号”为48、“字体颜色”为白色，单击“加粗”按钮，效果如图15-11所示。

步骤12 在合适的位置绘制文本框，输入文本，如图15-12所示。

图15-11 设置文本

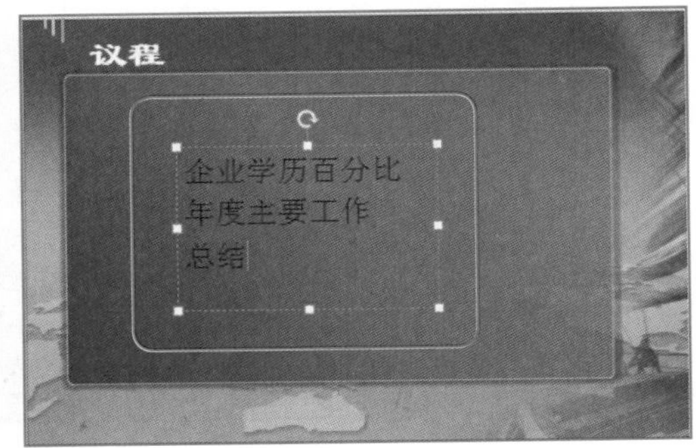

图15-12 输入文本

步骤13 选中文本，设置“字体”为“宋体”、“字号”为40、“字体颜色”为白色，调整文本框至合适位置，如图15-13所示。

步骤14 选中文本，在“段落”选项板中单击“项目符号”右侧的下拉按钮，在弹出的列表框中选择“带填充效果的大圆形项目符号”选项，效果如图15-14所示。

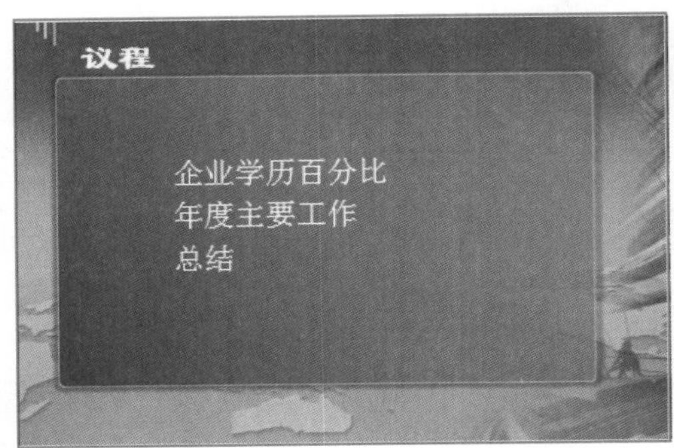

图15-13 设置文本

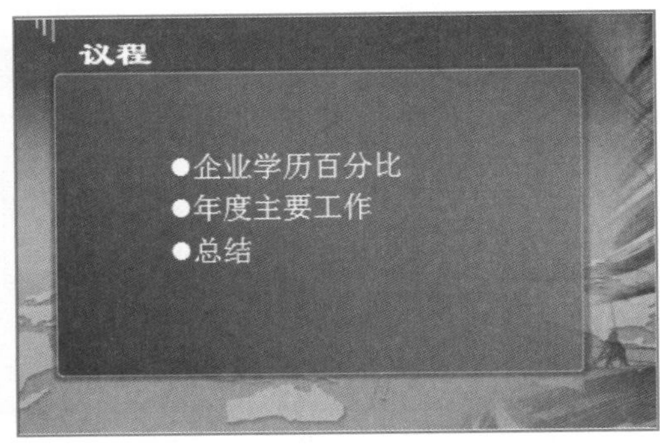

图15-14 设置项目符号

步骤 15 进入第3张幻灯片，在合适的位置绘制文本框，输入文本“企业学历百分比”，如图15-15所示。

步骤 16 切换至“插入”面板，在“表格”选项板中单击“表格”下拉按钮，在弹出的列表框中选择“插入表格”选项，如图15-16所示。

图15-15　复制标题

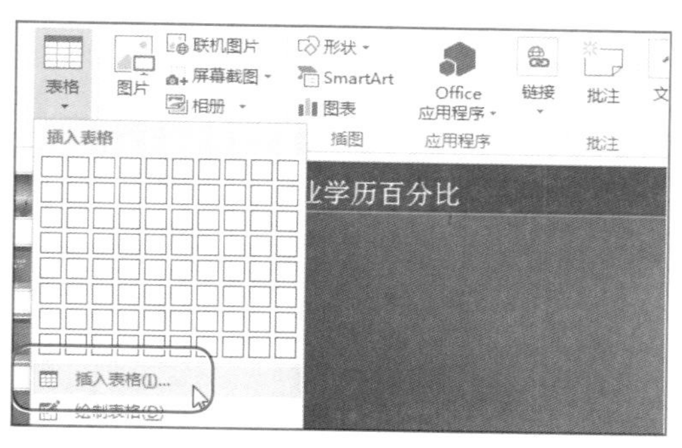

图15-16　选择“插入表格”选项

步骤 17 弹出“插入表格”对话框，输入“列数”为3、“行数”为9，如图15-17所示。

步骤 18 单击“确定”按钮，即可在幻灯片中插入表格。在单元格中输入相应内容，设置“字体”为“微软雅黑（正文）”、“字号”为18，设置第一行文本为“加粗”，效果如图15-18所示。

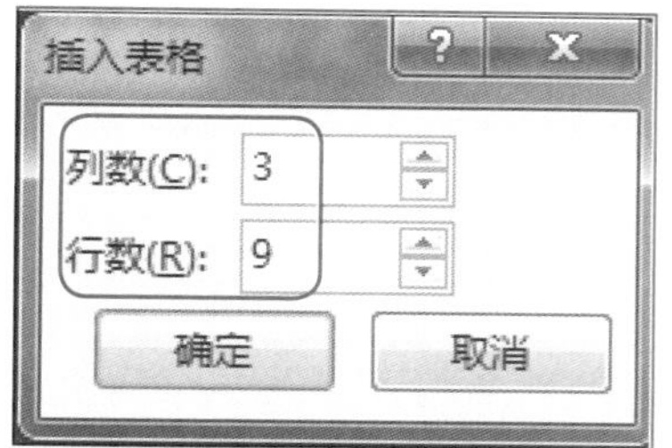

图15-17　输入各数值

学历	企业数量	所占比例
小学	2	1.8%
初中	5	44%
高中	10	8.7%
大专	20	17.5%
本科	30	26.4%
研究生	35	30.7%
硕士	8	7%
博士	4	3.5%

图15-18　设置表格文本属性

步骤 19 双击表格，切换至“表格工具”中的“设计”面板，单击“表格样式”选项板中的“其他”按钮，在弹出的列表框中选择“主题样式1-强调4”选项，如图15-19所示。

步骤 20 执行操作后，即可设置表格样式，效果如图15-20所示。

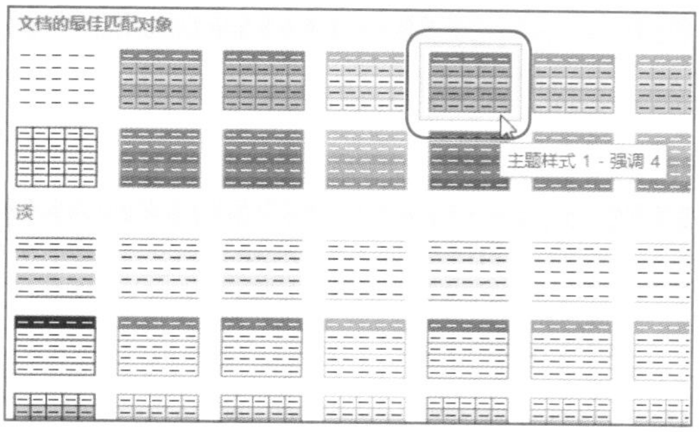

图15-19　选择“主题样式1-强调4”选项

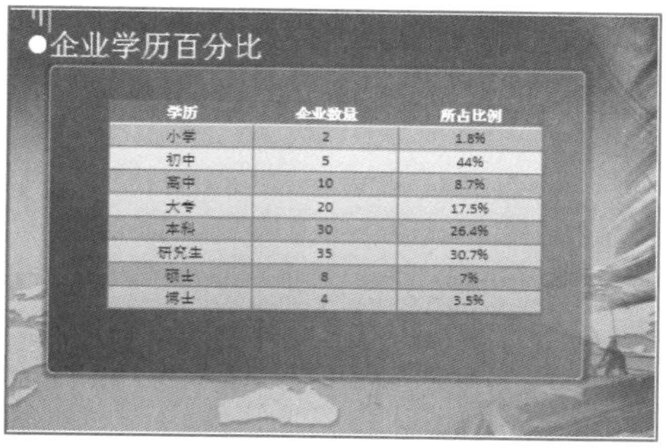

图15-20　设置表格样式

步骤21 进入第4张幻灯片，在合适的位置绘制文本框，输入文本为“年度主要工作”，如图15-21所示。

步骤22 在幻灯片中的合适位置，绘制一个横排文本框，输入相应文本，设置“字体”为“宋体”、“字号”为28，选中文本，如图15-22所示。

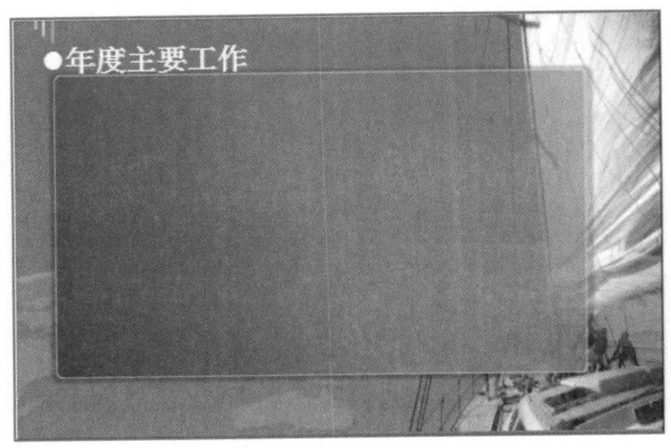

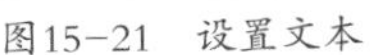
图15-21 设置文本

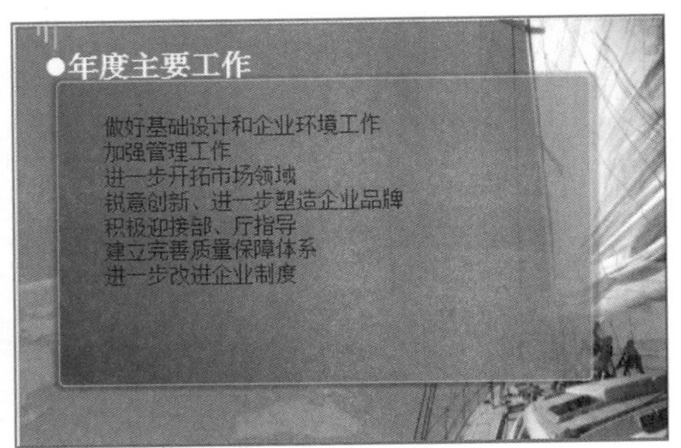

图15-22 设置文本

步骤23 在“段落”选项板中单击“项目符号”右侧的下拉按钮，在弹出的列表框中选择项目符号，效果如图15-23所示。

步骤24 进入第5张幻灯片，在合适的位置绘制文本框，输入文本为“总结”，如图15-24所示。

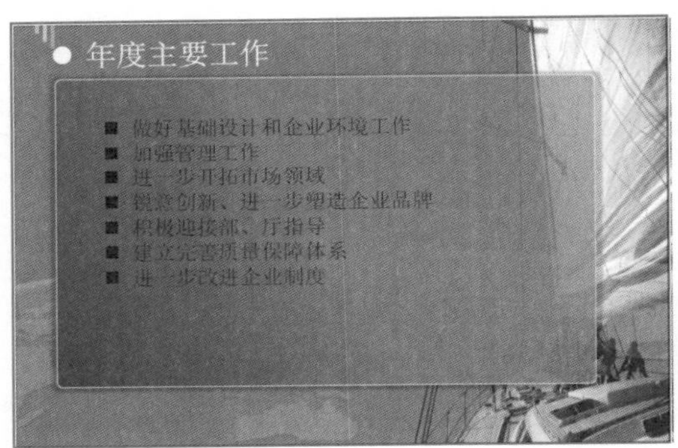

图15-23 添加项目符号

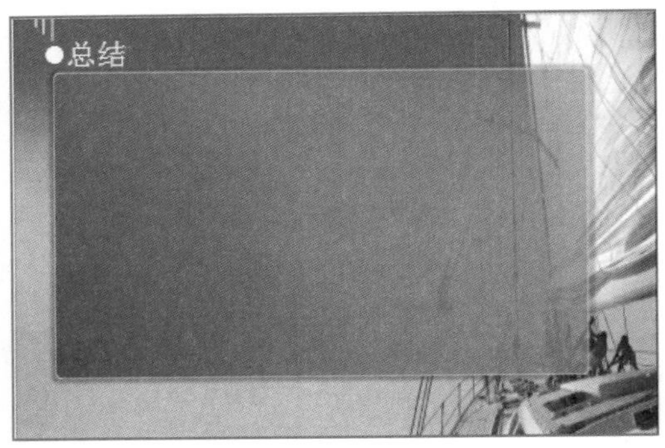

图15-24 输入文本

步骤25 绘制一个横排文本框，输入文本，设置“字体”为“宋体”、“字号”为28。选中文本，在调出的“段落”对话框中，设置“对齐方式”为“左对齐”，“缩进”为“首行缩进”、“度量值”为“2厘米”，“段前”和“段后”都是“6磅”，单击“确定”按钮，效果如图15-25所示。

步骤26 切换至“插入”面板，在“插图”选项板中单击“形状”下拉按钮，在弹出的列表框中选择“左箭头”选项，如图15-26所示。

步骤27 在幻灯片中的合适位置绘制一个箭头形状，双击箭头形状，切换至“绘图工具”中的“格式”面板，在“形状样式”选项板中单击“其他”下拉按钮，在弹出的列表框中选择“强烈效果-紫色，强调颜色4”选项，如图15-27所示。

步骤 28 执行操作后，即可设置箭头形状样式。在箭头形状上单击鼠标右键，在弹出的快捷菜单中选择“编辑文字”选项，在形状上输入“返回主目录”文本，如图15-28所示。

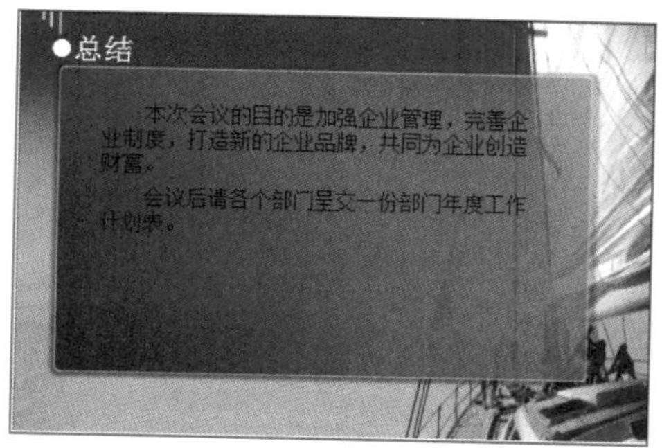

图15-25 设置文本属性

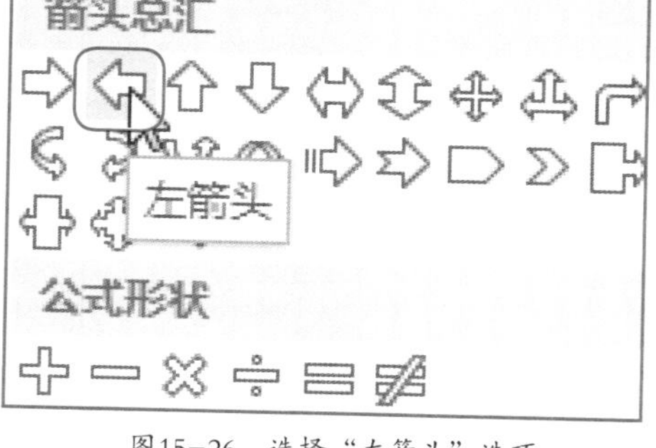

图15-26 选择“左箭头”选项

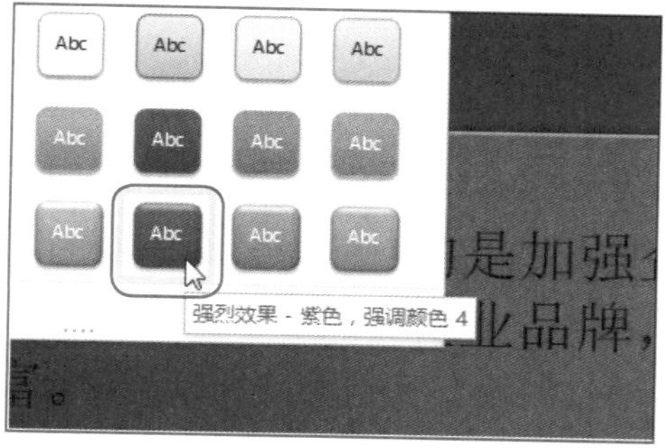

图15-27 选择“强烈效果-紫色，强调颜色4”选项

图15-28 输入“返回主目录”文本

15.2 添加超链接

新手实战140——添加超链接

素材文件	素材\第15章\工作会议报告.pptx	效果文件	效果\第15章\工作会议报告.pptx
视频文件	视频\第15章\会议报告01.mp4		

步骤 01 打开演示文稿，选中需要设置超链接的文本，切换至“插入”面板，在“链接”选项板中单击“超链接”按钮，如图15-29所示。

步骤 02 弹出“插入超链接”对话框，在“链接到”选项区中单击“本文档中的位置”按钮，在中间的“请选择文档中的位置”列表框中选择“幻灯片3”，如图15-32所示。

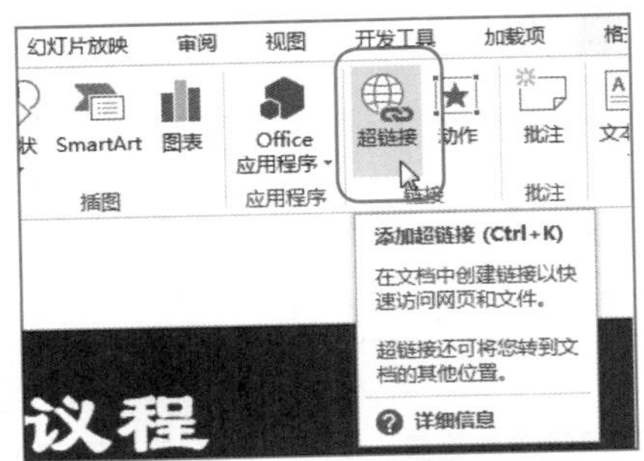

图15-29 单击“超链接”按钮

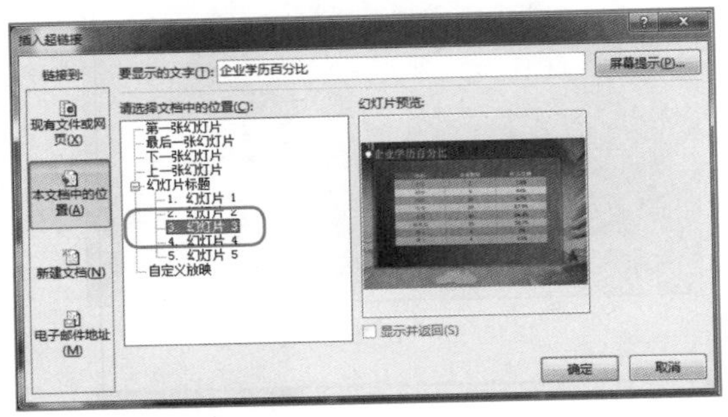

图15-30 选择“幻灯片3”

步骤 03 单击“确定”按钮，即可添加链接，如图15-31所示。

步骤 04 进入第2张幻灯，在选中的“年度主要工作”文本中单击鼠标右键，在弹出的快捷菜单中选择“超链接”选项，如图15-32所示。

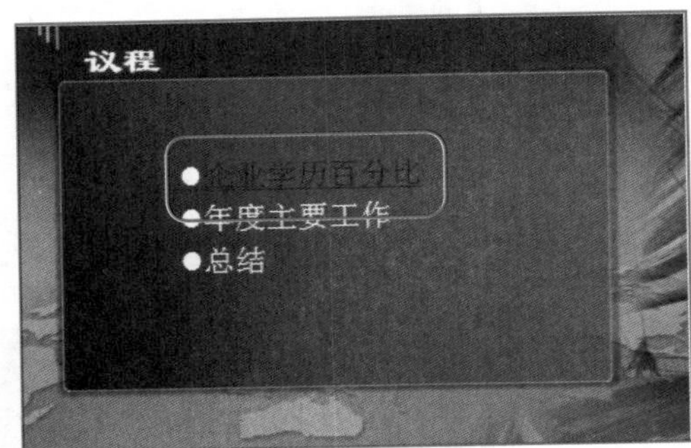

图15-31 插入超链接

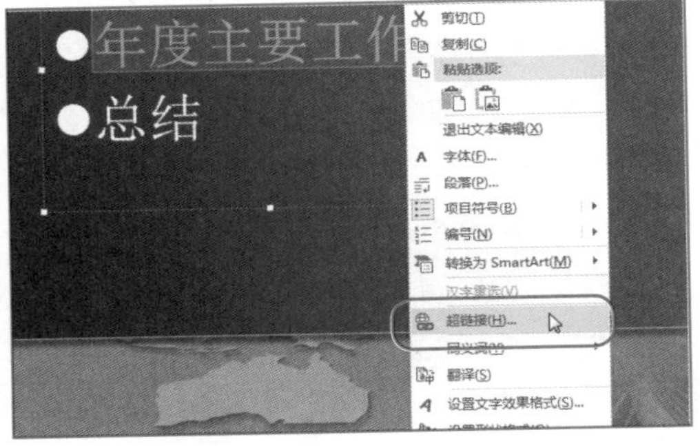

图15-32 选择“超链接”选项

步骤 05 弹出“插入超链接”对话框，在“请选择文档中的位置”列表框中选择“幻灯片4”，如图15-33所示。

步骤 06 单击“确定”按钮，即可添加超链接，如图15-34所示。

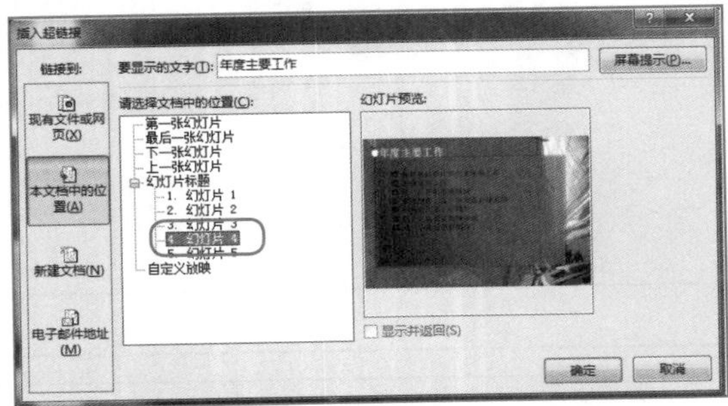

图15-33 选择“幻灯片4”

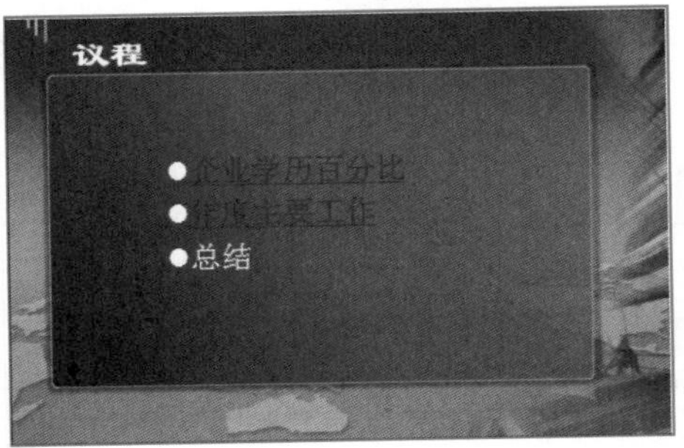

图15-34 插入超链接

步骤07 用同样的方法，为幻灯片中的其他文本设置超链接，效果如图15-35所示。

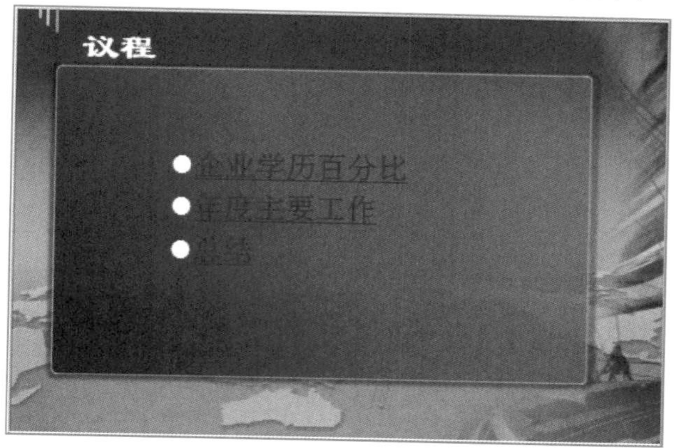

图15-35 设置其他超链接

15.3 添加动画效果

新手实战141——添加动画效果

素材文件	素材\第15章\工作会议报告01.pptx	效果文件	效果\第15章\工作会议报告02.pptx
视频文件	视频\第15章\会议报告02.mp4		

步骤01 打开演示文稿，进入第1张幻灯片，选中幻灯片中的标题文本，切换至“动画”面板，在“动画”选项板中单击“其他”下拉按钮，如图15-36所示。

步骤02 在弹出的列表框中选择“进入”|“飞入”选项，如图15-37所示。

步骤03 执行操作后即可添加动画效果，如图15-38所示。

步骤04 设置其他文本动画效果为“随机线条”，效果如图15-39所示。

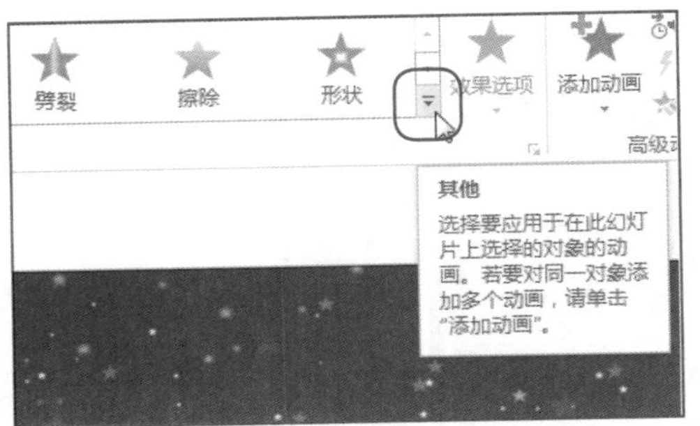

图15-36　单击"其他"下拉按钮

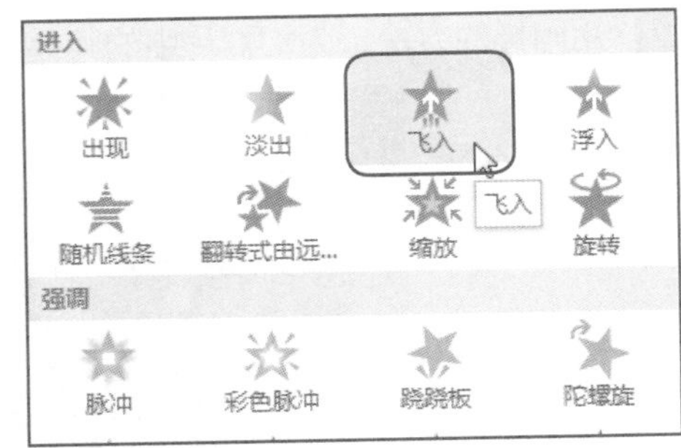

图15-37　选择"飞入"选项

图15-38　添加动画效果

图15-39　预览动画效果

步骤05　进入第2张幻灯片，设置标题文本动画效果为"飞入"。选中其他文本，设置动画效果为"浮入"。单击"预览"按钮，即可预览幻灯片，如图15-40所示。

步骤06　进入第3张幻灯片，设置标题文本动画效果为"飞入"，设置表格动画效果为"随机线条"。单击"预览"按钮，即可预览幻灯片，如图15-41所示。

图15-40　预览第2张幻灯片动画效果

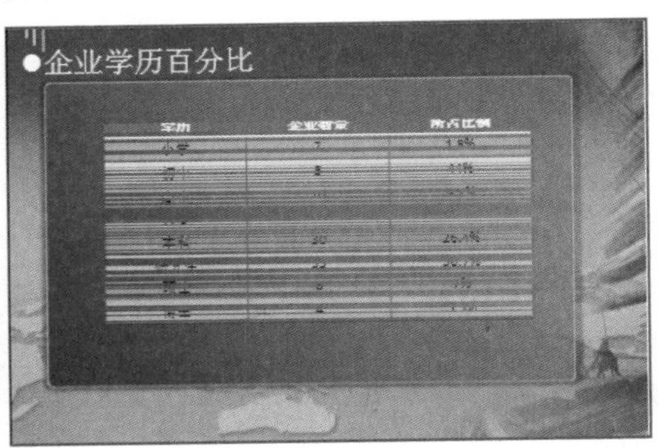

图15-41　预览第3张幻灯片动画效果

步骤07　进入第4张幻灯片，设置标题文本动画效果为"飞入"，设置其他文本的动画效果为"螺旋飞入"。单击"预览"按钮，即可预览幻灯片，效果如图15-42所示。

步骤08　进入第5张幻灯片，设置标题文本动画效果为"飞入"，设置其他文本动画效果为"旋转"。单击"预览"按钮，即可预览幻灯片，效果如图15-43所示。

步骤09　进入第1张幻灯片，切换至"切换"面板，在"切换到此幻灯片"选项板中单击"其他"下拉按钮，如图15-44所示。

步骤 10 在弹出的列表框中选择“溶解”选项，效果如图15-45所示。

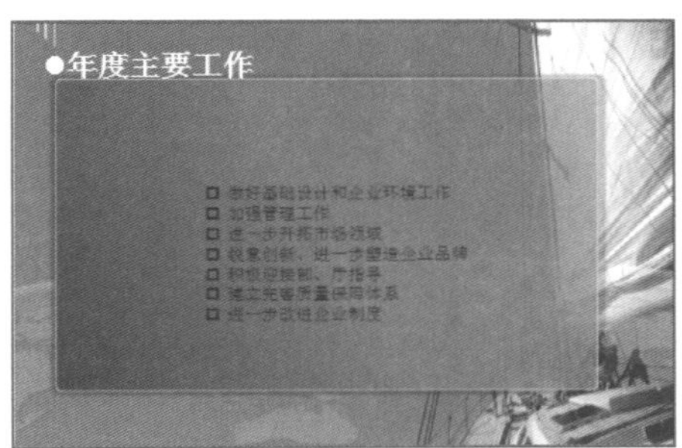

图15-42 预览第3张幻灯片动画效果

图15-43 预览第4张幻灯片动画效果

图15-44 单击“其他”下拉按钮

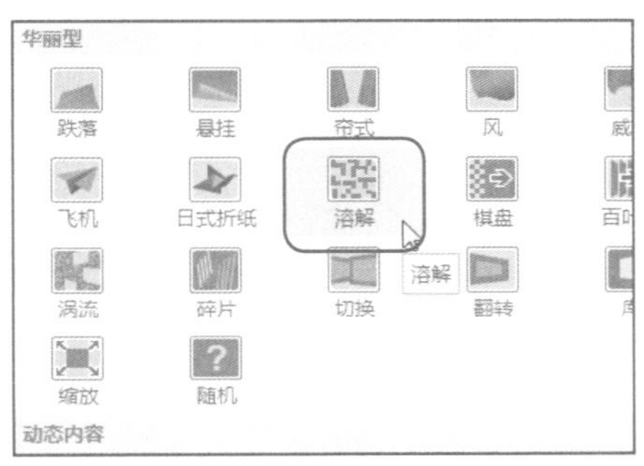

图15-45 选择“溶解”

步骤 11 单击“全部应用”按钮，即可为所有幻灯片添加“溶解”切换效果，如图15-46所示。

步骤 12 单击“预览”按钮，即可预览幻灯片，效果如图15-47所示。

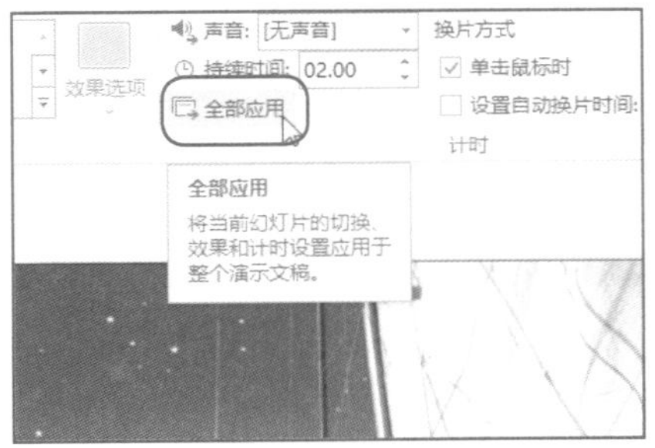

图15-46 单击“全部应用”按钮

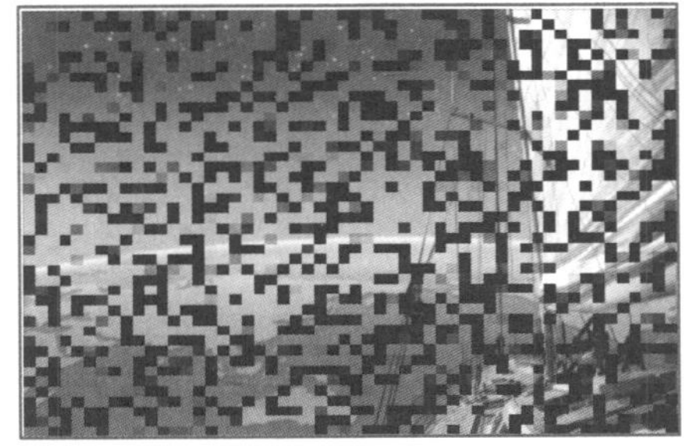

图15-47 预览切换效果

15.4 本章小结

本章通过实战演练《公司会议报告》练习了制作会议报告内容、添加超链接和添加动画效果的方法。

15.5 趁热打铁

制作《公司财务报告》。

第16章

实战演练——制作宣传案例《新品推广》

学习提示

每个企业都有自己的产品，都会不定期推出新的产品，而新产品上市，都会进行相应的产品推广演示。本章主要向读者介绍制作演示文稿《新品推广》的操作方法。

本章案例导航

- 新手实战142——添加幻灯片
- 新手实战143——添加相应内容
- 新手实战144——添加动画效果

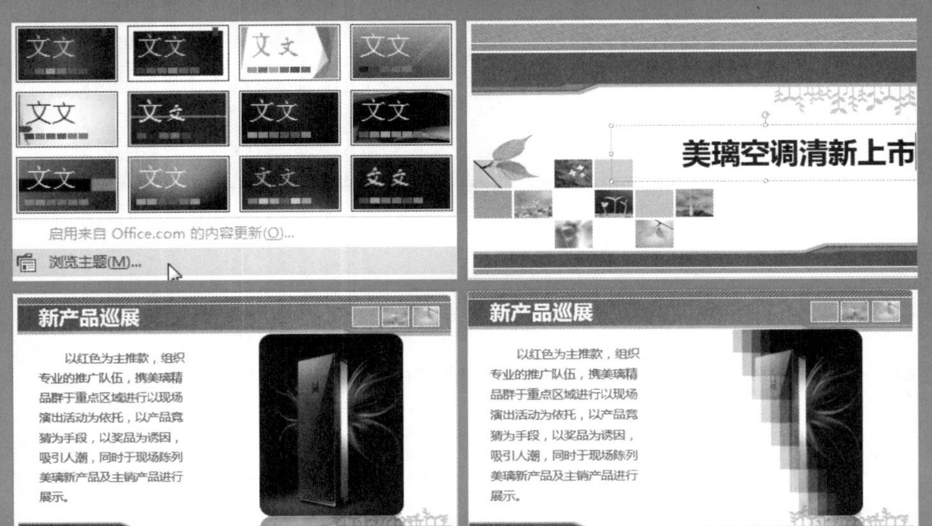

16.1 添加幻灯片

新手实战142——添加幻灯片

素材文件	素材\第16章\空调推广背景.pptx	效果文件	效果\第16章\空调推广.pptx
视频文件	视频\第16章\空调推广.mp4		

步骤 01 启动PowerPoint 2013，新建空白演示文稿，切换至“设计”面板，单击“主题”选项板中的“其他”按钮，如图16-1所示。

步骤 02 在弹出的列表框中选择“浏览主题”选项，如图16-2所示。

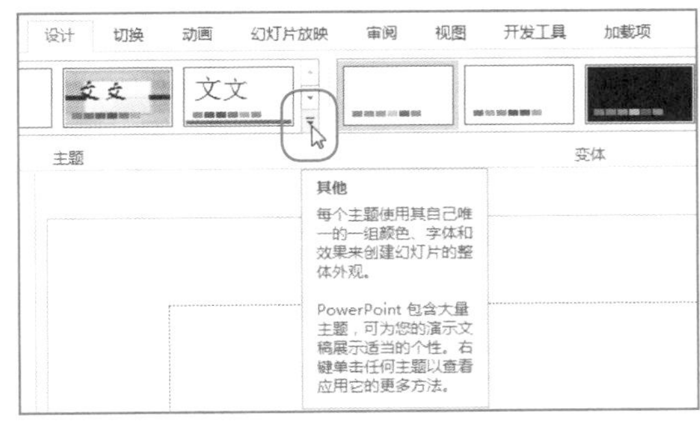

图16-1 单击“其他”按钮

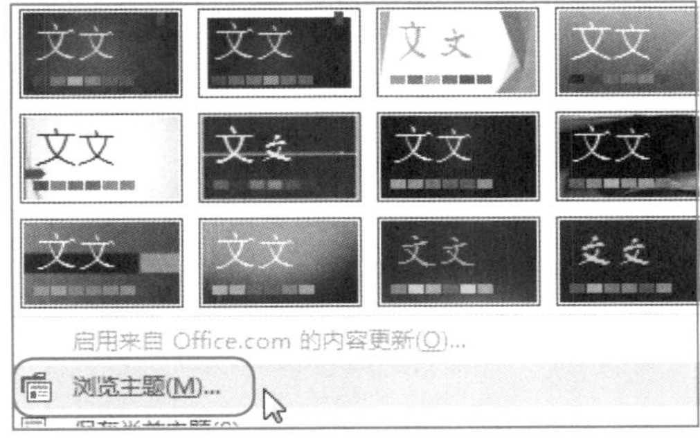

图16-2 选择“浏览主题”选项

步骤 03 在弹出的“选择主题或主题文档”对话框中，选择需要的主题，如图16-3所示。

步骤 04 单击“应用”按钮，即可应用该主题，效果如图16-4所示。

专家指点

在“设计”面板中，用户还可以在“主题”选项板里选择PowerPoint提供的已安装的主题模板。通过“变体”选项板“其他”下拉按钮中的“颜色”、“字体”、“效果”和“背景样式”选项，可以对模板进行编辑。

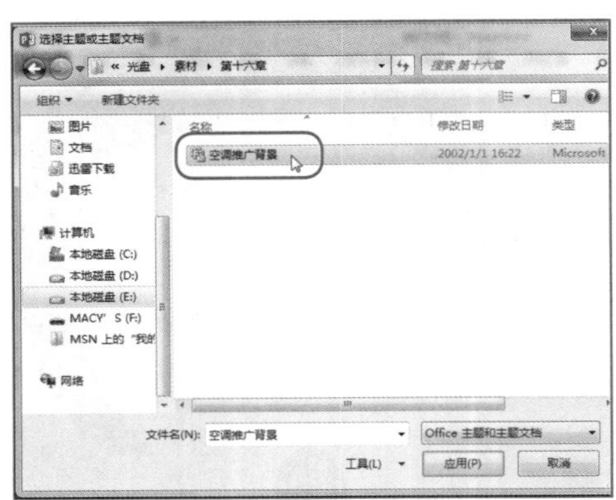

图16-3 选择需要的主题

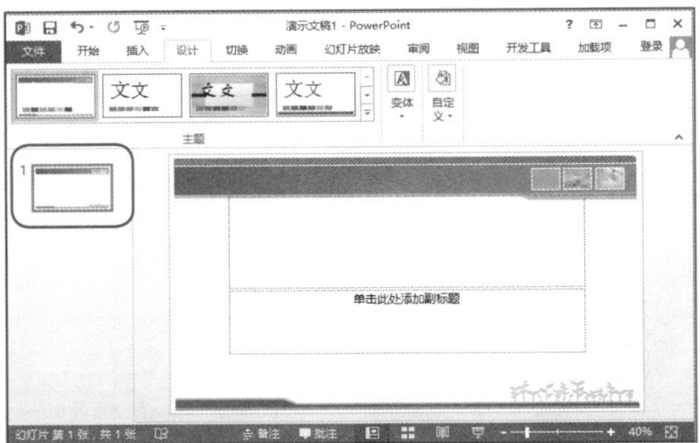

图16-4 应用主题模板

步骤 05 切换至“开始”面板，单击“幻灯片”选项板中的“版式”下拉按钮，如图16-5所示。

步骤 06 在弹出的列表框中选择“标题幻灯片”选项，如图16-6所示。

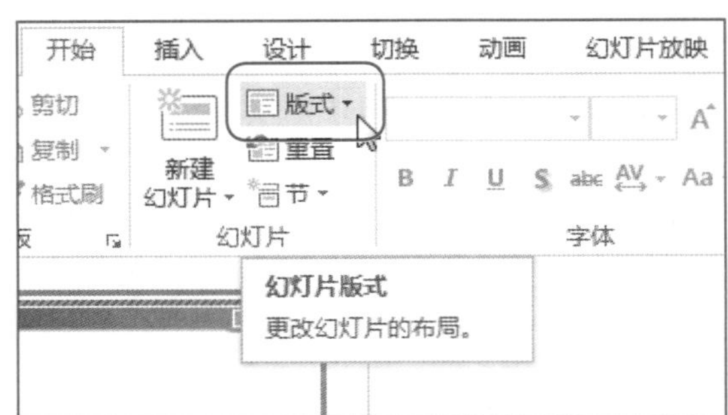

图16-5 单击“版式”下拉按钮

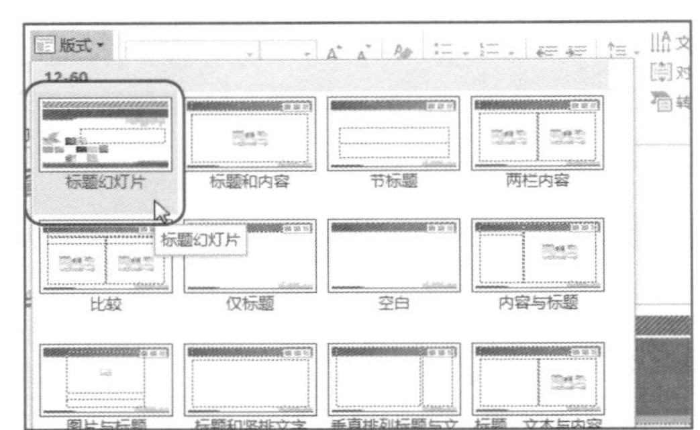

图16-6 选择“标题幻灯片”选项

步骤 07 执行操作后，即可设置版式，效果如图16-7所示。

步骤 08 单击“新建幻灯片”下拉按钮，如图16-8所示。

图16-7 设置版式

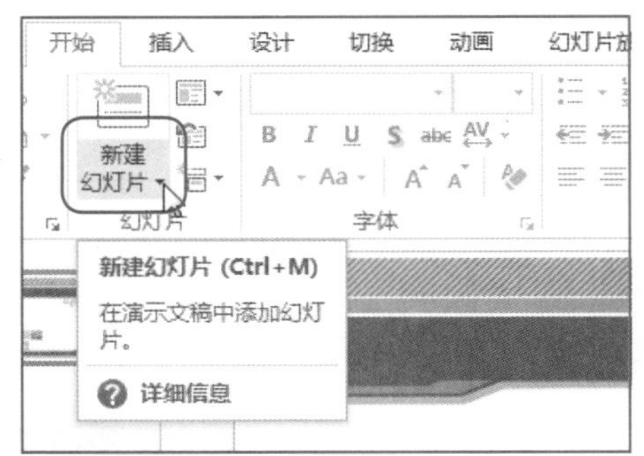

图16-8 单击“新建幻灯片”下拉按钮

步骤 09 在弹出的列表框中选择“仅标题”选项，新建两张仅标题幻灯片，效果如图16-9所示。

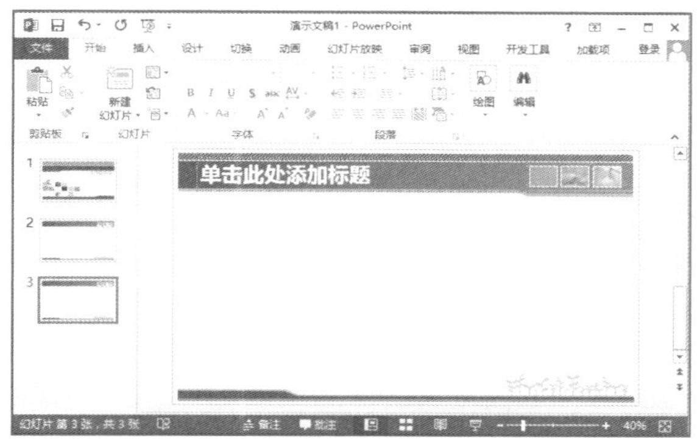

图16-9 新建两张幻灯片

16.2 添加相应内容

新手实战143——添加相应内容

素材文件	效果\第16章\空调推广.pptx	效果文件	效果\第16章\空调推广01.pptx
视频文件	视频\第16章\空调推广01.mp4		

步骤01 进入第1张幻灯片，在标题文本框中输入文本“美璃空调清新上市”，如图16-10所示。

步骤02 选中标题文字，设置“字体”为“华文行楷”、“字号”为60、“字体颜色”为绿色，效果如图16-11所示。

图16-10 输入文本

图16-11 设置字体

步骤03 在幻灯片中的合适位置，绘制一个横排文本框，输入文本“新品推广促销”，如图16-12所示。

步骤04 选中文本，设置“字体”为“微软雅黑”、“字号”为28，单击“加粗”按钮，效果如图16-13所示。

图16-12 输入文本

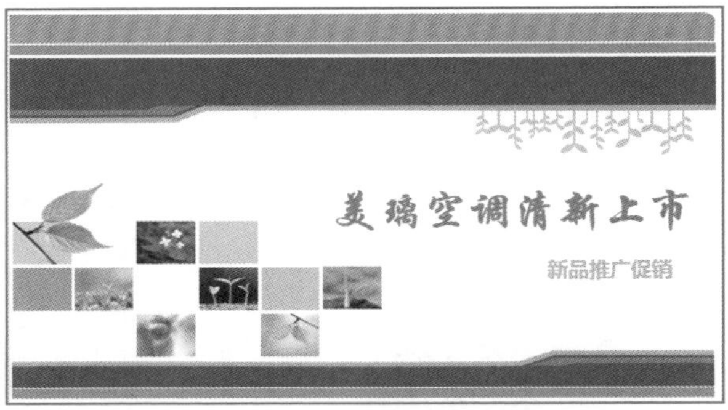

图16-13 设置字体

步骤05 进入第2张幻灯片，在标题文本框中输入文本“促销核心任务”，如图16-14所示。

步骤06 选中文本，设置“字体”为“微软雅黑”，单击“加粗”按钮，效果如图16-15所示。

图16-14 输入文本

图16-15 设置字体

步骤07 切换至“插入”面板，在“插图”选项板中单击“形状”下拉按钮，如图16-16所示。

步骤08 在弹出列表框的“矩形”选项区中选择“圆角矩形”，如图16-17所示。

图16-16 单击“形状”下拉按钮

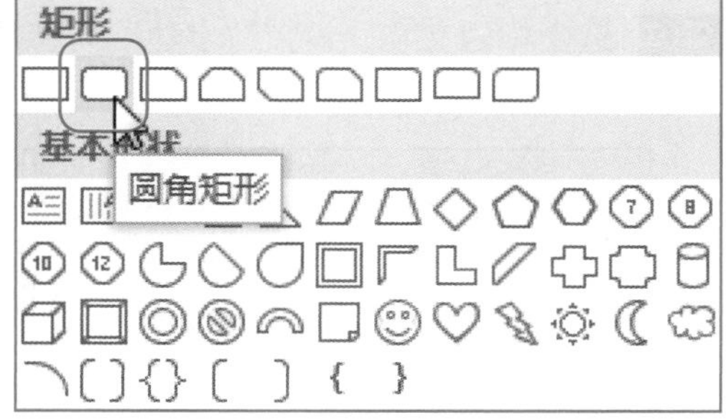

图16-17 选择“圆角矩形”

步骤09 在幻灯片中的合适位置绘制一个圆角矩形，如图16-18所示。

步骤 10 选中形状，设置“形状填充”为“水绿色，着色1，淡色40%”，如图16-19所示。

图16-18 绘制圆角矩形

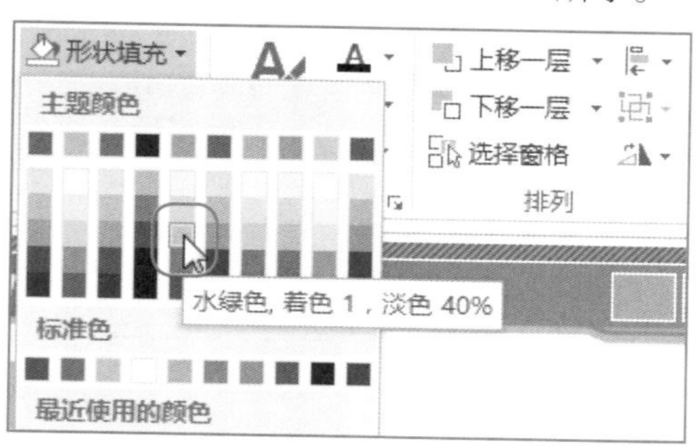

图16-19 选择“水绿色，着色1，淡色40%”

步骤 11 执行操作后，效果如图16-20所示。

步骤 12 在形状上单击鼠标右键，在弹出的快捷菜单中选择“编辑文字”选项，如图16-21所示。

图16-20 绘制“圆角矩形”

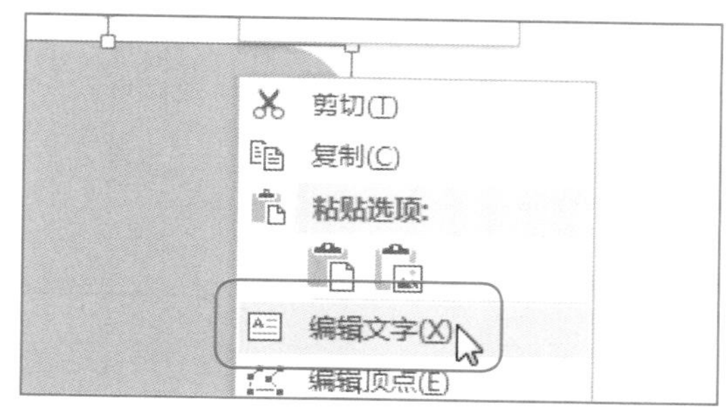

图16-21 选择“编辑文字”选项

步骤 13 输入文本，设置“字体”为“微软雅黑”、“字号”为30、“字体颜色”为水绿色，背景1，深色50%，如图16-22所示。

步骤 14 在“段落”选项板中单击“文本左对齐”按钮，效果如图16-23所示。

图16-22 设置文字

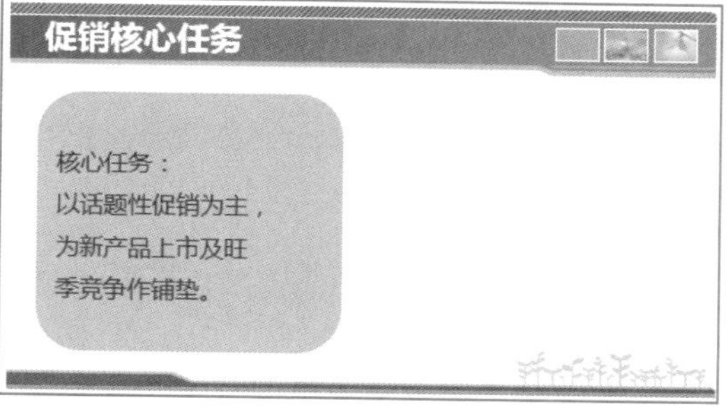

图16-23 文本左对齐

步骤 15 复制一个圆角矩形文本，在文本框中输入相应文本，如图16-24所示。

步骤 16 切换至“插入”面板，在“插图”选项板中单击“形状”下拉按钮，在弹出的列表框的“箭头汇总”选项区中选择“右箭头”选项，如图16-25所示。

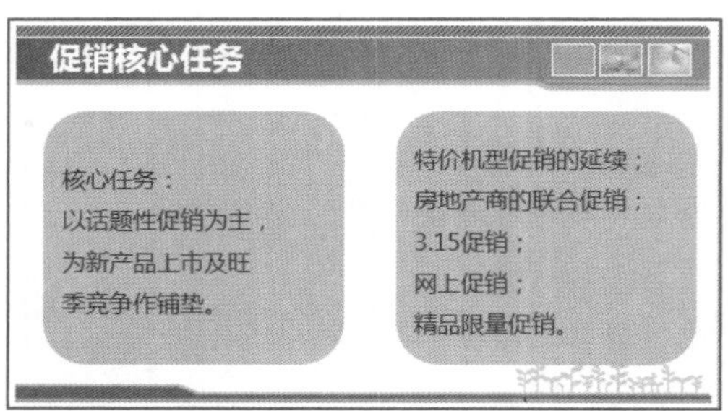

图16-24　输入文本

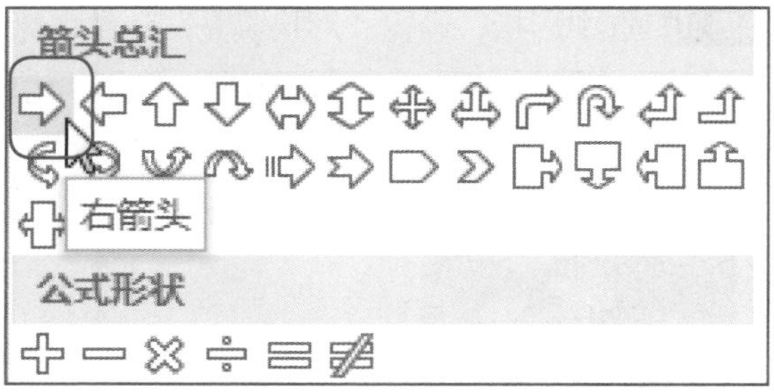

箭头总汇
右箭头
公式形状

图16-25　选择“右箭头”选项

步骤 17 执行操作后，即可设置形状样式，效果如图16-26所示。

步骤 18 进入第3张幻灯片，在标题文本框中输入文本，并设置与第2张幻灯片标题文本相同的文本属性，效果如图16-27所示。

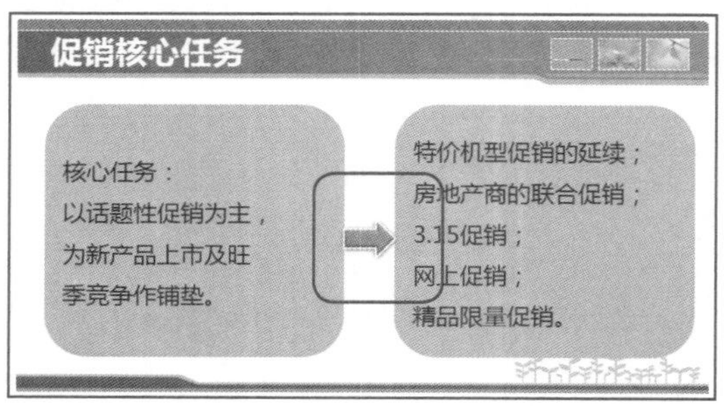

图16-26　绘制“右箭头”

图16-27　输入文本

步骤 19 绘制一个文本框，输入文本，设置“字体”为“微软雅黑”、“字号”为26、“字体颜色”为紫色，如图16-28所示。

步骤 20 在“段落”选项板中单击“段落”按钮，弹出“段落”对话框，在“缩进和间距”选项卡中设置“对齐方式”为“左对齐”、“特殊格式”为“首行缩进”、“度量值”为“2厘米”、“段前”和“段后”都为“4磅”、“行距”为“多倍行距”、“设置值”为1.4，如图16-29所示。

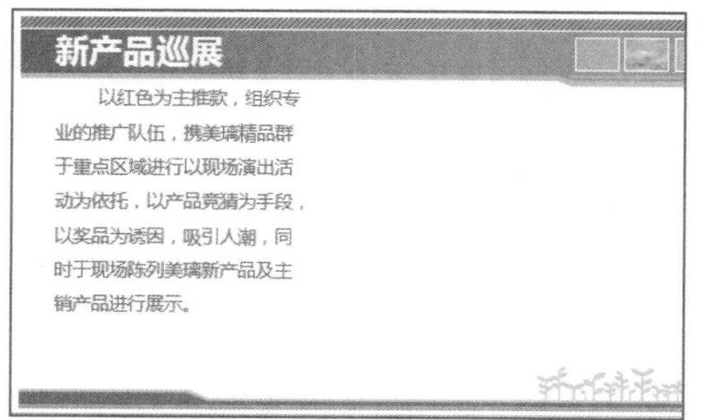

图16-28　设置文本

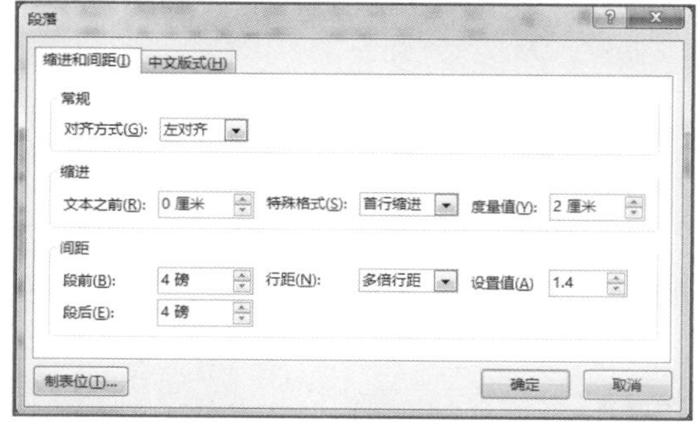

图16-29　设置段落

步骤 21 单击“确定”按钮，即可设置文本段落格式，效果如图16-30所示。

步骤 22 切换至“插入”面板，在“图像”选项板中单击“图片”按钮，在弹出的“插入图片”对话框中选择需要的图片，如图16-31所示。

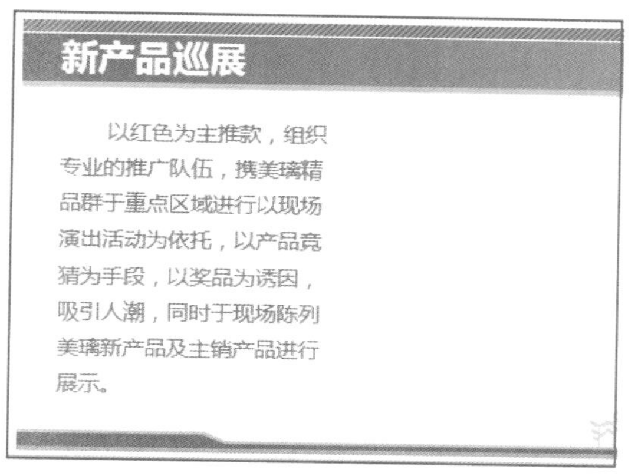

图16-30 文本效果

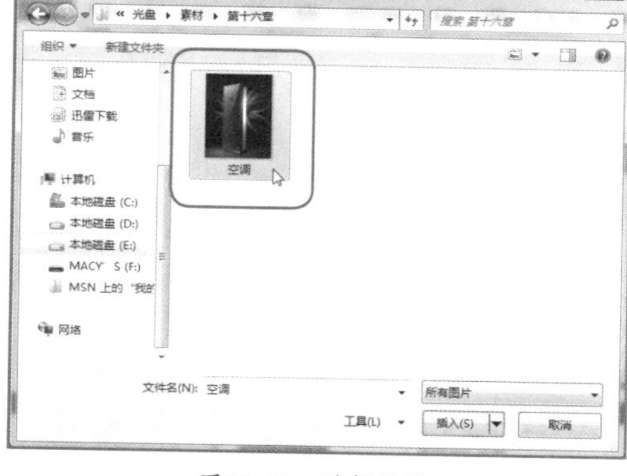

图16-31 选择图片

步骤 23 单击“插入”按钮，即可在幻灯片中插入图片。调整图片至合适大小和位置，如图16-32所示。

步骤 24 切换至“图片工具”中的“格式”面板，单击“图片样式”选项板中的“其他”按钮，在弹出的列表框中选择“映像圆角矩形”选项，如图16-33所示。

图16-32 插入图片

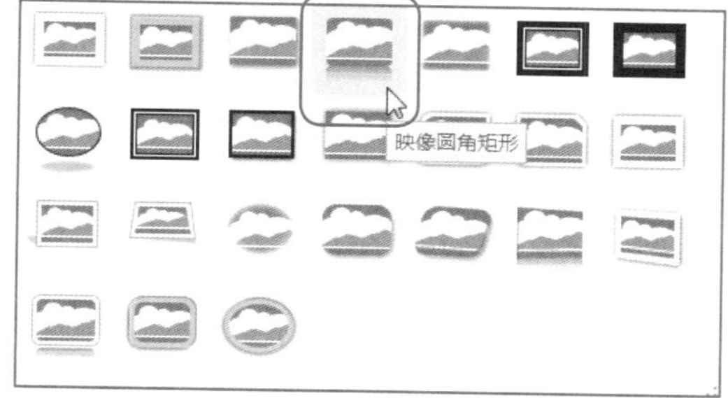

图16-33 选择“映像圆角矩形”选项

步骤 25 执行操作后，即可设置图片样式，效果如图16-34所示。

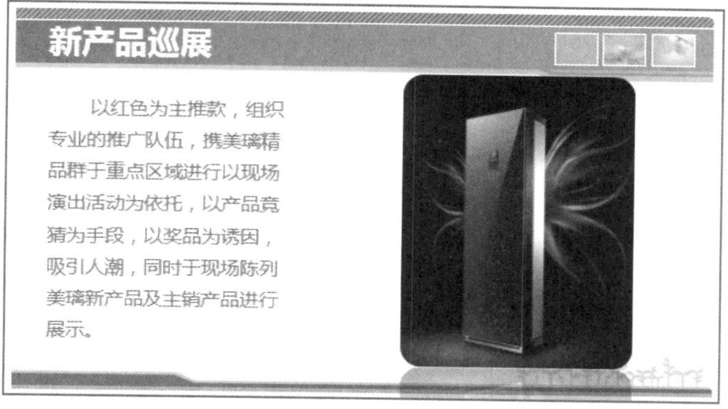

图16-34 设置图片样式

16.3 添加动画效果

新手实战144——添加动画效果

素材文件	素材\第16章\空调推广背景.pptx	效果文件	效果\第16章\空调推广02.pptx
视频文件	视频\第16章\空调推广02.mp4		

步骤01 打开演示文稿，进入第1张幻灯片，选择标题文本，切换到“动画”面板，在“动画”选项板中单击“其他”下拉按钮，如图16-35所示。

步骤02 设置标题文本的动画效果为“十字形扩展”、“开始”为“单击时”、“持续时间”为“03.00”，如图16-36所示。

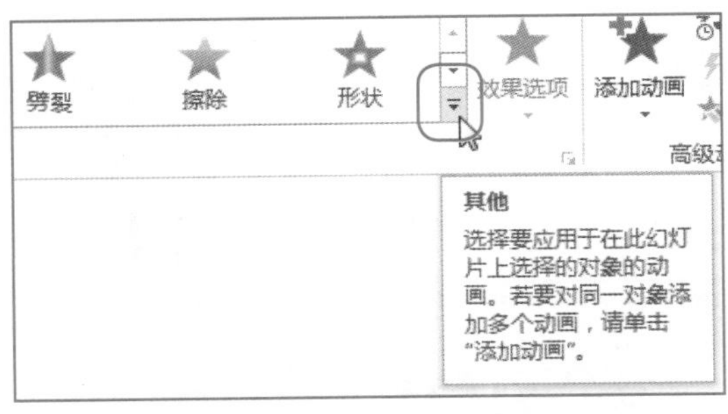

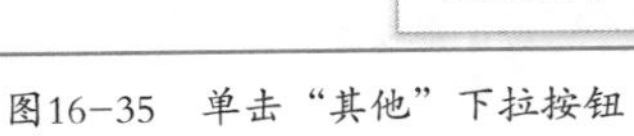
图16-35 单击“其他”下拉按钮

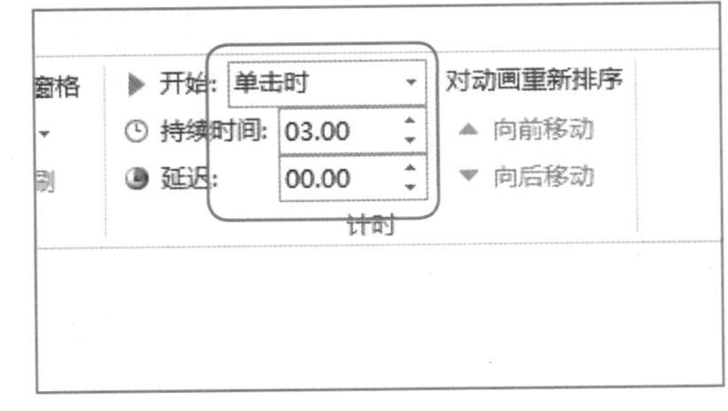

图16-36 设置动画效果

步骤03 设置其他文本动画效果为“浮入”、“开始”为“上一动画之后”。在“预览”选项板中单击“预览”按钮，即可预览动画效果，如图16-37所示。

步骤04 进入第2张幻灯片，设置标题文本动画效果为“出现”、“开始”为“单击时”、“速度”为“02.00”。选中两个形状文本，设置动画效果为“浮入”、“开始”为“上一动画之后”、“速度”为“02.00”。在“预览”选项板中单击“预览”按钮，即可预览动画效果，如图16-38所示。